KB000874

인조이 **런던**

인조이 런던 미니북

지은이 김지선 · 문은정
편낸이 최정심
펴낸곳 (주)GCC

3판 1쇄 인쇄 2019년 2월 28일
3판 1쇄 발행 2019년 3월 2일 ①

출판신고 제 406-2018-000082호
주소 10880 경기도 파주시 지목로 5
전화 (031) 8071-5700 팩스 (031) 8071-5200

ISBN 979-11-89432-74-4 13980

저자와 출판사의 허락 없이 내용의 일부를
인용하거나 발췌하는 것을 금합니다.

가격은 뒤표지에 있습니다.
잘못 만들어진 책은 구입처에서 바꾸어 드립니다.

www.nexusbook.com

여행을 즐기는 가장 빠른 방법 

인조이
런던
LONDON

김지선·문은정 지음

넥서스BOOKS

나에겐 유럽 여행의 끝

내가 느낀 런던을 한마디로 표현하면 '유럽 여행의 끝'이라고 할 수 있다. 파리에 머무는 동안 가까워서 종종 찾았던 런던은 나에게 달콤한 곳은 아니었다. 내 인생 최악의 여행지로 여전히 기억하고 있는 곳도 런던인데, 그 후로 런던을 여행할 때마다 조금씩 좋지 않았던 기억은 좋은 추억이 되고 애증도 애정으로 바뀌면서 지금은 유럽에서도 특히 좋아하는 여행지가 되었다.
아마 지금까지 내가 다녀온 많은 유럽 도시 중에서 가장 마지막에 사랑하게 된 곳이 런던일 것이다. 그렇기에 나에게 런던은 유럽 여행이 끝나는 곳이기도 하다. 물론 앞으로 더 많은 유럽의 도시를 다니고 사랑하게 되겠지만 지금까지는 가장 마지막으로 기억되는 도시다.
런던은 한 번의 여행으로 그 매력을 느끼기에는 아쉬운 곳이다. 느릿한 걸음으로 관광지를 돌아보다가 그 사이사이에 있는 공원이나 카페에서 한가로움을 즐기고, 미술관이나 박물관에 들러 좋아하는 작품들을 감상하다가 오후에는 한껏 여유를 부리며 티타임을 갖고, 밤엔 펍에서 맥주 한잔을 하며 하루를 마감하는 일상 같은 여행. 느긋한 날들을 보내다 보면 점차 런던 속에 빠져들게 될 것이다.
때로는 해리포터 속 주인공이 되기도 하고, 킹스맨 같은 영화 속 배경지를 찾아보기도 하며 그렇게 런던의 매력을 많은 사람들이 느꼈으면 좋겠다.
이 책이 내가 사랑하는 런던을 여행하는 여행자들에게 좋은 길잡이가 되길 바라며, 책을 함께 집필한 문은정 작가님과 언제나 좋은 책을 만들어 주시는 넥서스 김지운 팀장님과 고병찬님에게 깊은 감사 인사를 전합니다.

그리고 개정판 작업하는 중에 세상을 떠난, 파리에 거주할 때부터 함께 살며 한국에 와서도 14년을 함께 한 나의 고양이, 뚜름아. 안녕.

김지선

Prologue

여는 글

런던 여행이 행복하길 바라며

비 내리는 어느 저녁, 빨간 2층 버스 위에 앉아 창가에 희미하게 비치던 빅 벤의 야경을 본 적이 있다. 하루에도 몇 번씩 변하는 변덕스러운 영국의 날씨 때문에 비가 내리면 가끔 귀찮을 때도 있었지만, 2층 버스 위에서 마주한 그 날의 풍경은 비가 내려서 더없이 근사했던 런던의 저녁 풍경이었다. 그 후 런던에 방문하면 비가 내리는 것에도 감사하게 됐고, 흐린 날씨마저 즐길 수 있는 여유까지 배운 것 같다.

런던은 점점 변화하고 있다. 낡고 지저분한 빈민가이자 슬럼가였던 곳들이 젊은 예술가들을 만나 지금은 런던 최고의 핫플레이스가 되었고, 끝이 보이지 않을 만큼 높이 올라간 고층 빌딩이 하나둘 늘어나면서 런던은 과거와 현재의 모습이 하나의 프레임 속에서 조화롭게 어우러지고 있다. 이번 개정판 취재를 위해 방문했던 런던의 모습은 몇 년 전 방문했을 때의 런던과는 전혀 다른 모습을 보여 줬다. 런던을 아직 한 번도 가보지 못한 분들께는 더 변화하기 전에 지금의 런던을 기억할 수 있었으면 하는 바람, 런던을 다녀오신 분들께는 그 때와 다른 변화된 런던을 마주하길 바라는 마음을 〈인조이 런던〉에 담았다.

얼마 전 다른 유럽 국가를 취재하러 머물렀을 때의 일이다. 유럽까지 왔는데 웨스트 엔드 뮤지컬을 보지 못하고 돌아간다면 너무도 후회하게 될 거 같아 무작정 런던으로 가는 항공편을 예약하고 런던을 방문했던 적이 있다. 아무것도 하지 않고 하루 종일 숙소에 머물다 해가 지면 공연만 보러 나가는 것으로도 너무 행복할 것만 같았다. 나에게 있어서 런던은 뮤지컬 하나만으로도 충분히 행복할 수 있는 여행지인 만큼 누군가에게도 다양한 테마로 행복할 수 있는 여행지가 되었으면 좋겠다.

개정판을 내기까지 아낌없이 조언해 주고 후원해 주는 나의 키다리 아저씨와 가족들에게 고맙다는 인사를 전하며, 함께 고생한 지선 작가, 항상 더 좋은 가이드 북이 될 수 있도록 꼼꼼하게 작업해 주신 넥서스의 김지운 팀장님과 고병찬 편집자님, 모든 관계자분께도 감사드립니다.

문은정

이 책의 구성

Notice! 현지의 최신 정보를 정확하게 담고자 하였으나 현지 사정에 따라 정보가 예고 없이 변동될 수 있습니다. 특히 요금이나 시간 등의 정보는 시기별로 다른 경우가 많으므로, 안내된 자료를 참고 기준으로 삼아 여행 전 미리 확인하시기 바랍니다.

1 미리 만나는 런던

런던은 어떤 매력을 가지고 있는지 주요 명소와 음식 그리고 쇼핑 아이템 등을 사진으로 보면서 여행의 큰 그림을 그려 보자.

2 추천 코스

어디부터 여행을 시작할지 고민이 된다면 추천 코스를 살펴보자. 저자가 추천하는 코스를 참고하여 자신에게 맞는 최적의 일정을 세워 본다.

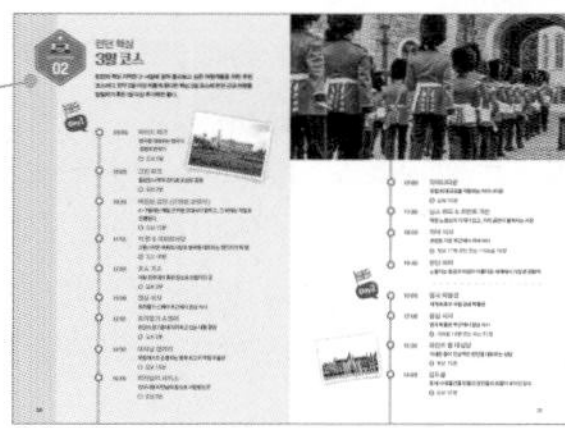

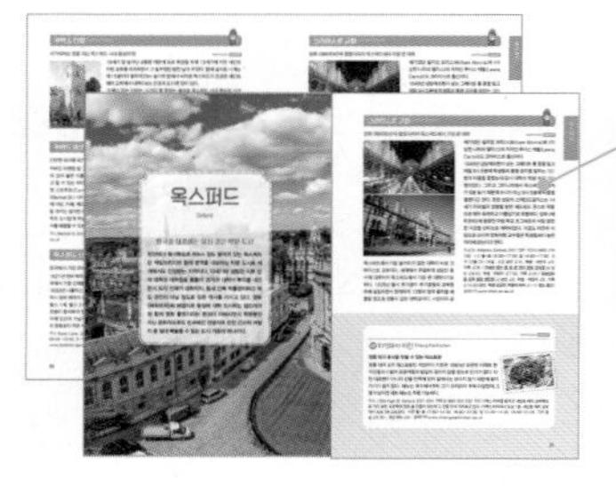

3 근교 여행

런던 외에도 시간을 내어 찾아가도 좋은 매력적인 근교 여행지의 정보를 담았다.

4 지역 여행

런던에서 꼭 가 봐야 할 대표적인 관광지와 맛집, 호텔 등을 소개하고, 상세한 관련 정보를 알차게 담았다.

주요 관광지 소개는 물론 문화적 배경 지식과 팁이 곳곳에 숨어 있다.

▶ '인조이맵'에서 맵코드를 입력하면 책 속의 스폿이 스마트폰으로 쏙!
▶ 위치 서비스를 기반으로 한 길 찾기 기능과 스폿간 경로 검색까지!
▶ 즐겨찾기 기능을 통해 내가 원하는 스폿만 저장!
▶ 각 지역 목차에서 간편하게 위치 찾기 가능!

5 테마 여행

런던의 도보 코스, 영화 속 런던, 런던의 뮤지컬, 영국 축구 즐기기, 런던의 서점 탐방 등 런던에서 경험할 수 있는 특별한 테마를 소개한다.

Contents

차례

미리 만나는 런던

추천 코스

지역 여행

근교 여행

테마 여행

여행 정보

톡톡 런던 이야기

ZOOM IN

미리 만나는 런던

PREVIEW LONDON

Information

영국 지역 정보

<u>국가명</u> 영국 연합 왕국(United Kingdom of Great Britain and Northern Ireland)

<u>수도</u> 런던(London)

<u>언어</u> 영어를 공용어로 사용하고 있다.

<u>종교</u> 성공회 50% , 로마 가톨릭교 11%, 개신교 및 기타 39%

<u>시차</u> 한국보다 9시간 느리다. 서머 타임 기간에는 8시간 느리다.
(서머 타임) 3월 마지막 일요일 01:00~10월 마지막 일요일

<u>통화</u> 1파운드(£) = 약 1,500원

<u>전화</u> 영국 국가 번호 44, 런던 지역 번호 020 <u>전압</u> 240V, 50Hz

영국

영국은 북대서양과 북해 사이에 위치한 섬나라로, 프랑스 북서쪽에 자리한다. 잉글랜드, 스코틀랜드, 북아일랜드, 웨일스로 연합된 연합 국가인 만큼 행정 구역도 나눠져 있다. 영국의 수도 런던은 잉글랜드 남동부에 위치하며, 잉글랜드와 스코틀랜드 등을 통틀어 가장 큰 대도시다. 런던은 잉글랜드의 남동부 부분의 템스강 하구로부터 약 60km 정도 상류에 있으며 정치, 경제, 문화, 교통의 중심지이다.

역사

1535년 웨일스법에 의해 웨일스가 잉글랜드 연합되었고, 1707년 연합법을 통해 스코틀랜드가 연합되고, 마지막으로 1800년에 아일랜드가 영국의 일부가 되었지만, 아일랜드는 독립 전쟁을 통해 독립하게 되어 지금은 북아일랜드만 영국 연합 일부로 남아 있게 되었다. 영국의 역사에서 빼놓을 수 없는 인물이 바로 빅토리아 여왕이다. 빅토리아 여왕이 통치하던 19세기는 유럽 역사에서 영국의 시대라고 할 수 있는데, 당시 생겨났던 말이 바로 '해가 지지 않는 나라'이다. 영국이 밤이 되더라도 지구 곳곳에 있는 영국의 식민지 중 어느 한 곳은 낮이었기 때문에 붙여진 말로, 빅토리아 여왕 시대의 영국이 얼마나 많은 식민지를 가지고 있었는지 보여 준다. 지금도 영국은 왕실이 있는 나라로 엘리자베스 2세가 영국의 여왕으로 있으며, 여왕은 런던의 버킹엄 궁전에 거주하고 있다. 실제 정치는 수상을 중심으로 한 의회가 행하게 되어 있고, 영국 왕실은 상징적인 존재로만 남아 있다.

날씨

영국은 하루에도 사계절이 있다고 할 정도로 날씨가 변덕스럽다. 안개도 많고 비도 많이 내리기 때문에 아침에 날씨가 좋다고 해도 우산을 준비해야 하는 경우가 많다. 그래서 영국을 여행할 때는 방수 점퍼가 필수다. 또한 여름에도 아주 덥지 않으며, 밤이 되면 쌀쌀한 경우도 있으니 재킷을 준비하는 게 좋다. 겨울은 아주 춥지는 않지만 체감 온도가 낮은 편이다.

전압

영국은 한국과 다른 전압과 플러그를 사용한다. 보통 220V에 60Hz를 사용하는 한국과 달리 230V 또는 240V, 50Hz의 표준 전압을 사용하며, 플러그는 BH 타입이라, 멀티 어댑터를 준비해야 한다.

화폐

영국 통화 단위는 파운드(Pound)라 불리며, £또는 GBP라고 표기한다. 동전은 펜스(pence)라 불리며, p로 표기한다(£1≒100p). 지폐의 종류는 £5, £10, £20, £50가 있으며 동전은 £2, £1, 50p, 20p, 10p, 5p, 1p가 있다.

원래 영국의 지폐는 우리나라처럼 종이 재질을 사용해 왔는데 현재 물에 젖지 않는 플라스틱 재질의 지폐로 바꿔 나가고 있다. £5와 £10는 플라스틱 재질의 지폐로 바뀌었기 때문에 기존 종이 지폐는 사용할 수 없고, 일정 기간 동안 은행에서 교환이 가능하다고 하니 구지폐를 가지고 있다면 은행에서 교환해서 사용해야 한다. 종이 지폐뿐만 아니라 동전도 새롭게 디자인된 동전들로 바뀌고 있는데, 현재까지는 £1 동전이 새롭게 나왔다.

공휴일 (2019기준)

• 1월 1일 신년 • 4월 19일 성금요일 • 4월 21일 부활절 • 4월 22일 부활절 다음 월요일 • 5월 1일 노동절 • 5월 27일 봄 공휴일 • 8월 26일 여름 공휴일 • 12월 25일 크리스마스 • 12월 26일 박싱데이

ATM

현금을 들고 다니기 부담스럽고 런던에서 환전하기가 번거롭다면 ATM기를 이용하는 것이 좋다. 출국 전 카드가 해외 사용이 가능한지 확인하고, ATM기에 표시된 Visa, Master, JCB, Unionpay, American Express 등을 확인해 가지고 있는 카드 회사가 적용되는 곳에서 인출하면 된다. 영국의 대부분의 ATM기는 건물 벽에 붙어 있어서 비밀번호를 누를 때 항상 손으로 가리고 주변을 신경 쓰며 인출하는 것이 좋다.

심 카드 구입

한국의 3대 통신사(SKT, KT, LGU+)는 모두 해외에서 스마트폰 데이터를 무제한으로 사용할 수 있는 해외 데이터 로밍 무제한 요금제를 제공한다. 보통 1일(24시간)에 10,000원 내외의 요금으로 데이터를 사용할 수 있는데, 여행 기간이 길어지면 부담을 느낄 수 있다. 게다가 국내 통신사에서 제공하는 데이터 요금제는 하루 일정한 양의 데이터를 사용할 경우에 속도 제한이 걸리는 등의 제한 사항이 있다. 해외에서 스마트폰 데이터를 편하게 이용할 수 있는 가장 좋은 방법은 현지 통신사의 유심(해외에서는 심 카드라고 불리는 경우가 많다)을 구입하는 것이다. 저렴한 요금에 상당한 양의 데이터를 제공하고 데이터를 다 쓸 때까지 속도 제한을 걱정하지 않아도 되기 때문이다. 해외에서 심 카드를 구입해 사용하기 위해서는 먼저 자신의 스마트폰에 국가 및 통신사 제한(컨트리락 및 캐리어락)이 걸려 있지 않은지 확인해야 한다. 출국 전 통신사 서비스 센터를 방문하거나 고객센터에 전화하면 바로 확인할 수 있으며, 캐리어락이 걸려 있지 않다면 해외에서 구입한 유심을 바로 사용할 수 있다. 현재는 영국에서 사용 가능한 EE유심과 3G유심은 한국에서 더 저렴하게 판매하고 있기 때문에 런던에 도착해서 구입하는 것보다 한국에서 미리 준비해 가는 것이 좋다. 온라인에서 EE유심을 검색하면 여러 곳에서 판매하고 있으니 비교해 보고 믿을 만한 곳에서 구입하자. EE유심은 우리나라 LTE와 비슷한 개념이라고 생각하면 되는데, 3G유심보다 데이터 속도가 빠르다.

심 카드 장착 시 주의 사항

심 카드를 장착하기 위해서는 간혹 작은 핀이 필요한 경우가 있기 때문에 심 카드 구입 시 핀 추가 옵션을 선택하는 것이 좋다. 한국 통신사에서 사용하던 기존 심 카드는 크기가 작아서 잃어버리기 쉬우므로 주의해서 보관하도록 하자. 또한 해외 현지 통신과 같은 메신저 서비스는 별다른 설정 없이 바로 이용할 수 있으니, 보이스톡 같은 Volp 서비스도 사용이 가능하다.

슈퍼마켓

영국의 슈퍼마켓은 대형 마켓인 테스코(Tesco), ASDA, 세인즈버리(Sainsbury's), 모리슨(Morrison) 등 부담 없이 이용할 수 있는 체인 마트와 웨이트로즈(Waitrose), M&S 같은 한 단계 위의 고급 체인 마트로 구분된다. 물가가 비싼 영국에서는 슈퍼마켓만 잘 이용해도 여행 경비를 아낄 수 있다.

세금 환급

영국은 '택스 리펀드(Tax Refound)'를 'VAT 리펀드(VAT Refound)'라고 하는데, 면세를 받으려면 공항 출국 수속 전 VAT 리펀드 카운터로 가서 구입한 물품과 구입 영수증, 택스 리펀드 양식을 함께 검사받는다. 그러면 영수증에 도장을 찍어 주는데 카드로 결제했을 시에는 봉투에 넣어서 우체통으로 붙이면 면세를 받을 수 있고, 현금 결제를 했을 경우는 공항에서 현금으로 받거나 통장으로 입금받을 수 있는데, 현금으로 받으면 수수료를 더 많이 지불해야 한다.

면세를 받으려는 관광객들이 많아 줄 서는 시간이 오래 걸릴 수 있으니 택스 리펀드를 받으려면 늦어도 비행기 탑승 시간 5시간 전에는 공항에 도착하는 것이 좋다.

런던은 박물관을 빼놓고는 절대 얘기할 수 없을 정도로 크고 작은 다양한 종류의 박물관이 있다. 또한 영국인들의 자존심이자 세계 3대 박물관 중 하나인 영국 박물관처럼 규모와 작품 퀄리티가 뛰어난 박물관들 대부분이 무료 입장이다.

무료로 관람할 수 있는 박물관과 미술관

영국 박물관, 테이트 모던, 테이트 브리튼, 내셔널 갤러리, 빅토리아 & 앨버트 박물관, 자연사 박물관, 과학 박물관, 베스널 그린 박물관, 런던 박물관, 국립 초상화 박물관, 존 손 경 박물관 등을 무료로 관람할 수 있다.

런던 내에 위치한 박물관, 미술관
영국 박물관 British Museum
내셔널 갤러리 National Gallery
빅토리아 & 앨버트 박물관 Victoria & Albert Museum
테이트 모던 Tate Modern
테이트 브리튼 Tate Britain
과학 박물관 Science Museum
자연사 박물관 Natural History Museum
디자인 박물관 Design Museum
베스널 그린 박물관 Bethnal Green Museum
런던 박물관 Museum of London
셜록 홈스 박물관 Sherlock Holmes Museum
런던 교통 박물관 London Transport Museum
런던 던전 London Dungeon
런던 탑 Tower of London
국립 초상화 미술관 National Portrait Gallery
존 손 경 박물관 John Soane's Museum
패션 & 텍스타일 박물관 Fashion & Textile Museum
클링크 감옥 박물관 Clink Prison Museum
뱅크 사이드 갤러리 Bankside Gallery
웰링턴 박물관 Wellington Museum
유대교 박물관 Jewish Museum
서펜타인 갤러리 Serpentine Gallery
사치 갤러리 The Saatchi Gallery
하우스 오브 미나리마 House of MinaLima
잭 더 리퍼 박물관 Jack The Ripper Museum

런던 근교에 위치한 박물관, 미술관
리버풀 – 테이트 리버풀 Tate Liverpool
콘 월 – 테이트 세인트 이브스 Tate St. Ives
햄스테드 히스 – 켄우드 하우스 Kenwood House
옥스퍼드 – 옥스퍼드 박물관 Museum of Oxford
케임브리지 – 피츠윌리엄 박물관 Fitzwilliam Museum

크고 작은 축제들로 365일 즐거움을 만끽할 수 있는 영국. 개성이 강한 나라답게 한눈에 보아도 '영국스러운' 페스티벌이 무척 많다. 무엇보다 영국은 우리나라처럼 매년 달라지는 휴일이 많기 때문에 여행을 하면서 국경일과 축제 정보를 확인하는 것이 좋다.

봄

4월 성 금요일 부활절 전후

런던은 부활절 전 금요일(성 금요일, Good Friday)과 부활절 후 월요일이 휴일이다.

4월 그랜드 내셔널 4월 초

매년 4월 초에 열리는 최고의 경마 대회인 그랜드 내셔널은 리버풀 에인트리에서 개최된다.

4월 성 조지 데이 4월 23일

성 조지는 불을 내뿜는 용으로부터 소녀를 구출한 잉글랜드의 수호성인을 기리는 날로, 주로 트라팔가 스퀘어과 그 외 주요 광장들에서 행사가 다양하게 펼쳐진다.

5월 노동절 뱅크 홀리데이 5월 첫째 월요일

뱅크 홀리데이는 19세기 말부터 은행이 휴점을 한 것에서 유래된 것으로, 지구상에서 가장 먼저 금융업의 역사를 만든 영국만의 독특한 휴일인 셈이다.

5월 축구 FA컵 파이널 5월 중순

런던 웸블리에 위치한 웸블리 경기장(Wembley Stadium)에서는 매년 5월 중순에 축구 클럽 결승전(FA컵 파이널 경기)이 열린다.

5월 스프링 뱅크 홀리데이 5월 마지막 월요일

여름

6월 윔블던 국제 테니스 대회 6월 말~7월 초

테니스 그랜드 슬램 중 하나로 6월 말부터 7월 초까지 윔블던 도시에서 개최된다. 테니스를 좋아하는 런더너들에겐 즐거운 행사!

7월 프라이드 런던 7월 첫째 토요일

런던의 여름 축제 중 세계적으로 유명한 것이 프라이드 런던으로 불리는 게이 퍼레이드다. 옥스퍼드 스트리트부터 이어지는 이 축제는 화려하게 치장한 수많은 게이와 레즈비언들이 자신의 자부심을 지키기 위해 거리 퍼레이드를 펼친다. 우리나라에서는 흔히 볼 수 없는 행사이기 때문에 이때 런던에 있다면 축제를 즐겨 보자.

8월 서머 뱅크 홀리데이 8월 마지막 월요일

8월 노팅힐 카니발 8월 마지막 주말

1964년부터 시작된 노팅힐 카니발은 유럽 최대의 거리 축제로 런던의 이주자들이 전통복을 입고 노래와 춤을 춘 것에서 유래되었다.

8월 에든버러 프린지 페스티벌 8월 초~말

8월 초부터 말까지 3주간 이어지는 공연 페스티벌로 에든버러에서 열린다.

가을

9월 템스강 페스티벌 9월 중순

런던의 젖줄인 템스강과 아름다운 야경이 함께 어우러진 열정적인 무대에서 각종 공연들이 화려하게 펼쳐지는 템스강 페스티벌. 엄청난 인파가 몰리는 대규모의 축제로, 모든 공연과 전시회를 무료로 즐길 수 있어 시민들로부터 사랑을 듬뿍 받고 있다. 런던 남쪽 서더크 지역 강변을 중심으로 매년 9월 중순쯤 템스 강변 도로를 따라 축제가 열린다.

겨울

12월 크리스마스 12월 25일

런던의 크리스마스는 모든 것이 정지된 듯한 느낌이다. 영국의 크리스마스는 우리나라의 추석처럼 고향에 가거나 가족끼리 집에서 파티를 즐기는 것이 대부분이기 때문에 오히려 런던에서 여행하기에는 그리 좋지 않은 시기이다. 버스나 택시, 대부분의 상점과 박물관들이 쉬는 날이기도 하니 주의할 것.

12월 박싱 데이 12월 26일

크리스마스 다음 날은 박싱 데이로, 크리스마스에 받은 선물을 열어 보는 날이라고 생각하면 된다. 이날은 크리스마스와 마찬가지로 영국에선 중요한 축제일이자, 휴일이다. 이때 대다수의 브랜드가 20~70%까지 할인하는 시기이므로 상품을 저렴하게 구입할 수 있는 쇼핑 데이이기도 하다.

1월 새해맞이 축제 1월 초

12월 31일부터 1월 1일까지 이어지는 축제로, 어느 나라든 마찬가지로 새해는 신나는 신년 행사가 펼쳐진다. 런던에서는 악단이 시내 곳곳을 퍼레이드 하는 행사가 열린다.

2월 런던 패션위크 2월과 9월

세계 4대 패션쇼는 4개의 도시에서 열리는데 파리, 뉴욕, 밀라노 그리고 런던이 있다. 영국을 대표하는 국가적인 행사이기 때문에 해마다 유명 브랜드와 신진 디자이너들의 패션 잔치가 화려하게 열린다. 우리에게도 친숙한 버버리, 비비안 웨스트우드, 크리스토퍼 케인의 쇼가 이때 열린다. 단, 패션쇼 초대장이 있어야만 입장할 수 있기 때문에 일반인은 출입이 어렵다. 다행히 이 시즌에는 대부분의 의류 브랜드들이 깜짝 행사나 세일을 하니 쇼핑하기에 제격이다. 게다가 전 세계 패션 피플들이 런던에 다 모이기 때문에 이들을 구경하는 재미 또한 쏠쏠하다.

PREVIEW 1
런던의 명소
런던을 여행한다면
빼놓지 말았으면 하는 곳들!
런던 여행을 준비할 때
추천 명소를 중심으로
여행 일정을 계획해 보자.

버킹엄 궁전

영국 왕실의 공식적인 거처로, 전통 복장을 한 근위병 교대식을 보기 위해 많은 사람이 찾는다. 근위병 교대식이 있을 때면 엄청난 인파가 몰리지만 런던 여행에서 빼놓을 수 없는 곳이다. p.072

세인트 제임스 파크

런던에서 가장 오래된 공원으로, 원래는 왕실 정원이었지만 지금은 일반인에게 공개되어 많은 사랑을 받고 있다. 공원 중심에 호수가 있는데, 호수 중간에 있는 블루 다리에서 버킹엄 궁전, 호스 가즈, 화이트홀 등 런던의 주요 명소를 바라볼 수 있다. p.071

빅벤과 국회의사당

런던을 대표하는 랜드마크로 가장 먼저 손꼽히는 것이 바로 빅벤이다. 빅벤은 국회의사당 북쪽에 뾰족하게 솟아오른 시계탑으로, 국회의사당과 더불어 런던 템스강의 스카이라인을 멋있게 수놓는다. p.067, 068

내셔널 갤러리

유럽에서도 손꼽히는 영국 최고의 국립 미술관이다. 고흐의 <해바라기> 등 걸작이 많이 전시되어 있다. 13~20세기 초까지 유럽 회화에 관심이 있다면 반드시 들러야 하는 곳이다. p.110

영국 박물관

세계에서 가장 오래된 박물관으로 세계 3대 박물관 중 하나이다. 선사 시대부터 현재에 이르기까지 수많은 유산이 소장되어 있다. 로제타석과 파르테논 신전의 대리석 조각품은 꼭 볼 것! p.124

켄싱턴 가든

켄싱턴 궁전의 정원으로 만들어진 공원으로 하이드 파크와 더불어 런던을 대표하는 공원이다. 공원 내에는 연못, 다이애나 기념 공원, 켄싱턴 궁전 등의 다양한 볼거리가 있다. p.084

세인트 폴 대성당

런던을 대표하는 성당으로, 성당의 돔에 오르면 런던 시내 전경을 조망할 수 있다. 밀레니엄 브리지나 템스 강변에서 바라보는 성당의 모습이 아름답다. p.139

타워 브리지

빅토리아 양식의 개폐식 다리이다. 템스강의 다리 중 가장 대표적인 다리이면서 런던의 상징이기도 하다. 낮에 보는 모습도 아름답지만 특히 야경이 아름답기로 유명하다. p.145

런던 아이

영국의 대표적인 상징물로, 탑승하면 런던 시내의 모습을 다양한 방향에서 조망할 수 있다. 특히 노을 지는 시간이 아름답다. p.168

해리포터 스튜디오

런던 근교에 있는 해리포터 스튜디오는 영화 〈해리포터〉의 많은 부분을 촬영한 스튜디오를 재구성해 놓았다. 거대한 규모의 세트장과 체험 공간이 있으니 해리포터를 좋아한다면 런던 여행의 필수 코스이다. p.218

노팅힐 포토벨로 마켓

영화 〈노팅힐〉의 촬영지로 더 유명한 노팅힐의 포토벨로 마켓은 약 3km 정도 이어진 골목을 따라 골동품, 빈티지한 소품 등 다양한 상품을 파는 곳이다. 토요일만 오픈하니 런던 여행 일정에 토요일이 포함된다면 한번 찾아가 보자. p.304

PREVIEW 2

런던의 음식

영국은 프랑스나 이탈리아와 달리 대표적인 음식이나 음식 문화가 다양하지는 않지만 영국 음식뿐만 아니라 다양한 국적의 음식과 퓨전 음식을 곳곳에서 만날 수 있다.

애프터눈 티

19세기 영국 귀족 사회에서 처음 시작된 애프터눈 티는 점심과 저녁 사이인 3~5시경 홍차와 함께 디저트를 즐기는 것이다. 런던 여행 중 고급 전통식 애프터눈 티를 즐길 수 있는 레스토랑이나 호텔이 많지만, 가격이 상당히 비싸고 유명한 곳은 미리 예약하지 않으면 원하는 날짜와 시간대에 방문하기 어려울 수 있다. 그래도 런던에 왔다면 즐겨 볼 만하다.

로스트 비프

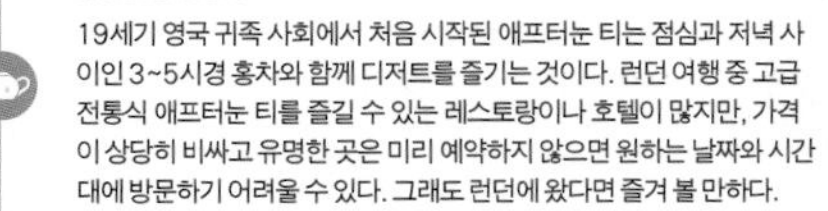

쇠고기에 후추나 소금 등으로 간단히 간을 한 후 통째로 오븐에 구워 낸 요리로 17세기부터 영국에서 즐겨 먹기 시작하면서 영국의 전통 요리로 자리하고 있다. 런던의 많은 레스토랑에서 쉽게 만날 수 있는 요리이다.

샌드위치

영국 남동부 켄트 지방의 샌드위치 백작에 의해 만들어진 음식으로, 원래 영국 음식이다. 현재는 속 재료에 따라 다양한 종류가 있고, 영국 곳곳에서 여러 샌드위치 프랜차이즈를 쉽게 만날 수 있다.

홍차

중국에서 우롱차를 강하게 발효해서 유럽에 수출하던 것이 영국에서 폭발적인 인기를 끌며 녹차보다 붉은빛이라 홍차라고 불리던 것이 그대로 이름이 되었다. 티타임이 워낙 발달한 영국에서는 홍차와 함께 곁들이는 다과의 종류나 시간대에 따라 애프터눈 티, 하이티 등이 있고, 홍차는 그냥 마시거나 우유를 넣어 마시는 등 다양한 방법으로 즐길 수 있다.

요크셔 푸딩

식후 디저트로 즐기는 푸딩은 영국에서 처음 만들어졌다고 한다. 흔히 푸딩이라고 하면 젤리 같은 것만 생각하기 쉬운데, 영국식 푸딩은 다양한 종류의 과일과 빵, 밀가루를 섞어 익힌 케이크와 비슷한 푸딩도 많다. 요크셔 푸딩은 밀가루, 달걀, 우유를 섞은 반죽을 구워 만든다. 보통 영국에서 즐겨 먹는 로스트 비프와 곁들여 먹거나 애피타이저로 먹는다.

잉글리쉬 브렉퍼스트

영국에서 맛있는 식사를 하려면 아침 식사를 세 번 하면 된다는 말이 있듯이, 전통식 영국의 아침 식사는 푸짐하고 맛도 좋은 편이다. 주로 달걀 프라이를 비롯해 베이컨, 소시지, 블랙푸딩, 버섯, 토마토, 빵, 과일 등을 홍차와 함께 먹는다. 호텔이나 B&B 등의 숙박업소나 아침 식사가 가능한 레스토랑이나 카페, 펍 등에서 만날 수 있다.

피시 앤 칩스

대구나 가자미 등의 흰 살 생선에 밀가루를 입혀 기름에 튀기고, 감자튀김을 곁들여 먹는 영국을 대표하는 음식이다. 사면이 바다이고, 감자 농사가 잘되는 영국의 특징 덕에 어부들이 간편하게 식사를 하기 위해 생선과 감자를 튀겨 먹기 시작한 것에서 유래했다. 영국의 대표적인 서민 음식으로, 영국의 어디서든 비교적 저렴한 가격에 푸짐한 양으로 즐길 수 있다.

선데이 로스트

구운 고기와 구운 감자에 그레이비 소스(육즙을 베이스로 만든 소스), 야채, 요크셔 푸딩 등을 곁들여 먹는다. 19~20세기 영국에서는 벽난로에 고기를 구워 먹는 일이 많았는데, 서민들은 벽난로가 거의 없었기 때문에 빵 가게가 쉬는 날인 일요일에만 가게의 벽난로를 빌려 로스트 비프를 요리하던 것에서 유래하여 선데이 로스트가 되었다. 지금은 로스트 비프에 요크셔 푸딩과 감자 등을 곁들인 구성을 선데이 로스트라고 부른다.

PREVIEW 3

런던의 쇼핑 아이템

여행을 기념하기에 쇼핑만큼 좋은 것도 없다.

기념품 숍에서 파는 소소한 기념품부터 명품 브랜드 쇼핑까지. 구입하지 않더라도 둘러보는 것만으로도 충분히 즐거운 여행이 된다. 런던은 백화점부터 쇼핑 거리, 벼룩시장까지 다양한 쇼핑 장소들이 있어서 원하는 브랜드나 아이템의 종류에 따라 여행의 동선이 정해지기도 한다. 런던 여행을 기념하기 좋은 쇼핑 품목 10가지를 소개한다.

홍차

영국은 유명한 여러 브랜드의 홍차가 있다. 포트넘 앤 메이슨, 위타드를 비롯해 다양한 브랜드가 있고, 홍차의 종류도 정말 많아서 무엇을 사야할지 고민이 된다. 포트넘 앤 메이슨의 퀸 앤, 잉글리시 브랙퍼스트, 트와이닝 얼 그레이, 레이디그레이 등이 유명하다.

E45 크림

영국의 국민 화장품이라고 불린다. 특히 크림이 인기가 많은데 손과 발, 몸 등 건조한 부분에 바르면 되고, 얼굴에도 사용할 수 있는 만능 크림이다. 부츠 등 드럭 스토어에서 쉽게 구입할 수 있다.

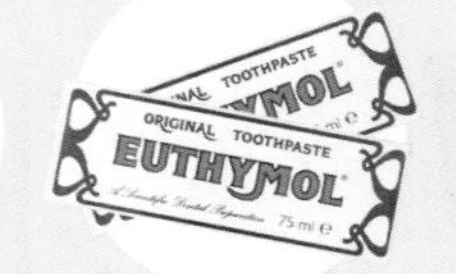

유시몰 치약

100년이 넘는 전통을 가지고 있는 영국의 명품 치약이다. 빈티지한 디자인과 염증과 구내염에 탁월한 효능이 있어 인기가 높다. 부츠 등 드럭 스토어에서 구입할 수 있다.

닐스야드 레메디스

코번트 가든 부근의 닐스 야드에서 시작한 오가닉 화장품 브랜드로, 영국 최초로 오가닉 에센셜 오일을 만든 것으로도 유명하다. 제품 중 '와일드 로즈 뷰티 밤'은 클렌징과 립밤, 마스크팩으로 이용하는 멀티 밤으로, 추천 제품이다.

캐스 키드슨

캐스 키드슨이 어린 시절 자신의 향수를 담은 빈티지 제품들을 판매하는 상점을 오픈하면서 시작된 브랜드로 저렴하면서도 개성 넘치는 상품들이 많아 인기가 높다. 백팩, 파우치, 지갑 등 생활용품을 주로 판매한다.

러쉬

영국을 대표하는 화장품 브랜드 중 하나인 러쉬 제품도 런던 여행의 필수 쇼핑 아이템이다. 핸드메이드 제품으로 비누, 클렌저, 보디용품 등 일상생활에서 필수로 사용하는 다양한 용품들이 있어 선물용으로도 좋다.

샬롯 틸버리 립스틱

메이크업 아티스트 샬롯 틸버리가 만든 화장품 브랜드로, 인생 립스틱이라는 찬사를 받으며 인기를 끌고 있다. 영국 브랜드인 샬롯 틸버리 제품을 본고장에서 구입해 보자. 런던 시내에 매장도 있다.

해리포터 기념품

영국 하면 떠오르는 해리포터! 해리포터 스튜디오를 가지 않더라도 런던 곳곳에서 해리포터 기념품을 판다. 특히 해리포터의 배경이 된 킹스크로스 기차역에 해리포터 전문 숍도 있으니 찾아가 보자. 재미있는 소품과 아이템이 많아 선물을 구입하기 좋다.

런던 기념품

빨간색 이층 버스 장식품이나 근위병 피규어, 런던이라는 단어가 적힌 머그잔이나 가방 같은 소품 등 런던 여행을 기념할 수 있는 다양한 기념품이 있다. 런던에서 기념품 숍을 찾는 것은 어렵지 않고, 때로는 벼룩시장에서 특별한 기념품을 찾을 수도 있다.

조말론

영국을 대표하는 향수 브랜드. 향수뿐 아니라 보디크림, 디퓨저, 향초 등 향과 관련된 다양한 상품을 함께 판매한다. 한국에서도 쉽게 볼 수 있는 브랜드지만 런던에서 구입하면 훨씬 저렴하게 구매할 수 있기 때문에 필수 쇼핑 품목에 늘 포함된다.

추천코스
BEST
COURSE

런던 핵심
2일 코스

영화 속 한 장면 같은 낭만적인 분위기의 런던. 짧은 일정이라면 꼭 필요한 장소만을 선택하는 것이 중요하다.

09:00 **빅 벤 & 국회의사당**
고풍스러운 외관의 국회의사당과 영국을 대표하는 랜드마크인 빅 벤
도보 10분

09:45 **호스 가즈**
여왕 친위대의 훈련 장소로 만들어진 곳
도보 10분

10:15 **세인트 제임스 파크**
런던에서 가장 오래된 공원
도보 10분

11:00 **버킹엄 궁전 (근위병 교대식)**
4~7월에는 매일 근위병 교대식이 열리고, 그 외에는 격일로 진행된다.
도보 5분

12:00 **점심 식사**
도시락을 준비해 세인트 제임스 파크나 그린 파크에서 피크닉을 즐기거나 트라팔가 스퀘어 쪽의 레스토랑을 찾는다.
도보 20분

13:30 **트라팔가 스퀘어**
런던의 한가운데 자리하고 있는 대형 광장
도보 3분

13:45 **내셔널 갤러리**
유럽에서도 손꼽히는 영국 최고의 국립 미술관
도보 5분

16:30 **레스터 스퀘어**
공연 문화의 중심지
도보 5분

17:00 **차이나타운**
유럽 최대 규모의 차이나타운
도보 5분

17:30 **피커딜리 서커스**
런더너들의 만남의 장소로 사랑받는 장소

18:00 **저녁 식사**
피커딜리 서커스 부근에서 저녁 식사
지하철 약 15분

19:30 **런던 아이**
노을 지는 풍경과 야경이 아름다운 세계에서 가장 큰 관람차

Day2

09:00 **하이드 파크**
영국을 대표하는 영국식 정원의 본보기
도보 5분

10:00 **옥스퍼드 스트리트**
런던의 대표적인 쇼핑 거리

12:00 **점심 식사**
옥스퍼드 스트리트 근처에서 점심 식사
버스 15분 또는 도보 20분

13:30 **영국 박물관**
세계 최초의 국립 공공 박물관
지하철 15분

15:30 **세인트 폴 대성당**
거대한 돔이 인상적인 런던을 대표하는 성당
도보 15분

16:30 **스카이 가든**
런던을 한눈에 조망할 수 있는 전망대(온라인 예약 필수)
도보 5분

17:30 **레든홀 마켓**
영화 〈해리포터와 마법사의 돌〉의 촬영지
도보 10분

18:00 **저녁 식사**
런던 브리지나 타워 브리지 근처에서 저녁 식사

19:30 **타워 브리지 야경**
런던의 대표적인 야경

travel Info.

교통
지하철 2회 + 버스 1회

입장료
런던 아이
28파운드
세인트 폴 대성당
18파운드

런던 핵심 3일 코스

런던의 핵심 지역만 3~4일에 걸쳐 둘러보고 싶은 여행객들을 위한 추천 코스이다. 만약 3일 이상 머물게 된다면 핵심 3일 코스에 런던 근교 여행을 당일치기 혹은 1일 이상 추가하면 좋다.

09:00 하이드 파크
영국을 대표하는 영국식 정원의 본보기
도보 5분

10:00 그린 파크
울창한 나무와 잔디로 조성된 공원
도보 2분

10:30 버킹엄 궁전 (근위병 교대식)
4~7월에는 매일 근위병 교대식이 열리고, 그 외에는 격일로 진행된다.
도보 15분

11:30 빅 벤 & 국회의사당
고풍스러운 국회의사당과 영국을 대표하는 랜드마크 빅 벤
도보 10분

12:00 호스 가즈
여왕 친위대의 훈련 장소로 만들어진 곳
도보 5분

12:30 점심 식사
트라팔가 스퀘어 부근에서 점심 식사

13:30 트라팔가 스퀘어
런던의 한가운데 자리하고 있는 대형 광장
도보 3분

14:00 내셔널 갤러리
유럽에서도 손꼽히는 영국 최고의 국립 미술관
도보 10분

16:30 피카딜리 서커스
런더너들의 만남의 장소로 사랑받는곳
도보 5분

17:00 **차이나타운**
유럽 최대 규모를 자랑하는 차이나타운
도보 10분

17:30 **닐스 야드 & 코번트 가든**
작은 노점상과 가게가 있고, 거리 공연이 펼쳐지는 시장

18:30 **저녁 식사**
코번트 가든 부근에서 저녁 식사
도보 17분 또는 도보+지하철 15분

19:40 **런던 아이**
노을지는 풍경과 야경이 아름다운 세계에서 가장 큰 관람차

Day2

10:00 **영국 박물관**
세계 최초의 국립 공공 박물관

12:00 **점심 식사**
영국 박물관 부근에서 점심 식사
지하철 15분 또는 버스 20분

13:30 **세인트 폴 대성당**
거대한 돔이 인상적인 런던을 대표하는 성당
도보 10분

14:00 **길드홀**
중세 시대 물건을 만들던 장인들의 조합이 모이던 장소
도보 10분

14:30 **레든홀 마켓**
영화 〈해리포터와 마법사의 돌〉의 촬영지
도보 5분

15:00 **스카이 가든**
런던을 한눈에 조망할 수 있는 전망대(온라인 예약 필수)
도보 10분

16:00 **런던 탑**
영국 왕실의 화려함을 엿볼수 있는 전쟁 박물관
도보 5분

18:00 **타워 브리지**
영국 산업 혁명의 표상이자 런던의 상징

18:30 **저녁 식사**
타워 브리지와 런던 브리지까지 이어지는 강변에서
저녁 식사

19:30 **시티홀 & 타워 브리지 야경**
런던에서 빼놓을 수 없는 대표적인 야경

Day3
travel Info.
교통
지하철 2회 + DLR 1회 + 버스 1회
입장료
런던 아이 28파운드
세인트 폴 대성당 18파운드
런던 탑 26.80파운드
그리니치 왕립 천문대 15파운드
뮤지컬(좌석에 따라) 30~120파운드
10:00 그리니치
템스강이 내려다보이는 구 왕립 천문대가 위치한 언덕
13:00 점심 식사
그리니치에서 점심 식사
DLR 15분
14:30 도크 랜즈
현대적인 고층 건물들이 즐비해 있는 런던의 신도시
지하철 20분
16:00 쇼디치
젊은 예술가들이 만들어낸 핫 플레이스
18:00 저녁 식사
쇼디치에서 저녁 식사
버스 40분
19:30 뮤지컬 관람
뮤지컬의 본고장에서 즐기는 공연

신혼여행
5일 코스

사랑하는 사람과의 여행은 모든 것이 낭만적이다. 다정하게 손잡고 함께 런던 구석구석을 다니다 보면 런던의 로맨틱한 매력을 느낄 수 있다. 신혼여행이나 커플 여행을 떠난다면 아래 일정을 참고해 보자.

09:30 빅 벤 & 국회의사당
고풍스러운 국회의사당과 영국을 대표하는 랜드마크 빅 벤
도보 10분

10:30 세인트 제임스 파크
런던에서 가장 오래된 공원
도보 10분

11:00 버킹엄 궁전 (근위병 교대식)
4~7월에는 매일 근위병 교대식이 열리고, 그 외에는 격일로 진행된다.

12:00 점심 식사
버킹엄 궁전 근처에서 점심 식사
도보 20분

13:30 트라팔가 스퀘어
런던의 한가운데 자리하고 있는 대형 광장
도보 3분

14:00 내셔널 갤러리
유럽에서도 손꼽히는 영국 최고의 국립 미술관
도보 10분

16:30 코번트 가든
작은 노점상과 가게가 있고, 거리 공연이 펼쳐지는 시장
지하철 25분 또는 버스 35분

18:00 타워 브리지
영국을 대표하는 야경을 만날 수 있는 곳

19:00 저녁 식사
타워 브리지에서 런던 브리지까지 이어지는 강변에서 저녁 식사

Day2

09:00	**하이드 파크 & 켄싱턴 가든**	영국을 대표하는 영국식 정원의 본보기 도보 15분
10:00	**자연사 박물관**	세계 최대의 방대한 규모의 소장품이 전시된 박물관
12:00	**점심 식사**	자연사 박물관 근처에서 점심 식사 도보 5분
13:00	**빅토리아 & 앨버트 박물관**	세계 최대의 장식 미술 공예 박물관 도보 10분
15:00	**해러즈 백화점**	영국 최고급 백화점 버스 15분 또는 도보 15분
16:00	**사치 갤러리**	젊은 작가들의 작품을 전시하여 영국 현대 미술의 판도를 보여 주는 갤러리
18:00	**저녁 식사**	사치 갤러리 부근에서 저녁 식사 지하철 20분 또는 버스 25분
19:30	**런던 아이**	런던 야경을 내려다볼 수 있는 유럽에서 가장 큰 관람차

10:00 **영국 박물관**
세계 최초의 국립 공공 박물관

12:00 **점심 식사**
영국 박물관 근처에서 점심 식사
도보 10분

13:00 **닐스 야드**
작은 골목 속에 숨은 아름다운 거리
도보 10분

14:00 **레스터 스퀘어 & 차이나타운 & 피커딜리 서커스**
공연 문화의 중심지이자 런더너들의 만남의 장소로 사랑받는 곳
피커딜리 서커스에서 도보 5분

16:00 **포트넘 앤 메이슨**
영국을 대표하는 홍차 브랜드 매장이자 살롱
도보 5분

17:00 **리젠트 스트리트 & 옥스퍼드 스트리트**
런던을 대표하는 쇼핑 거리

18:00 **저녁 식사**
옥스퍼드 스트리트 부근에서 저녁 식사

19:30 **뮤지컬 관람**
뮤지컬의 본고장에서 즐기는 공연

Day4

09:30 **세인트 폴 대성당**
거대한 돔이 인상적인 런던을 대표하는 성당
도보 15분

10:00 **스카이 가든**
런던을 한눈에 조망할 수 있는 전망대(온라인 예약 필수)
도보 5분

11:30 **레든홀 마켓**
영화 〈해리포터와 마법사의 돌〉의 촬영지
버스 15분

12:30 **올드 스피탈 필즈 마켓 & 점심 식사**
빈티지 패션 잡화를 판매하는 실내 마켓
도보 10분

14:30 **쇼디치**
젊은 예술가들이 만들어낸 핫 플레이스
버스 30분

17:00 **카나비 스트리트**
런던에서 가장 활기찬 분위기의 소호 거리

18:30 **저녁 식사**
카나비 스트리트 부근에서 저녁 식사

Day5

10:00 **햄스테드 히스**
영화 〈노팅힐〉의 촬영지이자 런던의 부유한 지역에 자리하고 있는 평화로운 공원
지하철 15분 또는 버스 15분

12:30 **캠던 마켓 & 점심 식사**
영국의 유행을 한눈에 볼 수 있는 시장
버스 20분

14:30 **마담 투소 밀랍 인형관**
실제와 똑같은 유명 인사의 밀랍 인형을 볼 수 있는 곳
도보+지하철 15분 또는 버스 20분

17:30 **애비 로드**
'비틀즈'의 음반 커버가 촬영된 유명 거리
축구 경기 예매한 경기장으로 버스 또는 지하철로 이동

18:30 **저녁 식사**
축구장 부근에서 저녁 식사
도보 10분

19:30 **프리미어리그 경기 관람**
첼시, 아스널, 토트넘 등 유럽 명문 축구 클럽의 경기

travel info.

교통
지하철 4회 + 버스 5회

입장료
런던 아이 28파운드
뮤지컬(좌석에 따라) 30~120파운드
세인트 폴 대성당 18파운드
마담 투소 밀랍 인형관 35파운드
프리미어리그 25~100파운드

직장인을 위한 7일 코스

주 5일을 근무하는 직장인들은 보통 5일의 휴가를 얻으면 앞뒤의 주말을 끼고 10일 정도의 휴가를 낼 수 있다. 금쪽 같은 휴가를 이용해 유럽 여행을 하고자 할 때 유럽까지의 시차와 항공편을 고려하면 보통 7박 9일 정도의 일정이 나온다. 유럽에 머무는 7일 정도의 시간 동안 여러 나라를 방문하기 어렵다면 런던과 그 근교 지역을 돌아보는 것이 좋다.

09:30 **빅 벤 & 국회의사당**
고풍스러운 국회의사당과 영국을 대표하는 랜드마크 빅 벤
도보 10분

10:30 **세인트 제임스 파크**
런던에서 가장 오래된 공원
도보 10분

11:00 **버킹엄 궁전 (근위병 교대식)**
4~7월에는 매일 근위병 교대식이 열리고, 그 외에는 격일로 진행된다.

12:00 **점심 식사**
버킹엄 궁전 근처에서 점심 식사
도보 20분

13:30 **트라팔가 스퀘어**
런던의 한가운데 자리하고 있는 대형 광장
도보 3분

14:00 **내셔널 갤러리**
유럽에서도 손꼽히는 영국 최고의 국립 미술관
도보 5분

16:30 **레스터 스퀘어**
공연 문화의 중심지
도보 5분

17:00 **차이나타운**
유럽 최대 규모의 차이나타운
도보 5분

18:00 **피커딜리 서커스**
런더너들의 만남의 장소로 사랑받는 곳

19:00 **저녁 식사**
피커딜리 서커스 근처에서 저녁 식사

10:00	**자연사 박물관** 세계 최대의 방대한 규모의 소장품이 전시된 박물관
12:00	**점심 식사** 자연사 박물관 근처에서 점심 식사 도보 5분
13:00	**빅토리아 & 앨버트 박물관** 세계 최대의 장식 미술 공예 박물관 도보 10분
15:00	**해러즈 백화점** 영국 최고급 백화점 도보 5분
16:00	**하이드 파크** 영국을 대표하는 영국식 정원의 본보기 도보 5분
17:00	**옥스퍼드 스트리트** 런던의 대표적인 쇼핑 거리
18:00	**저녁 식사** 옥스퍼드 스트리트 근처에서 저녁 식사
19:30	**뮤지컬 관람** 뮤지컬의 본고장에서 즐기는 공연

Day3

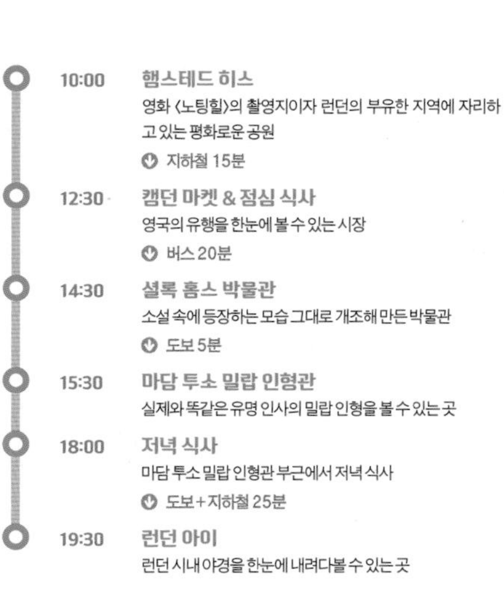

10:00 **햄스테드 히스**

영화 <노팅힐>의 촬영지이자 런던의 부유한 지역에 자리하고 있는 평화로운 공원

지하철 15분

12:30 **캠던 마켓 & 점심 식사**

영국의 유행을 한눈에 볼 수 있는 시장

버스 20분

14:30 **셜록 홈스 박물관**

소설 속에 등장하는 모습 그대로 개조해 만든 박물관

도보 5분

15:30 **마담 투소 밀랍 인형관**

실제와 똑같은 유명 인사의 밀랍 인형을 볼 수 있는 곳

18:00 **저녁 식사**

마담 투소 밀랍 인형관 부근에서 저녁 식사

도보+지하철 25분

19:30 **런던 아이**

런던 시내 야경을 한눈에 내려다볼 수 있는 곳

Day4

09:00 **그리니치**
템스강이 내려다보이는 구 왕립 천문대가 위치한 언덕

12:00 **점심 식사**
그리니치에서 점심 식사
DLR 15분

13:00 **도크 랜즈**
현대적인 고층 건물들이 즐비해 있는 런던의 신도시
DLR 20분 또는 시티 크루즈 10분(커네리 워프에서 타워 피어까지)

14:30 **런던 탑**
영국 왕실의 화려함을 엿볼수 있는 전쟁 박물관
도보 5분

17:00 **타워 브리지**
영국 산업 혁명의 표상이자 런던의 상징
도보 15분

18:00 **골든 하인드호**
영국에서 운항된 해적선의 복제품
도보 5분

18:30 **밀레니엄 브리지**
밀레니엄을 기념하기 위해 세운 보행자 전용 다리

19:00 **저녁 식사**
밀레니엄 브리지 부근에서 저녁 식사

Day5

10:00 **영국 박물관**
세계 최초의 국립 공공 박물관

12:00 **점심 식사**
영국 박물관 근처에서
점심 식사
도보 10분

13:00 **닐스 야드**
작은 골목 속에 숨은
아름다운 거리
도보 5분

14:00 **코번트 가든**
작은 노점상과 가게가 있고,
거리 공연이 펼쳐지는 시장
버스 15분

15:30 **세인트 폴 대성당**
런던을 대표하는 성당
버스 8분 또는 도보 15분

16:30 **스카이 가든**
런던을 한눈에 조망할 수 있는 전망대
(온라인 예약 필수)
도보 2분

18:00 **레든홀 마켓**
영화 〈해리포터와 마법사의 돌〉의 촬영지
도보 10분

18:30 **길드홀**
중세 시대 물건을 만들던 장인들의 조합이 모이던 장소
도보 + 지하철 18분 또는 도보 + 버스 32분

19:30 **카나비 스트리트 & 저녁 식사**
런던에서 가장 활기찬 분위기의 소호 쇼핑가

09:00 **노팅힐 포토벨로 마켓(토요일일 경우)**
골동품, 식료품, 빈티지한 소품 등을 판매하는 토요 마켓
버스 35분

11:30 **점심 식사**
사치 갤러리 부근에서 점심 식사

12:30 **사치 갤러리**
젊은 작가들의 작품을 전시하여
영국 현대 미술의 판도를 보여 주는 갤러리
지하철 35분

15:00 **쇼디치**
젊은 예술가들이 만들어낸 핫 플레이스

18:00 **저녁 식사**
쇼디치에서 저녁 식사

당일로 다녀올 수 있는 근교 도시

- 라이 & 헤이스팅스 또는 코츠월즈
- 윈저 성 또는 리즈 성
- 옥스퍼드 또는 케임브리지
- 해리포터 스튜디오 또는 스트랫퍼드 어폰 에이본

교통
버스 4회 + 지하철 4회 + DLR 2회

입장료
뮤지컬(좌석에 따라) 30~120파운드 / 셜록 홈스 박물관 15파운드 / 마담 투소 밀랍 인형관 35파운드 / 런던 아이 28파운드 / 그리니치 왕립 천문대 15파운드 / 런던 탑 26.80파운드 / 세인트 폴 대성당 18 파운드

지역 여행

웨스트민스터 / 켄싱턴 / 리전트 파크
소호 / 코번트 가든 / 시티 & 뱅크 / 쇼디치
서더크 / 사우스 뱅크 / 그리니치
햄스테드 히스 / 리치먼드와 큐 가든

Real London

런던 200% 즐기기

'런던' 하면 선명한 빨간색, 이층 버스, 영국의 신사, 버버리 트렌치코트, 축구 등 런던 하나의 단어로도 참 많은 이미지들이 떠오른다. 또한 사람마다 '런던'이라는 말을 들었을 때 떠오르는 이미지가 각기 다른 것처럼, 누군가에겐 너무나 아름다운 도시일 수도, 또 어떤 이에겐 휴식의 도시일 수도 있다. 아름다운 사랑 이야기가 있는가 하면, 잔인한 이별 이야기도 함께 숨 쉬고 있는 런던으로의 여행, 이제 떠나 볼까?

웨스트민스터 Westminster

런던뿐 아니라 영국을 상징하는 명소가 이곳에 대거 모여 있는데, 그중 빅 벤과 버킹엄 궁전, 웨스트민스터 대성당이 있다. 비록 지도상에서 보면 한쪽 구석의 지역이라고 생각될 정도로 작은 면적이지만 중요한 관광지들이 이곳에 다 모여 있어 볼거리와 즐길 거리가 가득한 곳이니 절대 놓쳐선 안 된다. 특히 영국의 여왕이 거주하는 버킹엄 궁전과 영국의 국회의사당이 이곳에 있어 웨스트민스터는 런던의 정치적 중심지라고도 할 수 있다. 더불어 성공회의 대성당인 웨스트민스터 사원과 로마 가톨릭을 대표하는 웨스트민스터 성당도 이곳에 있다. 또한 도심 속의 휴식 공간인 세인트 제임스 공원은 여행 중에 잠시 피로를 풀고 가기에 제격이다.

켄싱턴 Kensington

웨스트민스터의 서쪽 방향에는 런던 상류층 부자들의 거주지인 켄싱턴 구역이 있다. 이곳에는 런던에서 가장 유명한 공원인 하이드 파크와 켄싱턴 가든이 있어 런더너들의 쉼터가 되어 주고 있으며, 하이드 파크와 켄싱턴 가든을 나누는 경계가 되는 곳에서 거대한 규모의 서펜타인 호수를 볼 수 있다. 또한 켄싱턴 가든 아래쪽에는 런던의 유명한 박물관들이 모여 있어서 런던의 박물관 구역이라고도 불린다. 아이들과 함께하는 특별한 여행이라면 자연사 박물관, 과학 박물관, 빅토리아 & 앨버트 박물관에 꼭 한번 들러 보자.

리젠트 파크 Regent Park

켄싱턴 구역 위쪽에는 또 하나의 커다란 공원인 리전트 파크가 있다. 켄싱턴 파크와 하이드 파크보다는 아기자기한 느낌이 물씬 풍기는 공원 주위로 우리가 좋아하는 셜록 홈스와 비틀즈, 마이클 잭슨, 엘리자베스 여왕 등 유명한 사람들을 한꺼번에 만날 수 있는 명소들이 곳곳에 가득하다. 문득 골목을 걷다 보면 셜록 홈스의 모습을 한 이도 마주칠 수 있는 즐거운 지역! 이곳에서는 조금만 여유를 가지고 주위를 둘러보면 유쾌하고 재미있는 런던의 모습을 생생하게 포착할 수 있다.

런던은 세계 제2의 대도시로 규모 또한 서울의 2.5배나 될 정도로 엄청난 크기를 자랑한다. 교통 구간을 존(Zone)으로 나누는 런던은 1존부터 6존까지 있으며 우리가 주로 방문하는 관광지는 대개 런던 중심부인 1존에 모여 있다. 햄스테드 히스는 중심부에서 조금 떨어진 런던 2~3존에 있으며, 그리니치는 4존에 위치한다. 지역 여행에서는 런던 여행의 핵심이라고 할 수 있는 런던 시내의 메인 지역들에 대해서 살펴보기로 하자.

소호 Soho

리전트 파크에서 다시 템스강 부근의 런던 중심으로 조금 더 가다 보면 유럽 최대 규모의 차이나타운과 북적북적한 번화가가 모여 있는 소호 구역을 만날 수 있다. 이곳은 걷기만 해도 젊음의 활기를 가득 느낄 수 있을 정도로 런던에서 가장 활기가 넘치는 지역이다. 피커딜리 서커스와 레스터 스퀘어 사이에 위치한 이곳은 런던에서 가장 저렴한 레스토랑이 모여 있어 식사 시간이면 수많은 이들로 늘 붐빈다. 또한 트라팔가 스퀘어 근처에는 런던에서 가장 유명한 내셔널 갤러리도 있어 교과서에서만 보던 멋진 회화들을 눈으로 직접 확인할 수 있다. 특히 고흐의 〈해바라기〉 작품은 내셔널 갤러리에서 꼭 감상해야 할 명작 중의 하나!

코번트 가든 Covent Garden

소호 구역에서 좀 더 북쪽의 런던 중심부로 향하다 보면 코번트 가든 구역을 만나게 된다. 숨겨진 보물, 닐스 야드의 골목은 진짜 런던의 모습을 볼 수 있어 좋다. 게다가 코번트 가든에서 펼쳐지는 다양한 공연들을 보면서 런더너들만의 문화를 함께 체험하는 재미 또한 쏠쏠하고, 그 유명한 세계 3대 박물관 중 하나인 영국 박물관이 이곳에 있으니 충분한 시간을 투자해 유서 깊은 문화재를 감상하자.

시티 & 뱅크 City & Bank

코번트 가든에서 조금 더 동쪽으로 가다 보면 런던의 중심 중의 중심에 위치한 시티 오브 런던과 은행이 모여 있는 뱅크 구역을 찾을 수 있다. 과거의 런던은 시티 오브 런던이 전부였을 만큼 작았으나, 지금은 서울의 2.5배에 달하는 대도시로 변모했다. 런던 박물관에 들러 드라마틱한 역사를 일구어낸 런던의 옛 모습을 확인해 보는 것 또한 살아 있는 역사 공부가 될 것이다. 역사적으로도 커다란 사건이었던 런던 대화재 사건의 발화점이 바로 이 구역으로, 불멸의 런던을 상징하기 위해 대화재 기념탑이 세워져 있다. 또한 시티 & 뱅크를 지나는 템스 강변을 따라 세인트 폴 대성당과 런던의 상징인 타워 브리지가 있어 낭만적인 런던의 야경을 감상하기에 그만이다.

서더크 Southwark

타워 브리지에서 템스강을 건너 남단으로 내려오면 서더크 지역이 시작된다. 서더크는 중세 고딕 양식의 서더크 대성당과 미래지향적인 건물이 인상적인 런던 시청이 함께 조화를 이루는 독특한 구역이다. 특히나 미로 같은 좁은 골목들을 걷다 보면 런던 던전 같은 색다른 콘셉트의 박물관을 관람할 수 있으며, 골든 하인드호라는 오래된 해적선을 타고 해적이 된 느낌으로 템스강을 유람하는 상상의 나래를 펼쳐 볼 수 있다. 또한 밀레니엄 브리지를 건너며 달콤한 상상에 빠져 보는 곳이 바로 서더크다.

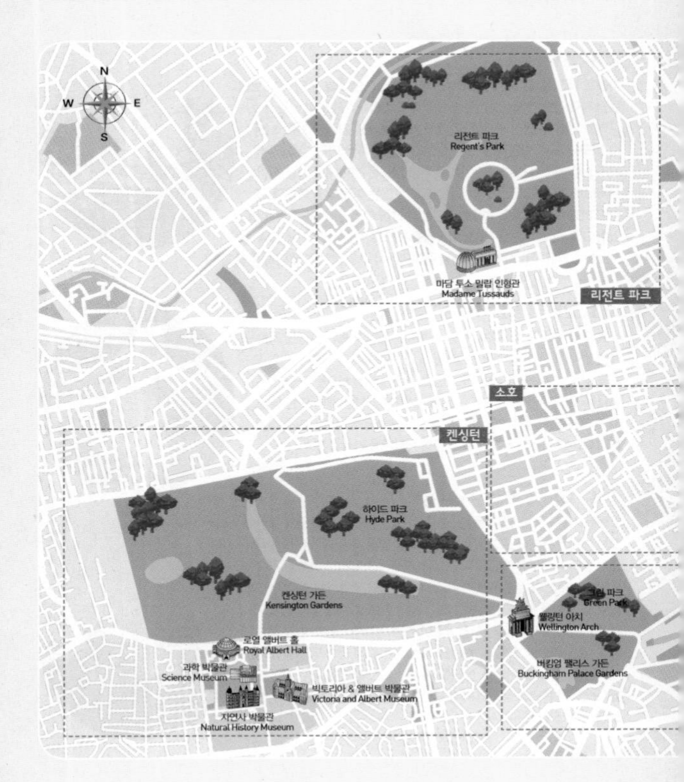

사우스 뱅크 South Bank

서더크에서 웨스트민스터 쪽으로 향하다 보면 사우스 뱅크 구역을 마주할 수 있다. 영화 속에 단골로 등장하는 런던 아이에서 런던 시내가 내려다보이는 멋진 풍경을 두루 감상할 수 있다. 연인들의 데이트 코스로도 손꼽히는 사우스 뱅크 구역은 커플 여행이라면 반드시 거쳐 가야 할 곳이다.

런던은 각기 다른 색깔의 구역들이 모여 오묘한 색을 발하는 도시이다. 물론 진짜 런던을 느끼려면 짧은 여행으로는 부족하겠지만 그래도 각각의 구역을 조금씩이라도 둘러본다면 리얼 런던을 즐기기에는 충분할 것이다.

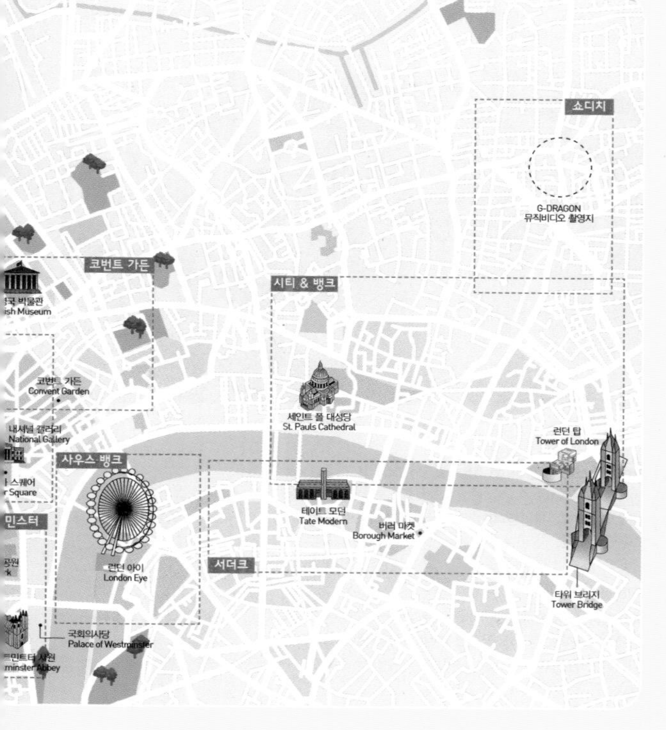

런던으로 이동하기

인천 공항에서 히드로 공항으로 이어지는 항공편은 매일 운항하고 있다. 그중 인천 공항에서 런던 히드로 공항(Heathrow Airport)까지 직항으로 운항 중인 항공사는 대한항공, 영국항공, 아시아나항공이 있는데, 히드로 공항을 이용하는 터미널은 대한항공은 4번 터미널, 아시아나항공은 2번 터미널, 영국항공은 5번 터미널을 사용한다. 직항의 장점은 경유 시간이 없기 때문에 시간이 절약된다. 요즘은 직항과 경유의 항공권 가격 차이가 크게 나지 않기 때문에 항공사, 여행사, 카드사 등에서 진행되는 프로모션 이벤트를 부지런히 체크해 보면 좋은 조건의 항공권을 구입할 수 있다.

경유해서 런던으로 가는 경우는 보통 영국을 제외한 유럽 항공사들이 자국 도시를 경유해서 런던으로 들어가며, 카타르항공, 말레이시아항공, 캐세이퍼시픽 등 경유할 수 있는 항공사가 많은 편이다. 직항보다 저렴한 항공권이 많기 때문에 시간이 여유롭고 여행 경비를 조금이라도 절감하고 싶다면 경유 항공편을 알아보는 것도 방법이다.

히드로 공항에서 시내로 이동하기

한국에서 출발해서 런던으로 들어오는 항공 노선은 대부분 히드로 공항으로 들어온다. 히드로 공항에서 시내로 이동할 때는 지하철 피커딜리 노선, 히드로 익스프레스, 내셔널 익스프레스 버스 등 다양한 교통수단을 이용할 수 있다.

지하철 Tube, Underground

히드로 공항에서 지하철로 연결되는 노선은 피커딜리 노선이다. 터미널 1, 2, 3역과 터미널 4역, 터미널 5역에 각각 지하철역이 있으며 런던 시내까지 약 1시간 정도 소요된다.

티켓 £6(6존), 오이스터 £3.10 차감 / 공항에서 오이스터 카드 구입이 가능하므로, 오이스터를 구입해야 한다면 공항에서 구입하자.

히드로 익스프레스 Heathrow Express

히드로 공항에서 런던 패딩턴(Paddington) 역까지 15분 간격으로 운행하는 특급 열차로 히드로 공항에서 런던 시내로 이동하는 시간이 가장 빠른 교통수단이다. 단, 대한항공이 사용하는 터미널 4에는 히드로 익스프레스를 탑승할 수 있는 역이 없기 때문에 셔틀을 이용해서 다른 터미널로 이동한 뒤 히드로 익스프레스를 이용할 수 있다. 터미널 1, 2, 3에서는 패딩턴 역까지 약 15분 소요되며, 터미널 5에서는 22분 정도 소요된다.

티켓 편도 £25, 왕복 £37 / 히드로 익스프레스 앱이나 홈페이지에서 예약하면 할인된 금액으로 이용할 수 있다.

홈페이지 www.heathrowexpress.com

내셔널 익스프레스 National Express

내셔널 익스프레스는 영국 곳곳을 연결해 주는 코치 버스로, 런던 시내뿐만 아니라 히드로 공항에서 다른 지역으로 이동 가능한 교통수단이다. 공항의 센트럴 코치(Central Coach) 터미널에서 출발하면 런던 빅토리아 코치(Victoria Coach) 역까지 이동할 수 있다. 공항에서 빅토리아 코치 역까지는 약 50분이 소요되며, 길이 막히면 시간은 더 걸릴 수 있다.

티켓 편도 £6, 왕복 £10

홈페이지 www.nationalexpress.com

개트윅 공항에서 시내로 이동하기

런던 남쪽으로 약 45km 떨어져 있는 개트윅 공항은 영국에서 두 번째로 큰 공항으로 대부분 저가 항공사나 유럽에서 경유해 들어오는 항공사들이 주로 취항한다. 북 터미널과 남 터미널 2개의 터미널로 나뉘어져 있다.

개트윅 익스프레스 Gatwick Express

개트윅 공항의 남 터미널에서 런던 빅토리아(Victoria) 역까지 가장 빠르게 이동할 수 있는 교통수단으로 15분 간격으로 24시간 운행한다. 약 30분 정도 소요된다.

티켓 2등석 편도 £19.90, 왕복 £34.90, 당일 왕복 £26.50 / 온라인 예매 시 10% 할인

홈페이지 www.gatwickexpress.com

런던으로 이동하기

내셔널 익스프레스 National Express

남 터미널과 북 터미널 모두 정류장이 있으며 두 터미널을 거쳐 런던 시내의 기타 버스 정류장을 지나 빅토리아 코치 역까지 이어지는 버스다. 07:00~23:30 사이에 1시간 간격으로 운행하며, 빅토리아 코치 역까지 약 1시간 20분 정도 소요된다.

티켓 편도(시간에 따라) 약 £7~£10, 왕복 £15 / 예매 수수료 £1 포함

홈페이지 www.nationalexpress.com

이지 버스

공항에서 런던 시내까지 가장 저렴한 가격으로 이동할 수 있는 교통수단인 이지 버스는 오렌지색의 미니버스로 밴 정도의 크기다. 개트윅 공항에서 런던 시내까지 연결되는 버스는 대부분 내셔널 익스프레스와 공동 운행을 하고 있기 때문에 내셔널 익스프레스보다 저렴한 이지 버스를 예매하고 실상 탑승하는 버스는 내셔널 익스프레스인 경우가 많

다. 때문에 예약 시 이지 버스 운행인지 내셔널 익스프레스 운행인지 확인하고, 내셔널 익스프레스와 공동 운행이면 이지 버스로 예매하는 것을 추천한다. 단, 이지 버스는 시내로 연결되는 장소가 바뀌는 경우가 있는데 얼마 전까지는 얼스 코트 역까지 연결되었는데 현재는 런던 서쪽 로얄 파크 지역으로 운행하고 있다.

티켓 편도 £2~ / 시간대에 따라 가격이 다름

홈페이지 www.easybus.com

스탠스테드 공항에서 시내로 이동하기

스탠스테드 공항은 런던 북동쪽으로 48km 떨어진 곳에 있으며, 주로 저가 항공사들이 취항한다.

스탠스테드 익스프레스 Stansted Express

스탠스테드 공항에서 런던 리버풀 스트리트(Liverpool Street) 역까지 가장 빠른 시간에 이동할 수 있는 교통수단이다. 05:30~23:00까지 15분 간격으로 운행하며 공항에서 리버풀 스트리트까지 약 45분 소요된다.

티켓 편도 £17~, 왕복 £26~ / 시간대에 따라 가격이 다름

홈페이지 www.stanstedexpress.com

내셔널 익스프레스 National Express

스탠스테드 공항 앞에서 런던 빅토리아 코치 역까지 15분 간격으로 24시간 운행하며, 런던까지 소요 시간은 약 1시간 30분 정도다.

티켓 편도 £14, 왕복 £20.30 / 예매 수수료 £1 포함

홈페이지 www.nationalexpress.com

에어포트 버스 익스프레스 Airport Bus Express

스탠스테드 공항 앞에서 런던 빅토리아 역, 리버풀 스트리트 역, 베이커 스트리트 역으로 이동할 수 있는 버스로 내셔널 익스프레스보다 저렴한 가격으로 런던 시내까지 이동할 수 있다. 런던까지 소요 시간은 약 1시간~1시간 45분 정도다.

티켓 £5.90~8.90 / 시간대에 따라 가격이 다름

홈페이지 www.airportbusexpress.co.uk

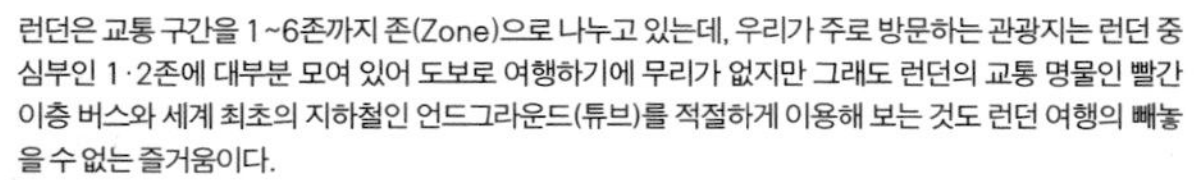

런던의 대중교통

런던은 교통 구간을 1~6존까지 존(Zone)으로 나누고 있는데, 우리가 주로 방문하는 관광지는 런던 중심부인 1·2존에 대부분 모여 있어 도보로 여행하기에 무리가 없지만 그래도 런던의 교통 명물인 빨간 이층 버스와 세계 최초의 지하철인 언드그라운드(튜브)를 적절하게 이용해 보는 것도 런던 여행의 빼놓을 수 없는 즐거움이다.

홈페이지 tfl.gov.uk

오이스터 카드와 트래블 카드

오이스터 카드

오이스터 카드는 런던에서 사용할 수 있는 대중교통 카드다. 스마트 카드에 원하는 금액을 충전해 놓으면 사용할 때마다 금액이 결제되는 카드로, 우리나라 T
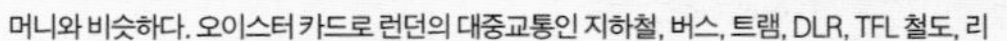
머니와 비슷하다. 오이스터 카드로 런던의 대중교통인 지하철, 버스, 트램, DLR, TFL 철도, 리버 버스 등을 이용할 수 있다. 오이스터 카드는 공항뿐만 아니라 모든 지하철역, 런던 관광 안내소, 담배 가게, 신문 가게 등에서 쉽게 구입할 수 있다. 카드 구입 시 보증금 £5를 지불해야 하고, 원하는 금액만큼 충전하면 되는데 보증금과 남은 금액은 카드를 반납하면 환불해 준다. 지하철역 창구나 티켓 발매기를 통해 환급받을 수 있다. 이용이 편리한 것 이외에도 1회 싱글 티켓보다 이용 요금이 저렴하다는 장점이 있는데, 요금 상한이 있어 몇 번을 사용하든 상한 금액 이상 결제되지 않는다.

트래블 카드

트래블 카드의 지정된 기간에 해당 존 내에서 지하철, 버스 등 대중교통을 마음껏 이용할 수 있다. 트래블 카드는 5일 이상 런던에서만 머물며 하루에 대중교통을 오이스터 1일 한도 이상 이용할 여행자에게 권할 만한 카드이다.

오이스터 카드와 트래블 카드 상세 요금

존 Zone	오이스터 카드			트래블 카드		
	1회권 (Peak)	1회권 (off-Peak)	1일 한도	1일권 (Anytime)	1일권 (off-Peak)	7일권
Zone 1	£2.40	£2.40	£6.80	£12.70	£12.70	£34.10
Zone 1-2	£2.90	£2.40	£6.80	£12.70	£12.70	£34.10
Zone 1-6	£5.10	£3.10	£12.50	£18.10	£12.70	£62.30

※Peak 출퇴근 시간 06:30~09:29, 16:00~18:59
※트래블 카드 off-Peak 09:30부터 사용 가능

지하철 Underground (Tube)

영국의 지하철은 서브웨이(Subway)라 하지 않고 언더그라운드(Underground) 또는 튜브(Tube)라고 불리며, 지상으로 다니는 곳은 오버그라운드(Overground)라고 한다. 런던 여행을 하면서 버스와 함께 가장 쉽게 이용할 수 있는 교통수단으로, 총 12개의 노선과 런던의 주요 관광지를 비롯해 공항이 있는 6존까지 연결되어 있다.

지하철 싱글 티켓 £4.90 하루 동안 지하철&버스&트램 이용할 시 (오이스터) 지하철 1회 £2.40, 버스 £1.50, 1일 차감 한도 £6.80

런던의 대중교통

버스 Bus

100개 이상의 노선이 다니는 버스는 지하철이 다니지 않는 런던의 구석구석까지 연결되는 가장 편리한 교통수단으로 빨간 이층 버스는 런던의 명물이기도 하다. 지금은 현대식 버스로 대부분 운행되지만 런던의 명소를 중심으로 운행하는 15번 버스는 런던의 옛 이층 버스를 현재도 운행한다.

하루 동안 버스&트램만 이용할 시 (오이스터) 1회 £1.50, 1일 차감 한도 £4.50 / (원데이 패스) £5

리버 버스 River Bus

템스 클리퍼스사(MBNA Thames Clippers)가 운영하는 보트로 템스강을 운항하는 수상 버스라고 생각하면 되는데, 템스강 위에서 런던 시민들의 출퇴근길의 발이 되어 주는 교통수단이다. 웨스트존, 센트럴존, 이스트존 등 3개의 존으로 구분되어 있고 총 5개의 노선이 운항 중에 있으며 오이스터 카드 사용이 가능하다. 트래블 카드가 있으면 할인받을 수 있어 오이스터 카드보다 더 저렴하게 이용할 수 있다. 짧은 구간 템스강 투어를 해보고 싶다면 템스 클리퍼스의 보트 버스를 원하는 구간만큼 탑승해 보자.

싱글 티켓 편도 센트럴 £8.40, 이스트 또는 웨스트 £4.60, 센트럴 & 이스트 £9.60, 센트럴 & 웨스트 £8.60, 모든 구간 £9.90

오이스터 카드 센트럴 £6.50, 이스트 또는 웨스트 £4.10, 센트럴 & 이스트 £6.80, 센트럴 & 웨스트 £7.30, 모든 구간 £7.50

홈페이지 www.thamesclippers.com

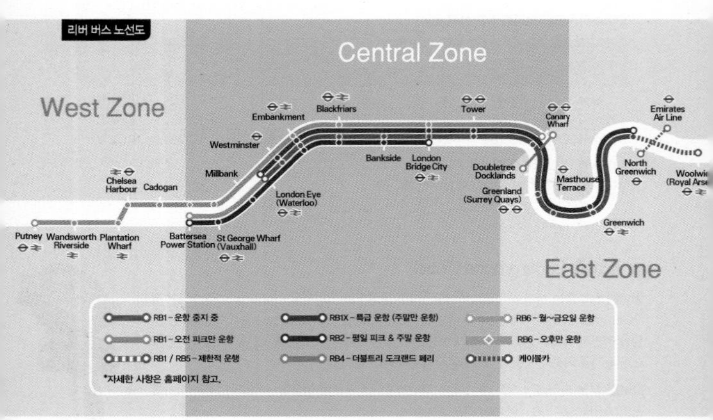

시티 크루즈 City Cruises

템스 클리퍼스사의 보트가 시민을 위한 보트라면 시티 크루즈에서 운영하는 보트는 그야말로 관광객들의 필수 코스인 런던의 유명 스폿을 지나가는 크루즈이다. 웨스트민스터 브리지 & 런던 아이 피어에서 출발해 그리니치 피어까지 이동하는 투어 크루즈로, 중간에 밀레니엄 타워 피어에서 한 번 기착한다. 웨스트민스터 브리지 & 런던 아이에서 밀레니엄 타워까지, 또는 밀레니엄 타워 피어에서 그리니치 피어까지 구간 이동도 가능하다.

웨스트민스터 브리지 & 런던 아이 피어에서 그리니치 피어 편도 £12.75, 왕복 £16.75
웨스트민스터 브리지 & 런던 아이 피어에서 밀레니엄 타워 피어 편도 £10.25, 왕복 £15.25
밀레니엄 타워 피어에서 그리니치 피어 편도 £10.25, 왕복 £15.25
홈페이지 www.citycruises.com

도크랜즈 경전철 DLR

도크랜즈 경전철은 런던 동부 도크랜즈 지역을 개발하면서 생긴 경전철로 외곽의 신도시를 주로 다니기 때문에 여행 중 이용할 일은 별로 없지만 그리니치 천문대를 방문할 때 유용하다.

택시

런던의 교통수단 가운데 가장 안전하며 편리한 것이 택시이다. 런던의 택시 블랙 캡(Black Cab)은 세계 여행자들이 최고의 택시로 꼽을 정도로 청결도, 요금, 운전 능숙도, 지역 이해도, 친밀성, 안전성이 다른 나라보다 우수하다고 한다. 런던에서 택시 기사가 되려면 까다로운 시험을 1년이 넘는 기간 동안 통과해야만 자격이 주어진다고 하니 아무나 할 수 없는 직업 중 하나가 바로 런던의 택시 기사다. 런던 하면 떠오르는 이미지 중 하나가 신사 모자인데, 그 모습과 흡사하다고 해서 블랙 캡이라 이름이 붙여졌지만 요즘은 블랙 캡의 트레이드마크였던 검은색이 점점 사라지고 오히려 달리는 광고판이라는 별명을 가지고 있어 블랙 캡이라는 명칭이 무색해지고 있다.

택시 이용하기

런던의 택시는 블랙 캡과 미니 캡 두 종류가 있다.

블랙 캡 Black Cab

블랙 캡은 엄격한 시험을 통과해서 정식으로 허가를 받은 기사가 운전하는 택시다. 택시 앞에 오렌지색으로 'For Here'라는 불이 들어와 있으면 빈 차를 뜻하며, 반대로 불이 꺼져 있으면 손님을 태우고 있다는 뜻이다. 기본 요금은 £6이며, 시작 미터기 기준으로 요금을 책정한다. 팁은 보통 10% 정도 주는 것이 일반적이고 짐은 추가 요금을 받는다. 참고로 히드로 공항에서 런던 시내까지 오는데 약 £70~100 정도 든다. 새벽이나 심야에는 우리나라처럼 할증 요금이 붙는다.

미니 캡 Mini Cab

미니 캡은 면허를 취득하지 않은 기사가 일반 자동차로 불법적으로 운행하는 택시다. 미니 캡의 모든 예약은 전화를 통해서만 이뤄지는데 가격은 블랙캡보다 저렴해 많은 사람이 이용하고 있다. 미터기로 요금을 책정하는 것이 아니라 오로지 운전기사와 흥정으로 가격을 책정하기 때문에 처음부터 가격을 흥정한 후 타야 바가지를 쓰지 않는다. 미니 캡은 정식으로 등록된 것이 아니기 때문에 범죄의 대상이 되기도 하니, 이용 시 신중하게 선택하자.

Special fares apply
9
8
7
8
7
6
Chesham
Chalfont & Latimer
Amersham
Chorleywood
Rickmansworth
Watford
Croxley
Moor Park
Northwood
Northwood Hills
Pinner
North Harrow
Harrow-on-the-Hill
West Ruislip
Hillingdon
Ruislip
Uxbridge
Ickenham
Ruislip Manor
Eastcote
Rayners Lane
West Harrow
Ruislip Gardens
South Ruislip
Northolt
Greenford
Perivale
Hanger Lane
Park Royal
North Ealing
South Harrow
Sudbury Hill
Sudbury Town
Alperton
Watford Junction
Watford High Street
Bushey
Carpenders Park
Hatch End
Headstone Lane
Harrow & Wealdstone
Kenton
Preston Road
Northwick Park
South Kenton
North Wembley
Wembley Central
Stonebridge Park
Harlesden
Willesden Junction
Kensal Green
Queen's Park
Kensal Rise
Brondesbury Park
Brondesbury
Kilburn High Road
South Hampstead
Kilburn Park
Maida Vale
Stanmore
Canons Park
Queensbury
Kingsbury
Wembley Park
Neasden
Dollis Hill
Willesden Green
Kilburn
West Hampstead
Finchley Road
Swiss Cottage
St John's Wood
Edgware
Burnt Oak
Colindale
Hendon Central
Brent Cross
골더스 그린
Golders Green
햄스테드
Hampstead
Finchley Road & Frognal
Belsize Park
Chalk
Paddington
Edgware Road
Marylebone
Great Portland Street
Warren Str
워릭 애비뉴
Warwick Avenue
Royal Oak
Westbourne Park
Ladbroke Grove
Latimer Road
Edgware Road
베이커 스트리트
Baker Street
리전트 파크
Regent's Park
Bayswater
마블 아치
Marble Arch
퀸스웨이
Queensway
Notting Hill Gate
Bond Street
Oxford Circus
토트넘 코트
Tottenham Court
랭커스터 게이트
Lancaster Gate
그린 파크
Green Park
하이드 파크 코너
Hyde Park Corner
피커딜리 서
Piccadilly Ci
하이 스트리트 켄싱턴
High Street Kensington
나이츠브리지
Knightsbridge
웨스트 민스터
Westminster
Acton Main Line
East Acton
White City
Shepherd's Bush
Holland Park
Wood Lane
West Acton
North Acton
Hanwell
West Ealing
Ealing Broadway
Southall
Hayes & Harlington
Ealing Common
Acton Central
South Acton
Acton Town
South Ealing
Shepherd's Bush Market
Goldhawk Road
Hammersmith
Kensington (Olympia)
Barons Court
Gloucester Road
Northfields
Boston Manor
Osterley
Hounslow East
Hounslow Central
Hounslow West
Hatton Cross
Heathrow Terminals 2 & 3
Heathrow Terminal 5
Heathrow Terminal 4
Chiswick Park
Turnham Green
Stamford Brook
Ravenscourt Park
West Kensington
Earl's Court
사우스 켄싱턴
South Kensington
빅토리아
Victoria
워털루
Waterloo
Gunnersbury
큐 가든
Kew Gardens
리치몬드
Richmond
West Brompton
슬론 스퀘어
Sloane Square
세인트 제임스 파크
St James's Park
핌리코
Pimlico
Fulham Broadway
Parsons Green
Putney Bridge
Imperial Wharf
East Putney
Southfields
Wimbledon Park
Wimbledon
Clapham Junction
Wandsworth Road
Vauxhall
Clapham High Street
Clapham North
Clapham Common
Clapham South
Balham
Tooting Bec
Tooting Broadway
Colliers Wood
South Wimbledon
Dundonald Road
Merton Park
Morden
Morden Road
Phipps Bridge
Belgrave Walk
Mitcha
1
2
3
4
5
6
버커루(Bakerloo)
센트럴(Central)
서클(Circle)
디스트릭트(District)
해머스미스 & 시티 (Hammersmith & City)
주빌리(Jubilee)
메트로폴리탄(Metropolitan)
노던(Northern)
피커딜리(Piccadilly)
빅토리아(Victoria)
워털루 & 시티 (Waterloo & City)
도크랜드 레일(DLR)
케이블 카(Cable Car)
런던 지상 전철(London Overground)
TfL Rail
런던 트램(London Trams)
디스트릭트(District) *주말 공휴일 운영
내셔널 레일(National Rail)
리버 보트(Riverboat)
빅토리아 코치 스테이션 (Victoria Coach Station)
케이블 카(Cable Car)
공항(Airport)

런던 지하철 노선도

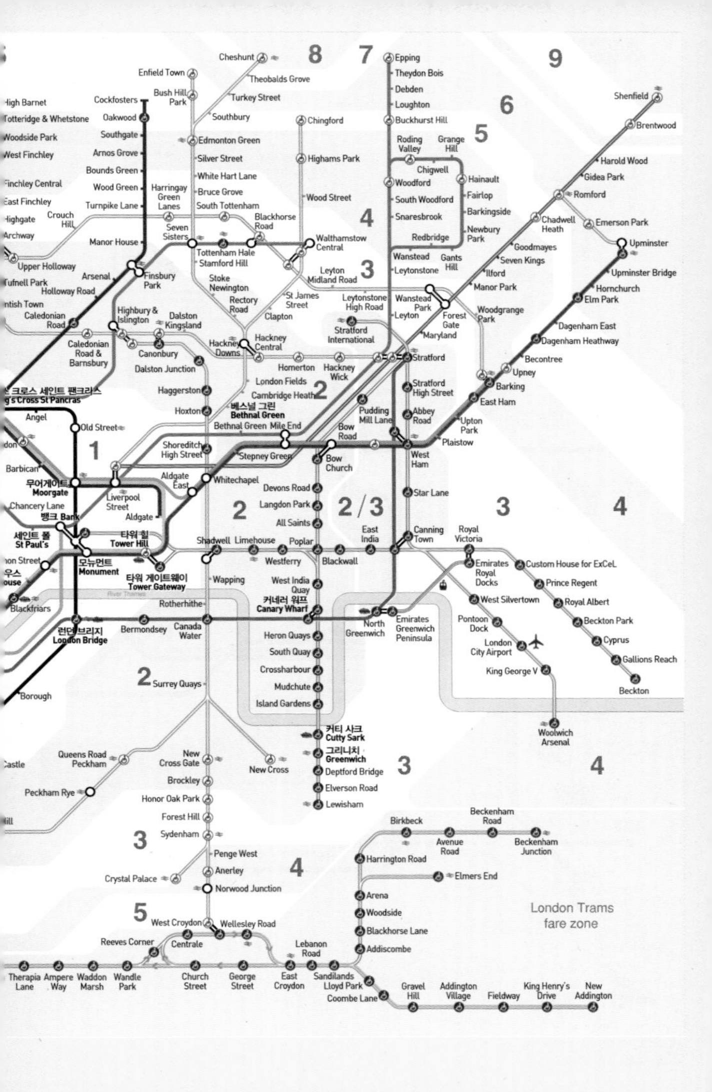
8
7
9
6
5
4
3
2
1
2/3
Cheshunt
Enfield Town
Theobalds Grove
Bush Hill Park
Turkey Street
Cockfosters
Oakwood
Southgate
Arnos Grove
Bounds Green
Wood Green
Turnpike Lane
Manor House
Southbury
Edmonton Green
Silver Street
White Hart Lane
Bruce Grove
South Tottenham
Harringay Green Lanes
Crouch Hill
Seven Sisters
Tottenham Hale
Stamford Hill
Blackhorse Road
Walthamstow Central
Chingford
Highams Park
Wood Street
Epping
Theydon Bois
Debden
Loughton
Buckhurst Hill
Roding Valley
Grange Hill
Chigwell
Hainault
Woodford
Fairlop
South Woodford
Barkingside
Snaresbrook
Newbury Park
Redbridge
Wanstead
Gants Hill
Leytonstone
Shenfield
Brentwood
Harold Wood
Gidea Park
Romford
Chadwell Heath
Emerson Park
Goodmayes
Seven Kings
Ilford
Manor Park
Upminster
Upminster Bridge
Hornchurch
Elm Park
Dagenham East
Dagenham Heathway
Becontree
Upney
Barking
East Ham
Upton Park
Plaistow
Forest Gate
Woodgrange Park
Wanstead Park
Leyton
Maryland
Upper Holloway
Arsenal
Finsbury Park
Holloway Road
Caledonian Road
Highbury & Islington
Dalston Kingsland
Caledonian Road & Barnsbury
Canonbury
Dalston Junction
Stoke Newington
Rectory Road
Clapton
St James Street
Leyton Midland Road
Leytonstone High Road
Stratford International
Hackney Downs
Hackney Central
Homerton
Hackney Wick
Stratford
Stratford High Street
London Fields
Cambridge Heath
Haggerston
Hoxton
베스널 그린
Bethnal Green
Bethnal Green
Mile End
Pudding Mill Lane
Abbey Road
Bow Road
Bow Church
West Ham
Angel
Old Street
Shoreditch High Street
Stepney Green
Barbican
무어게이트
Moorgate
Liverpool Street
Aldgate East
Whitechapel
Devons Road
Langdon Park
All Saints
Star Lane
Chancery Lane
뱅크 Bank
Aldgate
세인트 폴
St Paul's
타워 힐
Tower Hill
모뉴먼트
Monument
타워 게이트웨이
Tower Gateway
Shadwell
Limehouse
Westferry
Poplar
Blackwall
East India
Canning Town
Royal Victoria
Emirates Royal Docks
Custom House for ExCeL
Prince Regent
Royal Albert
Beckton Park
Cyprus
Gallions Reach
Beckton
West Silvertown
Pontoon Dock
London City Airport
King George V
Woolwich Arsenal
Wapping
West India Quay
커너리 워프
Canary Wharf
Rotherhithe
River Thames
Blackfriars
Bermondsey
Canada Water
런던 브리지
London Bridge
North Greenwich
Emirates Greenwich Peninsula
Heron Quays
South Quay
Crossharbour
Mudchute
Island Gardens
커티 사크
Cutty Sark
그리니치
Greenwich
Deptford Bridge
Elverson Road
Lewisham
Surrey Quays
Borough
Queens Road Peckham
New Cross Gate
New Cross
Brockley
Peckham Rye
Honor Oak Park
Forest Hill
Sydenham
Penge West
Anerley
Crystal Palace
Norwood Junction
West Croydon
Wellesley Road
Reeves Corner
Centrale
Lebanon Road
Therapia Lane
Ampere Way
Waddon Marsh
Wandle Park
Church Street
George Street
East Croydon
Sandilands
Lloyd Park
Coombe Lane
Gravel Hill
Addington Village
Fieldway
King Henry's Drive
New Addington
Birkbeck
Avenue Road
Beckenham Road
Beckenham Junction
Harrington Road
Elmers End
Arena
Woodside
Blackhorse Lane
Addiscombe
London Trams fare zone

런던 버스 노선도

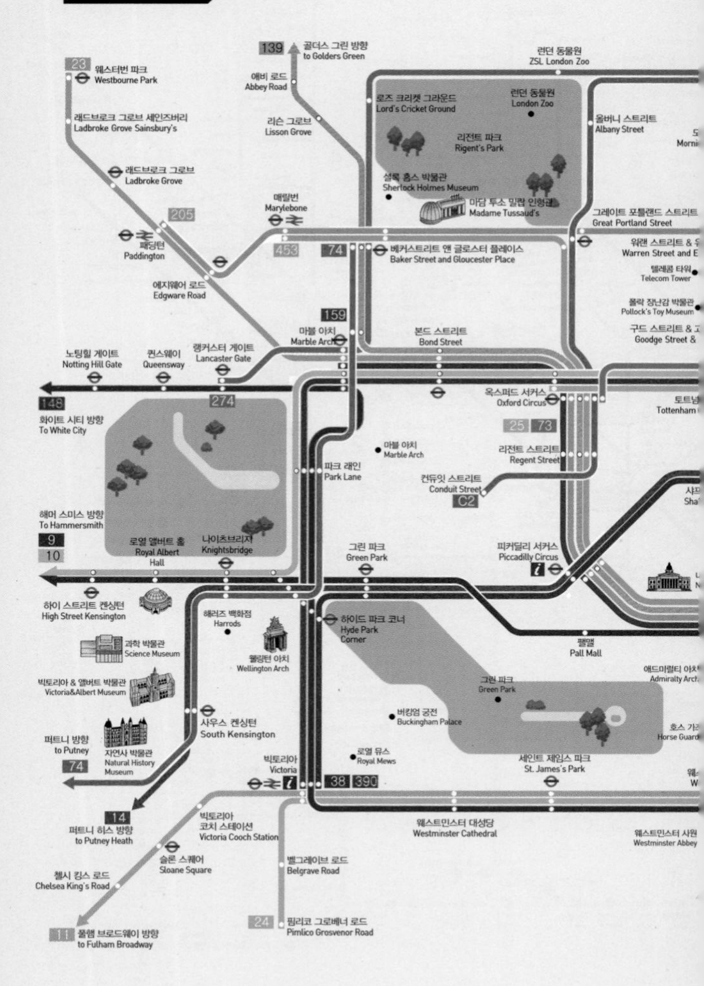

139
골더스 그린 방향
to Golders Green
23
웨스터번 파크
Westbourne Park
애비 로드
Abbey Road
런던 동물원
ZSL London Zoo
로즈 크리켓 그라운드
Lord's Cricket Ground
런던 동물원
London Zoo
래드브로크 그로브 세인즈버리
Ladbroke Grove Sainsbury's
리슨 그로브
Lisson Grove
올버니 스트리트
Albany Street
리전트 파크
Rigent's Park
래드브로크 그로브
Ladbroke Grove
셜록 홈스 박물관
Sherlock Holmes Museum
매릴번
Marylebone
마담 투소 밀랍 인형관
Madame Tussaud's
205
그레이트 포틀랜드 스트리트
Great Portland Street
패딩턴
Paddington
453
74
베커스트리트 앤 글로스터 플레이스
Baker Street and Gloucester Place
에지웨어 로드
Edgware Road
텔레콤 타워
Telecom Tower
폴락 장난감 박물관
Pollock's Toy Museum
159
마블 아치
Marble Arch
본드 스트리트
Bond Street
노팅힐 게이트
Notting Hill Gate
퀸스웨이
Queensway
랭커스터 게이트
Lancaster Gate
148
274
옥스퍼드 서커스
Oxford Circus
화이트 시티 방향
To White City
25
73
마블 아치
Marble Arch
리전트 스트리트
Regent Street
파크 레인
Park Lane
컨듀잇 스트리트
Conduit Street
C2
해머 스미스 방향
To Hammersmith
9
10
로열 앨버트 홀
Royal Albert Hall
나이츠브리지
Knightsbridge
그린 파크
Green Park
피커딜리 서커스
Piccadilly Circus
하이 스트리트 켄싱턴
High Street Kensington
해러즈 백화점
Harrods
하이드 파크 코너
Hyde Park Corner
팰맬
Pall Mall
과학 박물관
Science Museum
웰링턴 아치
Wellington Arch
빅토리아 & 앨버트 박물관
Victoria&Albert Museum
그린 파크
Green Park
버킹엄 궁전
Buckingham Palace
사우스 켄싱턴
South Kensington
퍼트니 방향
to Putney
74
자연사 박물관
Natural History Museum
로열 뮤스
Royal Mews
빅토리아
Victoria
세인트 제임스 파크
St. James's Park
38
390
14
퍼트니 히스 방향
to Putney Heath
빅토리아 코치 스테이션
Victoria Cooch Station
웨스트민스터 대성당
Westminster Cathedral
웨스트민스터 사원
Westminster Abbey
슬론 스퀘어
Sloane Square
벨그레이브 로드
Belgrave Road
첼시 킹스 로드
Chelsea King's Road
24
핌리코 그로베너 로드
Pimlico Grosvenor Road
11
풀햄 브로드웨이 방향
to Fulham Broadway

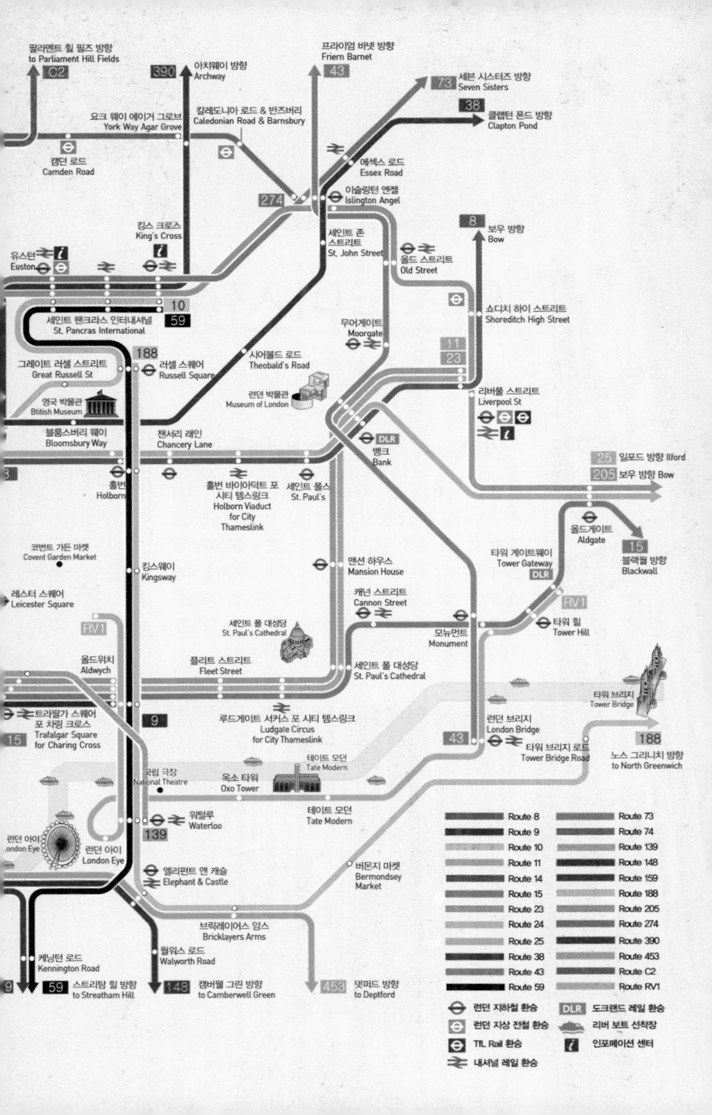

팔라멘트 힐 필즈 방향
to Parliament Hill Fields
C2
390
아치웨이 방향
Archway
프라이엄 바넷 방향
Friern Barnet
43
73
세븐 시스터즈 방향
Seven Sisters
38
클랩턴 폰드 방향
Clapton Pond
요크 웨이 에이거 그로브
York Way Agar Grove
칼레도니아 로드 & 반즈버리
Caledonian Road & Barnsbury
캠던 로드
Camden Road
에섹스 로드
Essex Road
274
이슬링턴 엔젤
Islington Angel
8
보우 방향
Bow
킹스 크로스
King's Cross
세인트 존 스트리트
St. John Street
올드 스트리트
Old Street
유스턴
Euston
10
59
세인트 팬크라스 인터내셔널
St. Pancras International
쇼디치 하이 스트리트
Shoreditch High Street
무어게이트
Moorgate
11
23
188
그레이트 러셀 스트리트
Great Russell St
러셀 스퀘어
Russell Square
시어볼드 로드
Theobald's Road
런던 박물관
Museum of London
리버풀 스트리트
Liverpool St
영국 박물관
British Museum
블룸스버리 웨이
Bloomsbury Way
챈서리 레인
Chancery Lane
DLR
뱅크
Bank
25
일포드 방향 Ilford
205
보우 방향 Bow
홀번
Holborn
홀번 바이아덕트 포 시티 템스링크
Holborn Viaduct for City Thameslink
세인트 폴스
St. Paul's
올드게이트
Aldgate
15
블랙월 방향
Blackwall
코번트 가든 마켓
Covent Garden Market
맨션 하우스
Mansion House
타워 게이트웨이
Tower Gateway
킹스웨이
Kingsway
레스터 스퀘어
Leicester Square
캐넌 스트리트
Cannon Street
RV1
세인트 폴 대성당
St. Paul's Cathedral
모뉴먼트
Monument
타워 힐
Tower Hill
올드위치
Aldwych
플리트 스트리트
Fleet Street
세인트 폴 대성당
St. Paul's Cathedral
타워 브리지
Tower Bridge
9
트라팔가 스퀘어 포 차링 크로스
Trafalgar Square for Charing Cross
루드게이트 서커스 포 시티 템스링크
Ludgate Circus for City Thameslink
런던 브리지
London Bridge
43
타워 브리지 로드
Tower Bridge Road
188
노스 그리니치 방향
to North Greenwich
국립 극장
National Theatre
옥소 타워
Oxo Tower
테이트 모던
Tate Modern
워털루
Waterloo
139
테이트 모던
Tate Modern
런던 아이
London Eye
런던 아이
London Eye
엘리펀트 앤 캐슬
Elephant & Castle
버몬지 마켓
Bermondsey Market
브릭레이어스 암스
Bricklayers Arms
케닝턴 로드
Kennington Road
월워스 로드
Walworth Road
59
스트리탐 힐 방향
to Streatham Hill
148
캠버웰 그린 방향
to Camberwell Green
453
뎃퍼드 방향
to Deptford
Route 8
Route 9
Route 10
Route 11
Route 14
Route 15
Route 23
Route 24
Route 25
Route 38
Route 43
Route 59
Route 73
Route 74
Route 139
Route 148
Route 159
Route 188
Route 205
Route 274
Route 390
Route 453
Route C2
Route RV1
런던 지하철 환승
런던 지상 전철 환승
TfL Rail 환승
내셔널 레일 환승
DLR 도크랜드 레일 환승
리버 보트 선착장
인포메이션 센터

웨스트민스터

Westminster

절대 빼놓을 수 없는 런던 관광의 중심지

천 년 동안 왕실과 종교의 역사가 지금까지 이어져 내려 온 곳이 바로 웨스트민스터 지역이다. 왕실의 대관식을 거행하고 있는 웨스트민스터 사원을 비롯해 위엄이 넘치는 국회의사당과 우뚝 솟은 빅 벤 시계탑이 런던의 위상을 높이고 있다. 또한 엘리자베스 2세 여왕이 현재에도 거주하고 있는 버킹엄 궁전은 런던 관광의 중심지이자, 야경을 보기 위해 가장 많이 찾는 장소 중 하나다.

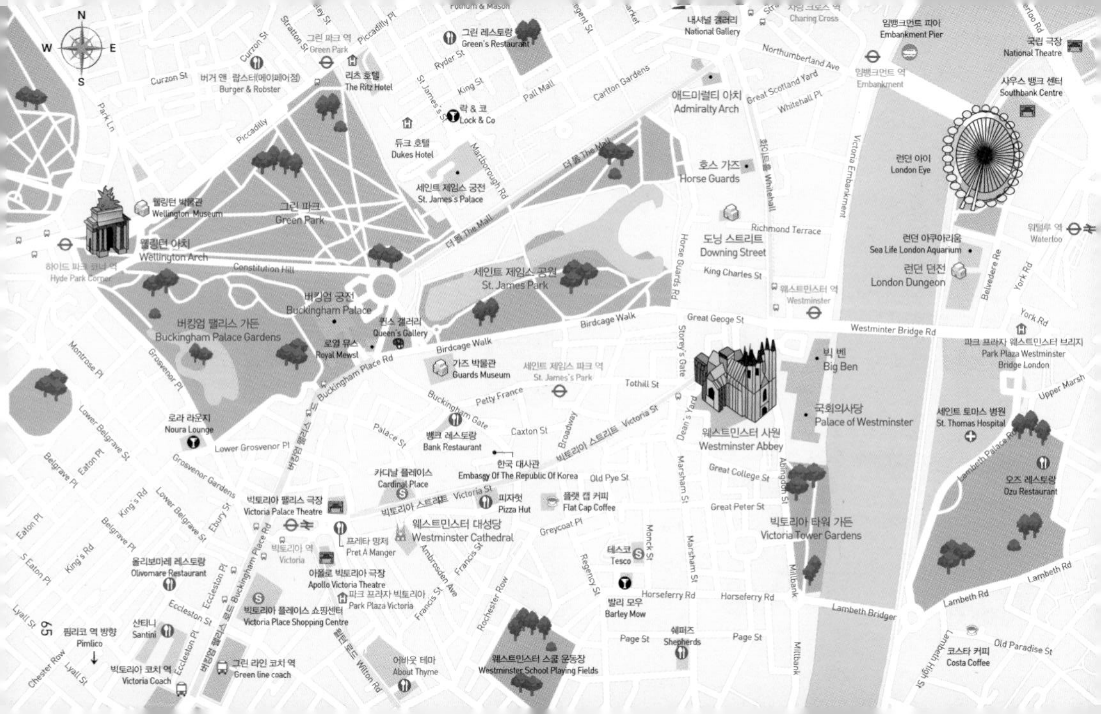

그린 레스토랑
Green's Restaurant
내셔널 갤러리
National Gallery
Charing Cross
임뱅크먼트 피어
Embankment Pier
국립 극장
National Theatre
그린 파크 역
Green Park
리츠 호텔
The Ritz Hotel
버거 앤 랍스터(메이페어점)
Burger & Robster
Curzon St
Stratton St
Piccadilly Pl
Ryder St
King St
Pall Mall
Carlton Gardens
Northumberland Ave
Great Scotland Yard
Whitehall Pl
임뱅크먼트 역
Embankment
사우스 뱅크 센터
Southbank Centre
애드미럴티 아치
Admiralty Arch
락 & 코
Lock & Co
St James's St
듀크 호텔
Dukes Hotel
Piccadilly
Park Ln
세인트 제임스 궁전
St. James's Palace
Marlborough Rd
더 몰 The Mall
호스 가즈
Horse Guards
화이트홀 Whitehall
Victoria Embankment
런던 아이
London Eye
웰링턴 박물관
Wellington Museum
그린 파크
Green Park
웰링턴 아치
Wellington Arch
하이드 파크 코너 역
Hyde Park Corner
Constitution Hill
Richmond Terrace
도닝 스트리트
Downing Street
Horse Guards Rd
King Charles St
웨스트민스터 역
Westminster
런던 아쿠아리움
Sea Life London Aquarium
런던 던전
London Dungeon
워털루 역
Waterloo
Belvedere Rd
York Rd
세인트 제임스 공원
St. James Park
버킹엄 궁전
Buckingham Palace
버킹엄 팰리스 가든
Buckingham Palace Gardens
퀸스 갤러리
Queen's Gallery
로열 뮤스
Royal Mews
Birdcage Walk
Great Geoge St
Westminter Bridge Rd
파크 프라자 웨스트민스터 브리지
Park Plaza Westminster Bridge London
가즈 박물관
Guards Museum
세인트 제임스 파크 역
St. James's Park
Storey's Gate
빅 벤
Big Ben
Montrose Pl
Grosvenor Pl
Buckingham Place Rd
Petty France
Tothill St
Upper Marsh
국회의사당
Palace of Westminster
세인트 토마스 병원
St. Thomas Hospital
로라 라운지
Noura Lounge
Lower Grosvenor Pl
Lower Belgrave St
Eaton Pl
Belgrave Pl
Palace St
뱅크 레스토랑
Bank Restaurant
Buckingham Gate
Caxton St
Broadway
빅토리아 스트리트
Victoria St
Dean's Yard
웨스트민스터 사원
Westminster Abbey
Lambeth Palace Rd
한국 대사관
Embassy Of The Republic Of Korea
Old Pye St
카디널 플레이스
Cardinal Place
Grosvenor Gardens
Great College St
Abingdon St
오즈 레스토랑
Ozu Restaurant
빅토리아 팰리스 극장
Victoria Palace Theatre
피자헛
Pizza Hut
플랫 캡 커피
Flat Cap Coffee
King's Rd
Ebury St
웨스트민스터 대성당
Westminster Cathedral
Greycoat Pl
Great Peter St
빅토리아 타워 가든
Victoria Tower Gardens
Eaton Pl
Belgrave Pl
빅토리아 역
Victoria
프레타 망제
Pret A Manger
Ambrosden Ave
Francis St
Monck St
테스코
Tesco
Marsham St
올리보마레 레스토랑
Olivomare Restaurant
S Eaton Pl
King's Rd
Ecclestion Pl
아폴로 빅토리아 극장
Apollo Victoria Theatre
파크 프라자 빅토리아
Park Plaza Victoria
Regency St
Horseferry Rd
Millbank
Lambeth Rd
Lyall St
Eccleston St
빅토리아 플레이스 쇼핑센터
Victoria Place Shopping Centre
Rochester Row
발리 모우
Barley Mow
Lambeth Bridger
Lambeth Rd
핌리코 역 방향
Pimlico
산티니
Santini
Eccleston Pl
버킹엄 팰리스 로드
그린 라인 코치 역
Green line coach
윌턴 로드 Wilton Rd
어바웃 테마
About Thyme
웨스트민스터 스쿨 운동장
Westminster School Playing Fields
Page St
셰퍼즈
Shepherds
Page St
Old Paradise St
코스타 커피
Costa Coffee
Lambeth High St
Chester Row
Lyall St
빅토리아 코치 역
Victoria Coach

웨스트민스터 추천 코스

영국 왕실과 정치, 종교를 대표하는 중심지로 현재도 엘리자베스 2세 여왕이 버킹엄 궁전에 거주하고 있다. 런던의 랜드마크인 유명한 시계탑 빅 벤과 국회의사당 역시 이곳에 자리하고 있어, 낮뿐만 아니라 야경을 보러 밤에도 많은 관광객들이 이곳을 찾는다.

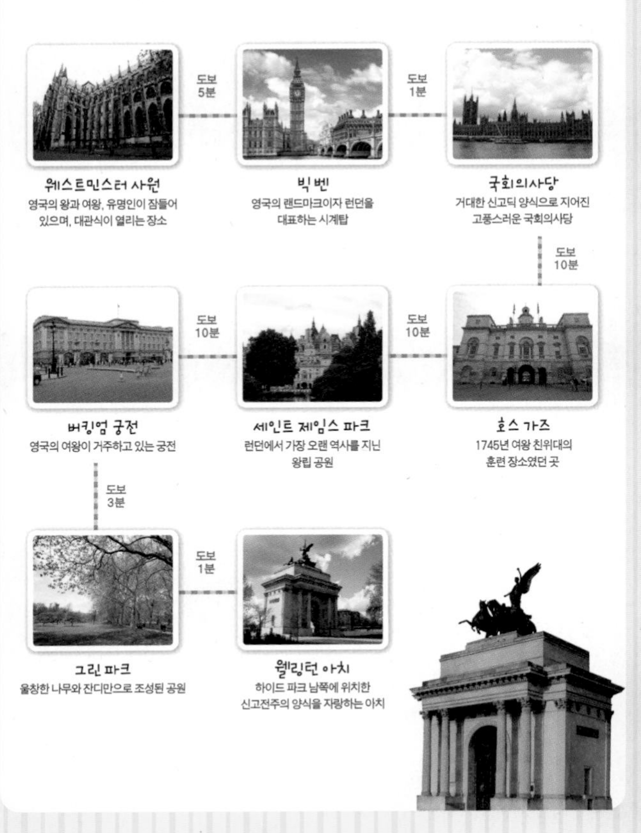

국회의사당 Palace of Westminster

고풍스러움이 아름다운 신고딕 양식의 국회의사당

MAPECODE 20001

1834년 웨스트민스터 궁전이 대화재로 인해 벽돌로 지어졌던 웨스트민스터 홀만 남기고 모두 불에 탄 후 1852년 찰스 배리 경(Sir Charles Barry)의 설계로 재건된 것이 현재의 국회의사당이다. 헨리 8세(Henry VIII)가 화이트홀 궁전을 만들어 옮기기 전까지 이곳은 역대 왕들이 지내던 궁전이었다. 템스 강변에 고풍스럽게 자리 잡은 총 면적 32,000m²의 부지 위에 1,000개가 넘는 방이 있으며 총 길이가 3.2km나 되는 신고딕 양식의 거대한 건축물이다.

건물 남쪽에는 국회의사당에서 가장 높은 100m 높이의 빅토리아 타워가 세워져 있으며 의회가 개회 중일 때는 유니언 잭(영국 국기)이 계양된다. 북쪽에는 런던의 상징과도 같은 빅 벤이 있다. 의회는 상원과 하원으로 나뉘어 있는데 남쪽으로 상원의사당, 북쪽으로는 하원의사당이 위치하고 있다. 오디오 투어와 가이드 투어로 입장할 수 있다. 프랑스어, 독일어, 이탈리아어, 스페인어, 러시아어, 중국어, 영어로 오디오와 가이드 투어가 제공된다. 회기가 있는 날은 투어가 취소되는 경우도 있으니 자세한 일정은 홈페이지에서 확인하도록 하자. 투어가 끝나면 템스강이 내려다보이는 테라스 파빌리온에서 추가 요금을 내고 애프터눈 티를 마실 수 있다.

입장할 때는 서쪽에 있는 세인트 스티븐 게이트(St. Steven Gate)에서 이름과 주소를 적어 내야 하고 보안 검색(신체와 소지품)도 엄격하기 때문에 방청을 원할 경우에는 서둘러 줄을 서야 한다.

주소 20 Dean's Yard, London, SW1P 3PA 전화 087 0906 3773 위치 지하철 Jubilee, Circle, District 라인 웨스트민스터(Westminster) 역에서 도보 1분 버스 11, 12, 24, 159, 453번 시간 투어 시간은 매주 토요일과 국회 휴회 기간 중 평일만 진행됨. (홈페이지를 통해 예약한 시간에 입장 가능) 요금 오디오 투어 성인 £18.50, 학생 £16, 어린이(5~15세) £7.50 가이드 투어 성인 £25.50, 학생 £21, 어린이(5~15세) £11 휴무 크리스마스, 1월 1일, 정회 마감(매년 조금씩 차이가 있지만 11월 말부터 12월 초·중) 홈페이지 www.parliament.uk

Photo Spot

빅 벤과 국회의사당

국회의사당과 빅 벤은 런던뿐만 아니라 영국의 랜드마크로 자리 잡고 있다. 어느 위치에서나 사진 촬영을 해도 멋진 모습이 담기는데 특히나 해가 지는 해 질 녘과 야경이 들어오는 시간에는 더욱더 많은 관광객이 이곳으로 몰린다. 특별히 빅 벤 옆 웨스트민스터 다리를 건너 템스강 건너편에서 보면 이 거대한 국회의사당과 빅 벤을 한 프레임에 담을 수 있다.

빅토리아 타워 가든 Victoria Tower Gardens

런더너들의 느긋함을 볼 수 있는 곳

MAPECODE 20002

100m 높이의 빅토리아 타워 아래 템스강 북쪽 둑을 따라 자리 잡고 있는 정원으로, 원래는 웨스트민스터 궁전이 있었던 장소이다. 둑을 따라 설치된 벤치는 런던 아이와 반짝이는 템스강을 바라보며 잠시 쉬었다 가기에 좋은 장소다. 정원 안에는 영국 여성 참정권론자인 에멀린 팬크허스트(Emmeline Pankhurst)의 조각상과 조지 5세(George V)의 석상과 1915년 영국 정부가 사들인 로댕의 걸작 〈칼레의 시민들, The Burghers of Calais〉이 세워져 있는데 이것은 진품이 아닌 복제품이다. 그밖에 영국의 노예 해방을 기념하기 위해 제작한 벅스턴 기념비(Buxton Memorial Fountain)도 세워져 있다.

위치 지하철 Jubilee, Circle, District 라인 웨스트민스터역에서 도보 1분 버스 11, 12, 24, 159, 453번

빅 벤 Big Ben

영국의 랜드마크이자 런던을 대표하는 시계탑

MAPECODE 20003

국회의사당 북쪽에 뾰족하게 솟아오른 시계탑을 빅 벤이라고 한다. 빅 벤은 '크다'라는 뜻을 지닌 'Big'과 시계탑을 설계 공사한 설계자 '벤자민 홀' 설계자의 이름을 딴 'Ben'을 합친 말로 처음엔 시계탑의 이름이 아닌 시계탑 안의 13.5톤에 달하는 종을 부르던 이름이었다. 높이 96m, 시계 문자판 지름 7m, 시침의 길이는 2.9m, 분침의 길이는 4.2m로 시계가 처음 작동한 이후로 단 한 번도 멈추지 않았을 정도로 정교함과 정확성을 자랑하며 이는 런던의 자부심이라고 할 수 있다. 런던에 도착해서 가장 먼저 찾게 되는 곳이 바로 빅 벤이라고 할 만큼 런던의 랜드마크로 확실하게 자리 잡은 곳이다. (현재 빅벤은 2021년까지 공사 중이므로, 완벽한 빅벤의 모습은 2021년 이후에 볼 수 있으니 참고하자.)

위치 지하철 Jubilee, Circle, District 라인 웨스트민스터(Westminster) 역에서 도보 1분 버스 11, 12, 24, 159, 453번

웨스트민스터 사원 Westminster Abbey

영국의 왕들과 여왕, 유명인들이 잠들어 있는 곳이자 대관식이 열리는 장소

MAPECODE 20004

'서쪽에 있는 대사원'이란 뜻을 가지고 있는 웨스트민스터 사원은 성공회의 성당으로, 11세기 참회왕 에드워드가 노르만 양식으로 착공하기 시작했다. 이후 12세기 헨리 3세에 의해 개축해 18세기에 들어와 현재의 모습을 갖추게 되었다. 참회왕 에드워드가 죽은 후 정복왕 윌리엄 대공이 왕위를 빼앗아 대관식을 치룬 이래 1000년이 넘는 시간 동안 에드워드 5세, 8세를 제외한 영국의 모든 왕과 지금의 엘리자베스 2세 여왕까지 대관식을 거행한 장소다. 또한 대관식뿐만 아니라 왕실의 결혼식과 장례식 또한 이곳에서 치러진다.

내부에는 역대 왕과 여왕, 정치가(처칠, 글래드 스톤 등), 문학가(셰익스피어, 워즈워스, 찰스 디킨스 등), 과학자(뉴턴, 다윈 등), 음악가(헨델 등)가 잠든 묘와 그들을 기리는 기념비가 있다. 이 중에서도 뉴턴의 묘와 챕터 하우스는 영화 〈다빈치 코드〉의 배경이 된 이후 지금까지 수많은 관광객으로부터 사랑받고 있다.

영국의 성당 중 가장 높은 본당과 16세기 초 지어진 아름다운 직립식 천장으로 유명한 헨리 7세 예배당, 웨스트민스터 사원의 역사가 그려진 대형 스테인드글라스를 통해 빛이 들어오는 팔각형의 챕터 하우스 등은 웨스트민스터 사원에서 놓치지 말아야 할 중요한 장소다.

주소 20 Deans Yard, Westminster, London, SW1P 전화 020 7654 4832 위치 지하철 Jubilee, Circle, District 라인 웨스트민스터(Westminster) 역에서 도보 1분 버스 11, 12, 24, 159, 453번 시간 5~8월 09:00~15:00, 9~4월 09:00~13:00 휴무 일요일, 부활절, 크리스마스(허가된 사람만 입장 가능) 요금 성인 £20, 대학생(학생증 소지자) £17, 청소년 £9, 가족(성인 2인 + 어린이 1인) £40 홈페이지 www.westminster-abbey.org

호스 가즈 Horse Guards

왕의 친위대 훈련 장소로 1745년에 만들어진 곳

MAPECODE 20005

세인트 제임스 파크와 트라팔가 스퀘어에서 국회의사당으로 이어지는 화이트홀 거리에 있는 화이트홀(영국 관청이 모여 있는 곳) 내 호스 가즈는 근위 기병대 사령부이다. 버킹엄 궁전의 근위병들은 가까이 하기엔 조금 어려운 반면 호스 가즈의 근위병과 기마병은 눈앞에서 바라볼 수도 있고 함께 사진 촬영도 가능하기 때문에 관광객들에게 인기 있는 장소다. 독특하게도 호스 가즈의 위병들은 어떤 상황이 와도 부동자세를 지키고 있다.

매 시간마다 소규모 교대식이 이루어지며 버킹엄 궁전의 교대식만큼 크게 열리진 않지만 오전 11시(일요일은 10시)부터 30분간 이어지는 교대식은 하루 중 가장 볼 만하다. 그래서인지 11시 교대식은 자리 잡기 힘들 정도로 관광객들이 몰려든다. 좋은 자리에서 교대식을 보길 원한다면 일찍 자리를 잡는 것이 좋다. 화이트홀 거리의 호스 가즈 정문에는 두 명의 위병들이 보초를 서고 있는데 10:00~16:00까지는 말을 탄 기마병들이 보초를 서고 그 외 시간에는 보병들이 교대한다.

주소 Whitehall, London, SW1A 2AX 전화 020 7414 2357 위치 지하철 Circle, District, Jubilee 라인 웨스트민스터(Westminster) 역에서 도보 5분 / Bakerloo, Northern 라인 차링 크로스(Charing Cross) 역에서 도보 5분 버스 3, 11, 12, 24, 53, 87, 88, 159, 453번

더 몰 The Mall

근위병 교대식이 이뤄지는 길

MAPECODE 20006

1991년 버킹엄 궁전과 빅토리아 기념관을 재설계하면서 에스턴 웹이 새롭게 만든 이 길은 버킹엄 궁전에서부터 트라팔가 스퀘어까지 이어지며 세인트 제임스 파크와 그린 파크 사이에 있다. 일요일에는 교통을 통제하며 근위병 교대식 또한 이 길을 지나가기 때문에 교대식 시간 전후로는 엄청난 인파가 몰리니 주의해야 한다.

주소 The Mall, Westminster, London, WC2N 5 위치 지하철 Northern, Bakerloo 라인 차링 크로스(Charing Cross) 역에서 도보 3분 버스 3, 6, 9, 11, 12, 13, 15, 23, 24, 29, 53, 87, 88, 91, 139, 159, 176, 453번

세인트 제임스 파크 St. James's Park

런던에서 가장 오래된 공원

MAPECODE 20007

버킹엄 궁전을 등지고 퀸 빅토리아 메모리얼 분수를 중심으로 오른쪽에 있는 공원이 세인트 제임스 파크다. 세인트 제임스 파크는 런던에서 가장 오랜 역사를 지닌 왕립 공원으로, 처음엔 왕실의 정원이었으나 17세기에 일반인에게도 오픈되면서 공원이 되었다. 야생 조류 보호 구역인 만큼 다양한 종류의 새들이 모여 살고 있으며 때때로 땅콩을 까서 먹는 청설모도 볼 수 있다. 공원 중심으로는 세인트 제임스 파크 호수가 있는데 호수 중간에 위치한 블루 다리(Blue Bridge)에서 호스 가즈, 화이트홀, 런던 아이, 버킹엄 궁전의 모습을 바라볼 수 있다. 단, 런던의 공원 내에 설치된 1인용 의자는 유료이므로 무작정 앉지 말자.

주소 The Storeyard, Horse Guards Road, St. James's Park, London, SW1A 2BJ 전화 020 7930 1793 위치 지하철 District, Circle 라인 세인트 제임스 파크(St. James's Park) 역에서 도보 3분 버스 3, 11, 12, 24, 29, 53, 77a ,88, 91, 148, 159, 211, 453번 시간 05:00~24:00 홈페이지 www.royalparks.org.uk/parks/st-jamess-park

버킹엄 궁전 Buckingham Palace

영국의 여왕이 거주하고 있는 궁전

MAPECODE 20008

1703년 버킹엄 공작이었던 존 셰필드(John Sheffield)에 의해서 지어진 대저택이다. 1762년 조지 3세가 왕비와 아이들을 위해서 구입한 뒤 조지 4세가 개축을 시작했지만 궁전이 완성되기 전에 죽었다. 그 후 1837년 당시 18세였던 빅토리아 여왕(Queen Victoria)이 세인트 제임스 궁전에서 버킹엄 궁전으로 집무실과 런던 공식 거주지를 이전해 오면서 빅토리아 여왕 이후의 역대 왕들의 거주지이자 집무실이 되었다. 현재는 엘리자베스 여왕(Elizabeth Alexandra Mary)이 사용 중이며 영국을 대표하는 궁전이다. 하얀색 벽이 다른 궁전들에 비해 화려하진 않지만 궁전 내부는 굉장히 호화스럽고 화려하다.
원래 궁전은 일반인에게 공개하지 않았으나, 1992년 윈저 성에 화재가 나자 그 복구 비용을 마련하기 위해 여름에 잠시 스테이드 룸을 일반인에게 공개하고 있다. 현재 여왕이 궁전에 머물고 있으면 로열 스탠더드 깃발이 궁전 위에 걸리며, 반대로 깃발이 없다면 여왕이 현재 궁전에 머물고 있지 않다는 뜻이다.

주소 The Official Residences of The Queen, London, SW1A 1AA 전화 020 7766 7300 위치 지하철 Circle, District, Victoria 라인 빅토리아(Victoria) 역에서 도보 10분 버스 13, 16, 38, 52, 702, 771, 772, N16, N38 홈페이지 www.royalcollection.org.uk

버킹엄 궁전의 티켓 종류

A Royal Day Out 티켓

스테이드 룸 & 로열 뮤스 & 퀸스 갤러리를 모두 이용할 수 있는 티켓으로 버킹엄 궁전이 문을 여는 여름철에만 이용 가능하다.

요금 성인 £42.30, 학생(학생증 소지자) £38.50, 청소년 £23.30, 5세 미만 무료, 가족 £107.90(성인 2인 + 청소년 · 어린이 3인) 홈페이지 www.royalcollection.org.uk

로열 뮤스와 퀸스 갤러리 콤비 티켓

엘리자베스 여왕과 다이애나비가 탔던 마차들이 보관되어 있는 왕립 마구간인 로열 뮤스와 영국 왕실의 다양한 자료와 보물이 있는 퀸스 갤러리를 함께 묶은 콤비 티켓이다.

요금 성인 £19, 학생(학생증 소지자) £17.30, 청소년 £10, 5세 미만 무료, 가족(성인 2인+청소년 · 어린이 3인) £48 홈페이지 www.royalcollection.org.uk

스테이드 룸 State Room

영국 여왕이 거주하는 공간으로 매년 7월 말에서 9월 말까지만 일반인에게 공개된다. 이 기간 동안 여왕은 스코틀랜드의 발모럴 성(Balmoral Castle)에서 휴가를 보낸다. 물론 버킹엄 궁전의 일부인 스테이드 룸만을 둘러보는 것이 유럽이나 영국을 여행할 때 만나는 수많은 성들에 비해 보잘것없다고 생각될 수도 있으나, 현직 왕 또는 여왕이 거주하는 곳을 둘러볼 수 있는 기회가 많지 않으므로 오픈하는 기간이 여행 기간과 맞는다면 한 번쯤 둘러보는 것이 좋다.

시간 7월 21일~8월 31일 09:30~19:00(마지막 입장 17:15), 9월 1일~30일 09:30~18:00(마지막 입장 16:15) / 오픈 시간은 해마다 다르므로 버킹엄 궁전 사이트에서 확인할 것 요금 성인 £24, 학생(학생증 소지자) £22, 청소년(5~17세) £13.50, 5세 미만 무료 입장, 가족(성인 2인 + 청소년 · 어린이 3인) £61.50

퀸스 갤러리 Queen's Gallery

영국 왕실의 다양한 자료들과 보물들이 전시되어 있는 곳이다. 이곳을 통해 영국 왕실의 옛 모습부터 현재까지를 둘러볼 수 있다.

시간 1월~7월 20일, 10월~12월 10:00~17:30, 7월 21일~9월 30일 09:30~17:30 휴무 10월 15일~11월 8일, 12월 25~26일 / 해마다 문 닫는 시간이 다르므로 사이트에서 확인할 것 요금 성인 £12, 학생(학생증 소지자) £10, 청소년(5~17세) £6, 5세 미만 무료 입장, 가족(성인 2인 + 청소년 · 어린이 3인) £30

로열 뮤스(왕립 마구간) Royal Mews

실제 엘리자베스 여왕과 다이애나비 왕세자비가 탔던 마차들이 보관되어 있는 왕립 마구간으로, 마차를 끄는 멋진 말들도 만날 수 있다.

시간 2월~3월 25일 10:00~16:00, 3월 26일~11월 3일 10:00~17:00, 11월 4일~30일 10:00~16:00 / 문 닫기 45분 전까지 입장 가능, 오픈 일은 해마다 다르므로 버킹엄 궁전 사이트에서 확인할 것 휴무 11월 매주 일요일, 12월~1월 / 귀빈 방문이나 이벤트 시, 해마다 문 닫는 시간이 다르므로 사이트에서 확인할 것 요금 성인 £11, 학생(학생증 소지자) £10, 청소년(5~17세) £6.40, 5세 미만 무료 입장, 가족(성인 2인 + 청소년 · 어린이 3인) £28.40

근위병 교대식

버킹엄 궁전에서 빼놓을 수 없는 볼거리 중 하나가 바로 근무자가 교대할 때 궁전의 열쇠를 넘겨주는 근위병 교대식이다. 세인트 제임스 궁전에서 시작해 더 몰(The Mall)을 지나 버킹엄 궁전까지 행차하는 근위병들의 모습을 보기 위해 런던의 관광객들이 이곳으로 몰려든다. 관광객들에게 가장 인기 많은 위치는 궁전 정문 쪽이며 좋은 자리를 잡기 위해서는 서둘러 자리를 잡는 게 좋다. 특히 여왕이 참여하는 궁전의 행사가 있는 날이면 관광객뿐만 아니라 현지인들도 많이 오기 때문에 아침부터 서둘러야 한다.

근위병 교대 시간 4월 말~7월 말까지 매일(세인트 제임스 궁전에서 시작해 버킹엄 궁전까지) 11:00~11:30 정도에 종료 / 그 외 기간은 격일

그린 파크 Green Park

나무와 잔디만으로 조성된 공원

MAPECODE 20009

버킹엄 궁전을 뒤로 하고 앞쪽의 더 몰을 사이에 두며 오른쪽으로는 세인트 제임스 파크가 보이는 공원이 그린 파크이다. 이름 그대로 그린 파크는 다른 정원처럼 꽃이 있는 공원이 아닌 울창한 나무와 잔디만으로 조성된 공원이다. 공원이 조성되기 전에는 나병 환자들을 묻던 습지였으나 16세기부터 왕실의 사냥터로 사용되다가 17세기 중반에 시민들에게 개방되면서 현재까지 런던 시민들의 사랑을 받고 있다.

주소 Green Park, London, SW1A 2BJ 전화 020 7930 1793 위치 지하철 Jubilee, Victoria, Piccadilly 라인 그린 파크(Green Park) 역에서 도보 1분 / Piccadilly 라인 하이드 파크 코너(Hyed Park Corner) 역에서 도보 3분 버스 2, 6, 9, 10, 13, 14, 16, 19, 22, 36, 38, 52, 74, 137, 148, 414, N2, N16, N38, N97번 시간 24시간 홈페이지 www.royalparks.org.uk/parks/green-park

웰링턴 아치 Wellington Arch

하이드 파크 남쪽에 위치한 신고전주의 양식을 자랑하는 아치문

MAPECODE 20010

하이드 파크 남쪽에 위치해 있는 웰링턴 아치는 본래 버킹엄 궁전의 서문이었다. 1825년 조지 4세가 나폴레옹 군대와의 전쟁에서 승리한 것을 기념하기 위해 북쪽의 마블 아치와 함께 세우도록 하였으며, 1826년부터 4년에 걸쳐 데시무스 버튼의 설계에 따라 신고전주의 양식으로 건설되었다. 내부에는 런던의 아치의 역사에 관한 전시를 하고 있으며 발코니에서 주변 전경을 내려다볼 수 있다. 현재는 내부 견학이 가능하다.

주소 Wellington Arch, Hyde Park Corner, W1 전화 020 7930 2726 위치 지하철 Piccadilly 라인 하이드 파크 코너(Hyde Park Corner) 역에서 도보 3분 버스 2, 10, 13, 16, 36, 38, 52, 74, 137, 148, 414, N2, N16, N38번 시간 3월 30일~9월 10:00~18:00, 10월 1일~28일 10:00~17:00, 10월 29일~2019년 3월 10:00~16:00 / 2019년 4월 이후 오픈 시간은 아직 공지가 되지 않았으니 차후 홈페이지를 참고할 것 휴무 12월 24일~26일, 12월 31일, 1월 1일 요금 성인 £5.40, 할인 £4.90, 청소년(5~17세) £3.20, 가족(어른 2명 + 아이 3명) 홈페이지 www.english-heritage.org.uk/visit/places/wellington-arch

웨스트민스터 대성당 Westminster Cathedral

로마 가톨릭을 대표하는 성당

MAPECODE 20011

빅토리아 역에서 웨스트민스터 사원으로 이어지는 빅토리아 스트리트(Victoria St.)에서 현대적인 건물들 사이로 숨겨진 웨스트민스터 대성당을 찾을 수 있다. 런던에서 유일하게도 주황색 벽돌로 지어진 네오 비잔틴 양식의 건물인 이곳은 웨스트민스터 사원과 이름이 비슷해서 혼동하기 쉽지만 웨스트민스터 사원은 영국 성공회의 중심이며, 웨스트민스터 대성당은 영국 가톨릭을 대표하는 장소이다.

1884년 매닝 추기경에 의해 이탈리아식 비잔틴 양식으로 지어지기 시작하다가 1903년 현재의 모습으로 완공되었다. 특히 높이가 87m인 벽돌 탑은 빨간 벽돌에 하얀 돌을 수평으로 줄을 그리듯 장식해 눈부시게 아름답다. 내부로 들어서면 다양한 색깔의 대리석으로 화려하게 꾸며져 있는데 특히 황금 모자이크로 장식된 천장은 절대 놓치지 말아야 할 볼거리로 보는 이를 황홀하게 만든다.

주소 Clergy House, 42 Francis Street, London, SW1P 1QW 전화 020 7798 9055 위치 지하철 Circle, District, Victoria 라인 빅토리아(Victoria) 역에서 도보 5분 버스 11, 24번 시간 평일 08:00~19:00, 주말 10:00~13:00 미사 시간 토 08:00, 09:00, 10:30, 12:30, 일 08:00, 09:00, 10:30, 12:00, 17:30, 19:00, 월~금 07:00, 08:00, 10:30, 13:00, 17:30 홈페이지 www.westminstercathedral.org.uk

테이트 브리튼 Tate Britain

윌리엄 터너의 컬렉션을 볼 수 있는 갤러리

MAPECODE **20012**

영국 미술의 집합소이자, 영국의 자랑인 윌리엄 터너(JMW Turner)의 컬렉션을 볼 수 있는 테이트 브리튼. 1897년 헨리 테이트 경이 자신이 소장하던 작품들을 국가에 기증하면서 내셔널 갤러리 소속의 국립 영국 미술관으로 시작해 1955년 영국과 근대 유럽 회화 미술관인 테이트 갤러리로 독립했다. 이후, 2000년 테이트 갤러리에서 대다수의 현대 작품이 테이트 모던으로 옮겨 가면서 테이트 브리튼으로 이름을 바꾸었고, 16~21세기 동안의 영국 미술 작품들을 광범위하게 소장하게 되면서 런던을 대표하는 갤러리 중 하나로 자리를 잡았다. 테이트 브리튼의 자랑거리 중 하나인 터너의 컬렉션은 풍경 화가인 터너가 죽으면서 자신의 작품을 보관할 특별 갤러리를 마련해 주는 조건으로 국가에 자신의 작품을 기증한 것이 계기가 되어 현재 290여 점의 유화와 2만여 점의 수채화 및 드로잉 작품을 소장하고 있다.

주소 5 Atterbury Street, Westminster, London, SW1P 4 위치 지하철 Victoria 라인 핌리코(Pimlico) 역에서 도보 5분 시간 10:00~18:00(티켓 판매 및 입장 가능 시간 17:00까지) 휴무 12월 24~26일 요금 무료(특별 전시는 유료) 홈페이지 www.tate.org.uk

박물관 내부 구조

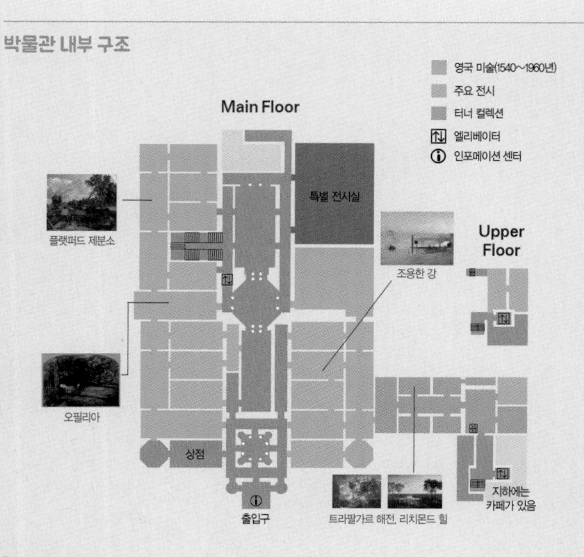

트라팔가르 해전 The Battle of Trafalgar

테이트 브리튼은 윌리엄 터너의 컬렉션을 감상할 수 있는 미술관이다. 터너는 고전적인 풍경화에서 낭만주의적인 완성을 보여 준 영국의 대표적인 화가로, 인상파 화가들에게 상당히 큰 영향을 끼쳤다. 'T'로 시작하는 전시관은 터너의 특별 전시관일 정도이니, 테이트 브리튼에 왔다면 반드시 터너의 작품을 관람하자. 이 작품은 트라팔가르 해전 중 넬슨 제독의 마지막 순간을 묘사하고 있는데, 급박한 상황을 생생하게 담아낸 리얼한 표현력이 인상적이다.

리치몬드 힐 Richmond Hill

템스 강변의 리치몬드 힐에서 바라본 아름다운 풍경을 파노라마로 보여 주고 있는 작품. 잔잔한 분위기의 마을 전경은 보는 이의 마음까지 평화롭게 만들어 준다. 터너는 런던 외곽에 살았기 때문에 템스 강변을 작품의 주제로 많이 다뤘다.

노럼 성과 일출 Norham Castle, sunrise

터너의 작품인 〈노럼 성과 일출〉은 해를 보여 주는 일출의 느낌보다는 빛으로 노란색의 일출을 표현했으며 해가 뜨는 가운데 세상이 깨어나는 분위기를 담고 있다.

플랫퍼드 제분소 Flatford Mill

존 컨스터블은 자연을 그대로 옮겨 놓은 듯한 화풍으로 유명한 영국의 풍경 화가로, 건초 마차 등 주요 작품을 남겼다. 그중에서 〈플랫퍼드 제분소〉라는 작품의 배경인 플랫퍼드 제분소는 존 컨스터블의 아버지가 운영하던 옥수수 제분소를 배경으로 그린 그림이다.

연민 Pity

윌리엄 블레이크(William Blake)는 낭만주의 시인이자 화가로서 수많은 시집과 회화를 남긴 아티스트다. 주로 단테의 시와 구약 성서의 욥기를 위한 삽화를 많이 그렸다. 그런 그의 작품 중 〈연민〉이라는 이름의 이 작품은, 이미 죽은 여인이 누워 있는 가운데 말을 탄 여인이 지나가고 있는 모습을 묘사했는데, 셰익스피어의 희곡인 〈맥베스〉의 한 장면을 표현한 것이다.

오필리아 Ophelia

존 에버렛 밀레이(John Everett Millais)는 런던에서 결성된 라파엘 전파의 일원으로, 영국 예술의 대변혁 운동에 동참한 작가다. 그의 대표작인 〈오필리아〉는 셰익스피어의 〈햄릿〉에 등장하는 여주인공인 오필리아를 묘사한 것이며 그가 몸담았던 라파엘 전파를 대표하는 작품으로도 유명하다. 실제 〈햄릿〉 속 오필리아는 자살이냐, 아니냐 논란이 많지만 이 작품에서는 자살로 묘사되었다.

연민
오필리아
조용한 강
평화-수장

조용한 강 Quiet River

빅터 패스모어(Victor Pasmore)의 조용한 강은 1940년대 중반 템스강의 조용한 모습을 묘사한 그림으로, 잔잔한 느낌이지만 미묘한 빛의 변화를 느낄 수 있는 작품이다. 그는 주로 19세기 화가인 터너와 위슬러를 포함한 많은 작가들에게 영향을 받았다.

평화-수장 Peace - Burial at Sea

터너의 말년 작품으로, 오랜 친구이자 라이벌인 데이비드 윌키가 중동 지역에서 돌아오던 중 바다에서 사망한 것을 묘사하고 있는 그림이다.

십자가에 못 박힌 예수를 위한 형상들의 세 습작 Studies for Figures at the Base of a Crucifixion

십자가에 못 박힌 예수의 형상에서 영감을 얻어 전쟁의 공포를 주제로 그린 그림으로, 작가인 프랜시스 베이컨(Francis Bacon)은 1945년 전쟁 중에 전시된 이 3부작을 통해 큰 명성을 얻었다. 캔버스 세 개가 이어진 이 작품은 그리스 신화의 '복수의 신'을 의미하는데, 반은 동물, 반은 인간인 모습을 보여 주고 있다.

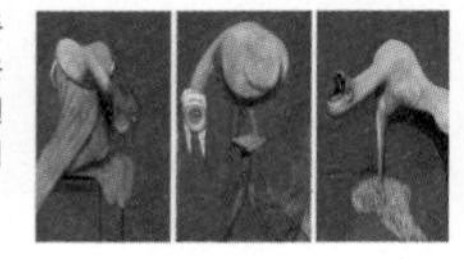

런던의 지하철

세상에서 가장 오래된 역사를 가진 런던의 지하철

세계에서 가장 오래된 지하철이 바로 런던의 지하철이다. 우리나라 국유 철도인 1호선도 런던 지하철을 본떠 만들었을 만큼 런던의 지하철은 많은 나라 지하철의 표본이 되었다. 오랜 역사를 말해 주듯 런던의 지하철 노선도는 미로처럼 복잡하게 보이지만 교통 체증이 심한 런던에서 가장 빠르고 편리한 교통수단이다. 런던 지하철은 총 11개의 노선으로 런던의 곳곳을 연결하고 있으며 기본요금은 £4.90이다. 혹시 하루에 두 번 이상 지하철을 이용해야 할 경우라면, 오이스터 또는 트래블 카드를 구입하는 것이 좋다.

Subway와 Underground

지금껏 우리가 알고 있는 지하철이라는 의미의 단어는 'Subway'이다. 그러나 정작 런던에서는 지하철을 'Subway'라고 불리는 것을 싫어하며 또 그렇게 부르지도 않는다. 그렇다면 런던의 지하철은 뭐라고 부르는 것일까? 정답은 바로 'Underground'이다. 런던에서의 'Subway'는 지하도를 뜻한다. 길을 걷다가 'Subway'라고 쓰여진 곳이 있더라도 그것은 단순히 지하도를 말하는 것이니, 혹시라도 지하철인 줄 알고 가는 일은 없어야 한다.

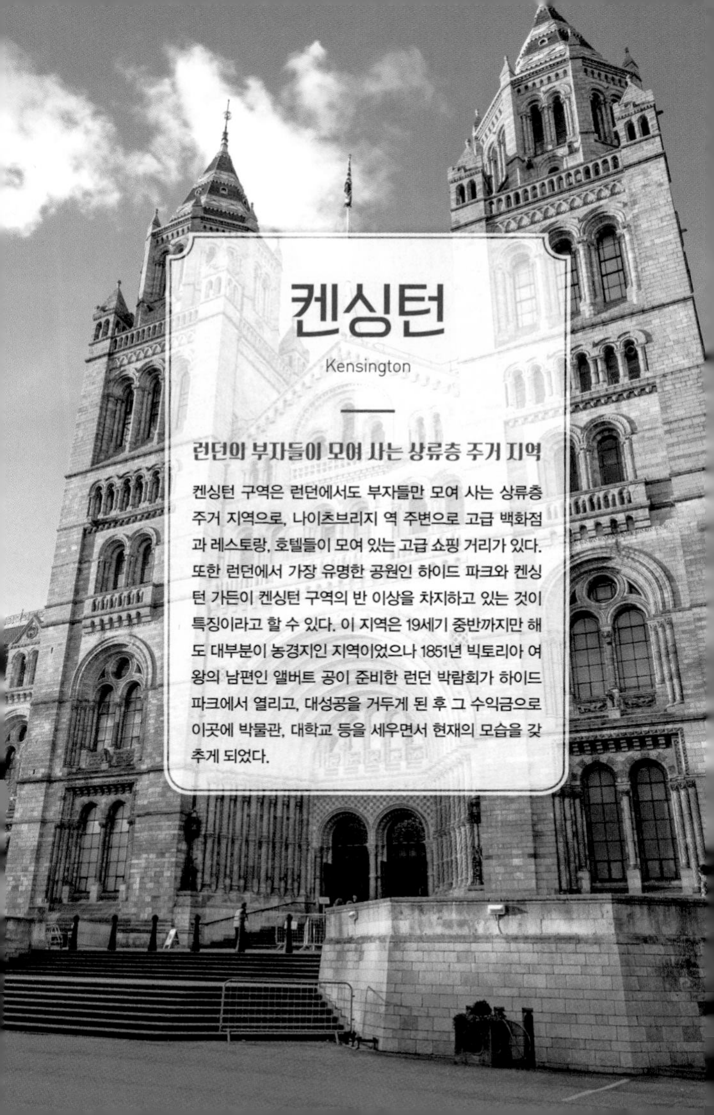

켄싱턴

Kensington

런던의 부자들이 모여 사는 상류층 주거 지역

켄싱턴 구역은 런던에서도 부자들만 모여 사는 상류층 주거 지역으로, 나이츠브리지 역 주변으로 고급 백화점과 레스토랑, 호텔들이 모여 있는 고급 쇼핑 거리가 있다. 또한 런던에서 가장 유명한 공원인 하이드 파크와 켄싱턴 가든이 켄싱턴 구역의 반 이상을 차지하고 있는 것이 특징이라고 할 수 있다. 이 지역은 19세기 중반까지만 해도 대부분이 농경지인 지역이었으나 1851년 빅토리아 여왕의 남편인 앨버트 공이 준비한 런던 박람회가 하이드 파크에서 열리고, 대성공을 거두게 된 후 그 수익금으로 이곳에 박물관, 대학교 등을 세우면서 현재의 모습을 갖추게 되었다.

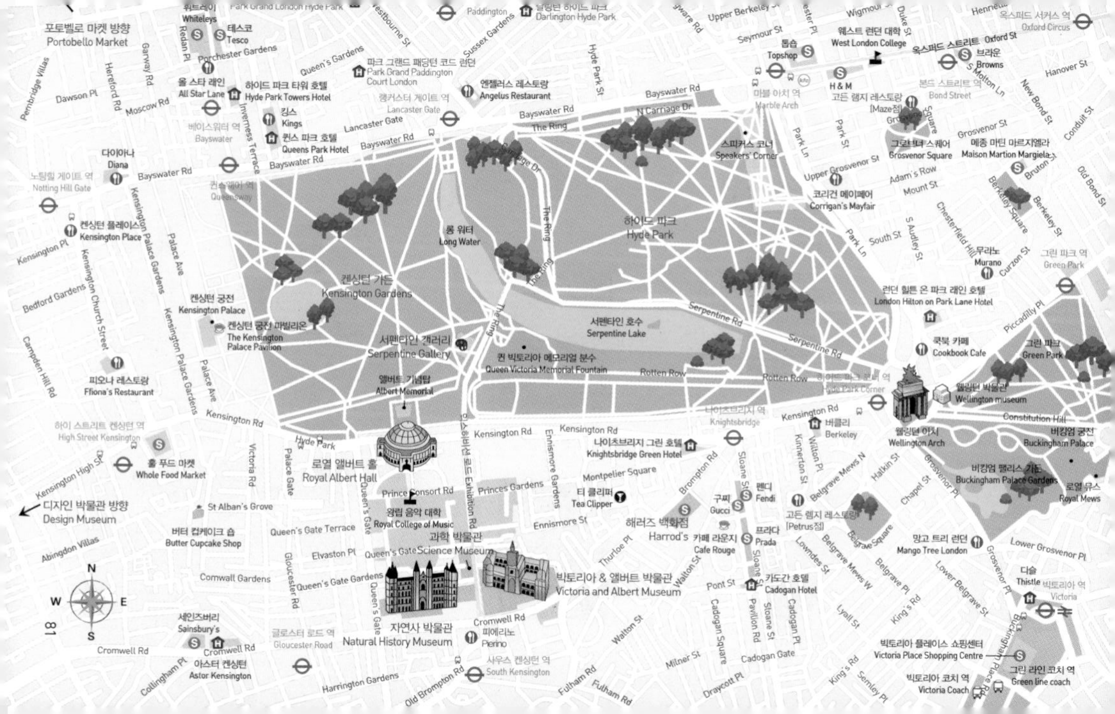

포토벨로 마켓 방향
Portobello Market
화이틀리
Whiteleys
테스코
Tesco
Paddington
달링턴 하이드 파크
Darlington Hyde Park
Porchester Gardens
Queen's Gardens
파크 그랜드 패딩턴 코드 런던
Park Grand Paddington Court London
올 스타 레인
All Star Lane
하이드 파크 타워 호텔
Hyde Park Towers Hotel
엔젤러스 레스토랑
Angelus Restaurant
랭커스터 게이트 역
Lancaster Gate
베이스워터 역
Bayswater
킹스
Kings
퀸스 파크 호텔
Queens Park Hotel
다이아나
Diana
노팅힐 게이트 역
Notting Hill Gate
퀸스웨이 역
Queensway
켄싱턴 플레이스
Kensington Place
켄싱턴 가든
Kensington Gardens
롱 워터
Long Water
하이드 파크
Hyde Park
켄싱턴 궁전
Kensington Palace
켄싱턴 궁전 파빌리온
The Kensington Palace Pavilion
서펜타인 갤러리
Serpentine Gallery
서펜타인 호수
Serpentine Lake
퀸 빅토리아 메모리얼 분수
Queen Victoria Memorial Fountain
앨버트 기념탑
Albert Memorial
피오나 레스토랑
Ffiona's Restaurant
하이 스트리트 켄싱턴 역
High Street Kensington
홀 푸드 마켓
Whole Food Market
디자인 박물관 방향
Design Museum
버터 컵케이크 숍
Butter Cupcake Shop
로열 앨버트 홀
Royal Albert Hall
왕립 음악 대학
Royal College of Music
과학 박물관
Science Museum
자연사 박물관
Natural History Museum
빅토리아 & 앨버트 박물관
Victoria and Albert Museum
글로스터 로드 역
Gloucester Road
세인즈버리
Sainsbury's
아스터 켄싱턴
Astor Kensington
피에리노
Pierino
사우스 켄싱턴 역
South Kensington
나이츠브리지 그린 호텔
Knightsbridge Green Hotel
티 클리퍼
Tea Clipper
해러즈 백화점
Harrod's
카페 라운지
Cafe Rouge
구찌
Gucci
펜디
Fendi
프라다
Prada
카도간 호텔
Cadogan Hotel
나이츠브리지 역
Knightsbridge
버클리
Berkeley
고든 램지 레스토랑
[Petrus점]
망고 트리 런던
Mango Tree London
웰링턴 아치
Wellington Arch
웰링턴 박물관
Wellington museum
하이드 파크 코너 역
Hyde Park Corner
쿡북 카페
Cookbook Cafe
런던 힐튼 온 파크 레인 호텔
London Hilton on Park Lane Hotel
그린 파크
Green Park
그린 파크 역
Green Park
버킹엄 궁전
Buckingham Palace
버킹엄 팰리스 가든
Buckingham Palace Gardens
로열 뮤스
Royal Mews
디슬
Thistle
빅토리아 역
Victoria
빅토리아 플레이스 쇼핑센터
Victoria Place Shopping Centre
빅토리아 코치 역
Victoria Coach
그린 라인 코치 역
Green line coach
스피커스 코너
Speakers' Corner
마블 아치 역
Marble Arch
톱숍
Topshop
웨스트 런던 대학
West London College
H & M
고든 램지 레스토랑
[Maze점]
본드 스트리트 역
Bond Street
옥스퍼드 스트리트
Oxford St
브라운
Browns
옥스퍼드 서커스 역
Oxford Circus
그로브너 스퀘어
Grosvenor Square
메종 마틴 마르지엘라
Maison Martion Margiela
코리건 메이페어
Corrigan's Mayfair
무라노
Murano
Berkeley Square
Bayswater Rd
Kensington Rd
Kensington High St
Kensington Church Street
Cromwell Rd
Brompton Rd
Exhibition Rd
Sloane St
Park Ln
Piccadilly Pl
Constitution Hill
Serpentine Rd
Rotten Row
The Ring
N Carriage Dr
Oxford St
N
W
E
S

켄싱턴 추천 코스

해러즈 백화점을 중심으로 고급스러운 쇼핑 거리가 이어지며 켄싱턴 궁전을 둘러싼 호화 주택가가 모여 있는 켄싱턴. 런던을 대표하는 하이드 파크와 켄싱턴 가든도 있어 다른 지역들과 달리 여유롭고 쾌적하게 둘러볼 수 있다.

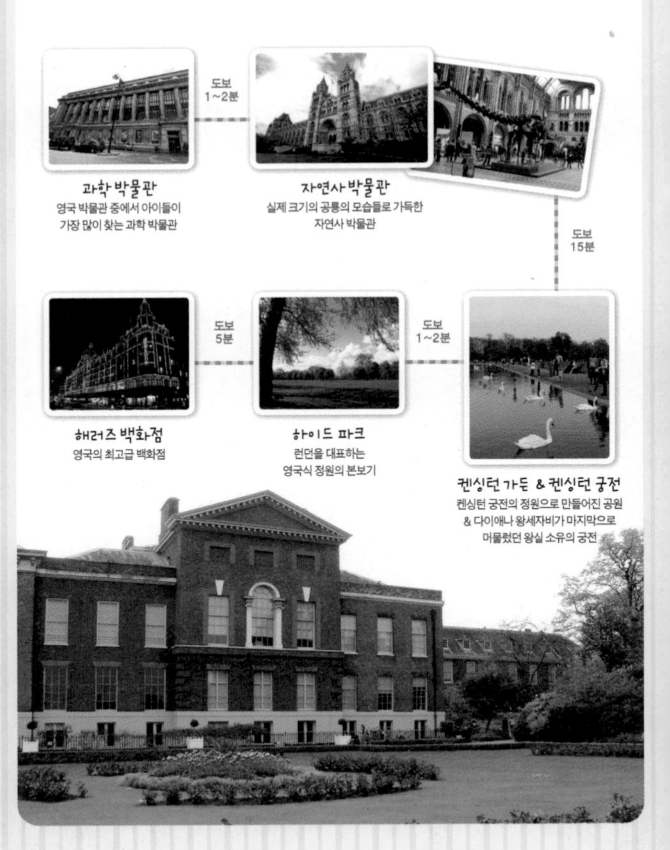

과학 박물관
영국 박물관 중에서 아이들이 가장 많이 찾는 과학 박물관

자연사 박물관
실제 크기의 공룡의 모습들로 가득한 자연사 박물관

켄싱턴 가든 & 켄싱턴 궁전
켄싱턴 궁전의 정원으로 만들어진 공원 & 다이애나 왕세자비가 마지막으로 머물렀던 왕실 소유의 궁전

하이드 파크
런던을 대표하는 영국식 정원의 본보기

해러즈 백화점
영국의 최고급 백화점

하이드 파크 Hyde Park

런던을 대표하는 영국식 정원의 본보기

MAPECODE 20013

원래 웨스트민스터 사원의 소유였으나 1536년 헨리 8세가 이곳을 몰수한 이후부터 왕실 사냥터로 사용되었다. 하이드 파크는 1637년 제임스 1세 때 일반인들도 사용할 수 있도록 공개되었는데, 강도들의 집결지 등으로 변해 갔다. 윌리엄 3세가 거처를 옮기면서 세인트 제임스 궁전으로 가는 길이 위험하다고 판단해 300개에 달하는 전구를 달도록 지시하였다. 이후 밤에도 환한 공원으로 자리 잡게 된 것을 시작으로 지금까지 런던 시민들에게 사랑을 받고 있다. 쇼핑의 거리인 옥스퍼드 스트리트와 연결되는 마블 아치와 하이드 파크의 정문 근처의 웰링턴 아치도 볼만하다.

유럽에서 흔히 만날 수 있는 영국식 정원의 대표적인 본보기가 바로 이곳 하이드 파크라 할 수 있는데 배를 타거나 수영도 즐길 수 있는 서펜타인 호수와 롱 워터를 사이에 두고 켄싱턴 가든과 하이드 파크로 나뉘며, 하이드 파크의 면적만 해도 1,420,000m² 나 되는 어마어마한 규모의 공원이다.

전화 0300 061 2114 위치 지하철 Piccadilly 라인 하이드 파크 코너(Hyde Park Corner) 역에서 도보 1분 / Piccadilly 라인 나이츠브리지(Kinghtsbridge) 역에서 도보 3분 / Central 라인 마블 아치(Marble Arch) 역에서 도보 1분 / Central 라인 랭커스터 게이트(Lancaster Gate) 역에서 도보 1분 버스 2, 6, 9, 10, 13, 16, 30, 36, 52, 74, 94, 137, 148, 159, 189, 274, 414, 452, N2, N9, N16, N74, N207번 시간 05:00~24:00 요금 무료 홈페이지 www.royalparks.org.uk/parks/hyde-park

켄싱턴 가든 Kensington Gardens

켄싱턴 궁전의 정원으로 만들어진 공원

MAPECODE 20014

서펜타인 호수(Serpentine Lake)를 사이에 두고 하이드 파크와 켄싱턴 가든으로 나뉘는 공원 중 하나이다. 1,100,000m²의 넓이로 1728~1738년까지 10년 동안 켄싱턴 궁전의 정원으로 이용되다가 약 100년 후 공원화되면서 일반인에게 오픈되었다. 지하철로 올 경우 다이애나 기념 공원, 원형 연못, 켄싱턴 궁전을 먼저 보고 싶다면 퀸스웨이 역에서 하차하고, 반대로 피터팬 동상, 하이드 파크, 서펜타인 호수를 먼저 보고 싶다면 랭커스터 게이트 역에서 내리면 더 빨리 원하는 장소에 도착할 수 있다.

주소 Kensington Gardens, Kensington, London, W2 3 전화 0300 061 2000 위치 지하철 Central 라인 퀸스웨이(Queensway) 역에서 도보 1분 / Central 라인 랭커스터 게이트(Lancaster Gate) 역에서 도보 1분 버스 9, 10, 49, 52, 70, 94, 148, 452, 702, N9, N207번 시간 06:00~해 질 녘까지 요금 무료 홈페이지 www.royalparks.org.uk/parks/kensington-gardens

앨버트 기념탑 Albert Memorial

로열 앨버트 홀의 북쪽, 켄싱턴 가든 안에 위치한 앨버트 기념탑은 빅토리아 여왕이 사랑했던 남편 앨버트 공이 1861년 장티푸스로 사망한 후, 남편을 기리기 위해 만든 탑이다. 기념탑은 1876년 조지 길버트 스콧 경에 의해 고딕 양식으로 설계되었다. 검은 도금을 한 첨탑 아래 다양한 색의 대리석과 돌, 모자이크 등으로 아름답게 꾸며져 있으며 유럽, 아시아, 아메리카, 아프리카를 상징하는 4개의 계단이 아래에 놓여 있다. 앨버트 동상은 로열 앨버트 홀 쪽을 바라보고 앉아 있으며 가터 훈장의 기사(Knight of the Garter)를 들고 있다.

주소 Kensington Gardens, 27 Princes Square, London, W2 4NJ 위치 지하철 Circle, District, Piccadilly 라인 사우스 켄싱턴(South Kensington) 역에서 도보 5분 버스 9, 10, 52, 360, 452, 702, N9번

서펜타인 갤러리 Serpentine Gallery

하이드 파크 속에 있는 작은 현대 미술관

MAPECODE 20015

하이드 파크의 서펜타인 호수 옆에 있는 서펜타인 갤러리는 원래는 찻집이었던 곳이 1970년대에 들어 갤러리로 변신해 현대 미술 작품을 전시하는 공간이 되었다. 이 갤러리는 규모도 작고 주변에 유명한 대형 미술관들이 많이 있어서 처음엔 크게 자리 잡지 못한 채 전전긍긍했다. 하지만 1990년대 이후, 스타 미술가들이 생겨나던 시기와 맞물려 그 당시 관장이었던 줄리아 페이튼 존스가 기획한 후원금 파티에 다이애나 왕세자비가 등장했고, 갤러리는 전 세계의 주목을 받게 된다. 이후 많은 상류층 인사들이 갤러리를 후원하며 발전하게 되었고, 지금은 당당히 중요한 현대 미술관 중 한 곳으로 손꼽힌다. 근처에는 제2의 서펜타인 갤러리인 서펜타인 새클러 갤러리도 있으니 함께 둘러보면 더 좋다. 2013년 오픈한 서펜타인 새클러 갤러리는 미술뿐 아니라 디자인, 패션, 음악 등 다양한 분야의 전시를 하고 있다.

주소 Kensington Gardens 전화 020 7402 6075 위치 켄싱턴 가든 내 시간 화~일 10:00~18:00 휴무 월요일 요금 무료 홈페이지 www.serpentinegalleries.org

켄싱턴 궁전 Kensington Palace

다이애나 왕세자비가 마지막으로 머물렀던 왕실 소유의 궁전

MAPECODE 20016

17세기 초 노팅엄 공작이 머무르기 위해 지어진 저택으로 1689년 윌리엄 3세 때부터 영국 왕실의 소유였으나, 1997년까지 다이애나(Diana Spencer) 왕세자비가 마지막으로 거처한 후 왕실의 소유가 끝이 났다. 켄싱턴 궁전은 유난히 사건 사고가 많기로 유명하다. 1694년 메리(Mary) 여왕이 이곳에서 홍역으로 사망한 뒤, 1702년 윌리엄 왕이 말에서 떨어져 이곳으로 옮겨진 직후 세상을 떠났으며, 1714년 앤 여왕이 과식으로 인해 중풍으로 사망하기도 했다. 게다가 1997년 다이애나 왕세자비가 프랑스 파리에서 교통사고로 숨지는 안타까운 역사를 지니고 있는 궁전이기도 하다.

궁전 내부에는 실물 크기와 같은 동상이 서 있는 왕의 계단과 왕가의 가구, 예술 작품, 엘리자베스 여왕과 찰스 황태자 부부의 예복, 18세기 후부터 현재까지의 궁중복이 전시되고 있으며 궁전 밖에는 빅토리아 여왕의 딸이었던 루이스 공주에 의해 조각된 젊은 시절의 빅토리아 여왕의 동상이 있다.

주소 Palace Avenue, Kensington, London, W8 4QP 전화 020 3166 6199 위치 지하철 Circle, District 라인 하이 스트리트 켄싱턴(High Street Kensington) 역에서 도보 10분 / Central 라인 퀸스웨이(Queensway) 역에서 도보 10분 버스 9, 10, 27, 28, 49, 52, 70, 328, 452, N9, N28, N31번 시간 10:00~18:00(입장은 17시까지 가능) 휴무 1월 1일, 12월 24~26일 요금 피크 시간 성인 £21.50, 학생 £17.10, 어린이 £10.70 일반 시간 성인 £17.60, 학생 £14, 어린이 £8.80 / 온라인 구매 시 할인 홈페이지 www.hrp.org.uk/Kensington-Palace

디자인 박물관 Design Museum

다양한 분야의 디자인 전시장

MAPECODE 20017

1989년 개관한 디자인 박물관은 패션과 건축, 그래픽, 산업 디자인의 흐름과 발전을 한눈에 볼 수 있는 곳으로 365일 다양한 주제로 전시를 열고 있다. 우리가 일상에서 접하는 모든 분야의 디자인을 총망라해서 전시를 하고 있으며, 지난 2007년에는 타임지에서 선정한 세계 5대 박물관에 포함되기도 했다. 디자인에 관심이 많다면 가보길 추천한다.

주소 224-238 Kensington High Street, London, W8 6AG 전화 020 3862 5900 위치 지하철 District, Circle 라인 하이 스트리트 켄싱턴(High Street Kensington) 역에서 도보 10분 버스 9, 10, 27, 28, 49, 328, C1, N9, N28, N31번 시간 10:00~18:00(마지막 입장 17:00까지) / 매월 첫째 주 금요일 10:00~20:00까지(마지막 입장 19:00까지) 요금 무료(특별 전시 유료) 홈페이지 www.designmuseum.org

로열 앨버트 홀 Royal Albert Hall

MAPECODE 20018

빅토리아 여왕의 남편 이름을 붙인 문화 공연장

로열 앨버트 홀은 빅토리아 여왕의 남편인 앨버트 공이 건립한 문화 공연장으로, 엔지니어인 프란시스 포크가 설계해 1871년에 완성하였다. 이 홀은 로마의 원형 경기장을 본떠 만들었는데, 외벽은 붉은 벽돌로 만들어져 아름답기 그지없다. 빅토리아 시대의 건축을 대표하는 건물로서 주로 클래식 콘서트장으로 이용되며 복싱 경기나 비즈니스 회합, 코미디 쇼 등으로 사용되기도 한다. 특히 최근엔 여름 8주 동안 열리는 세계 최대 규모의 프롬나드 콘서트장으로 더욱 인기가 높은 곳이다.

주소 Kensington Gore, London, SW7 2AP 전화 020 7589 8212 위치 지하철 Circle, District, Piccadilly 라인 사우스 켄싱턴(South Kensington) 역에서 도보 3분 버스 9, 10, 52, 360, 452, N9번 요금 공연비 £5~150 홈페이지 www.royalalberthall.com

과학 박물관 Science Museum

MAPECODE 20019

다채롭고 흥미로운 과학 실험을 볼 수 있는 박물관

하이드 파크에서 자연사 박물관으로 이어지는 박물관 거리(Exhibition Road)에 있는 과학 박물관은 영국의 박물관 중에서 아이들이 가장 많이 찾는 곳이다. 수 세기에 걸친 과학, 기술과 산업 혁명에 관한 모든 것을 전시하며 다채롭고 흥미로운 과학 실험을 체험할 수 있다. 또한 우주, 해양, 항공, 의학, 금속, 컴퓨터, 통신, 화학, 인쇄 등 다양한 분야로 나눠서 전시하고 있어 흥미롭게 관람할 수 있다.

주소 Exhibition Rd, South Kensington, london, SW7 2DD 전화 0333 241 4000 위치 지하철 Piccadilly, Circle, District 라인 사우스 켄싱턴(South Kensington) 역에서 도보 3분 버스 9, 10, 52, 360, 452, N9번 시간 10:00~18:00(17:15까지 입장 가능) 휴무 12월 24~26일 요금 무료 홈페이지 www.sciencemuseum.org.uk

실물 크기의 공룡들로 가득한 박물관

MAPECODE 20020

박물관 거리의 빅토리아 & 앨버트 박물관과 마주하고 있는 자연사 박물관은 1873년 건축하기 시작해 켄싱턴 지역의 박물관 중 가장 화려한 건축 양식을 자랑한다. 1881년 영국 박물관에서 자연사에 관한 것들만 옮겨서 개관 당시 큰 이슈를 불러일으키기도 했다. 입구에 들어서면 거대한 로비에 26m의 긴 공룡 뼈대로 만든 공룡이 서 있는데, 이것이 자연사 박물관을 대표하는 랜드마크이다.

자연사 박물관은 생명관과 지구관으로 나누어져 있는데 생명관은 동물, 식물, 바위, 화석 등 거대한 모음집과 같으며 그중에서도 특히 공룡관은 자연사 박물관에서 가장 인기 많은 전시관이다. 실물 크기 그대로 만든 공룡들로 꽉 차 있으며 몇 개의 모델은 로봇 공학을 적용해 공룡의 움직임을 볼 수 있도록 해 두었다. 또 공룡의 뼈, 화석, 이빨, 알 등도 전시되어 있으니 공룡을 좋아한다면 놓치지 말자.

지구관은 거대한 지구 행성을 마치 통째로 옮겨 놓은 듯하다. 에스컬레이터를 타고 지구 안으로 들어서면 지구 탐험이 시작되는데 지구가 탄생했을 때

부터 이야기가 시작된다. 또한 특별한 시뮬레이션을 통해 일본에서 일어난 지진을 직접 체험할 수 있는 기회도 제공하고 있다.

주소 Cromwell Road, London, SW7 5BD 전화 020 7942 5000 위치 지하철 Piccadilly, Circle, District 라인 사우스 켄싱턴(South Kensington) 역에서 도보 5분 버스 70, 360번 시간 10:00~17:50(17:30까지 입장 가능) 휴무 12월 24~26일 요금 무료 홈페이지 www.nhm.ac.uk

MAPECODE 20021

빅토리아 & 앨버트 박물관 Victoria and Albert Museum

세계 최대 규모의 장식 미술 공예 박물관

빅토리아 & 앨버트 박물관은 'V & A' 약식 표기로 더 잘 알려진 왕립 박물관이다. 1851년 앨버트 공이 하이드 파크에서 연 박람회 수익금으로 1852년 디자인을 배우는 학생들을 위해 산업 박물관으로 처음 세웠다. 그가 죽은 뒤 1899년 빅토리아 여왕은 신관을 새롭게 건축하면서 산업 박물관이었던 이곳에 미술 작품들까지 더했으며 1909년 앨버트 공을 기념하기 위해서 현재의 빅토리아 & 앨버트 박물관으로 새롭게 개관했다.

세계 최대의 장식 미술 공예 박물관으로서 중세 시대부터 현대에 이르기까지 모든 시대를 아우르고 있으며 아시아, 북미, 아프리카 등 전 세계 관련물을 전시하고 있다. 또한 유럽 미술을 중심으로 조각, 건축, 회화, 도자기, 금속 공예, 가구, 보석, 의복(왕실, 현대 의상, 종교 관련) 등 수많은 작품이 양식별로 진열되어 있다. 1992년 12월에는 삼성의 지원으로 상설 한국관이 개관하기도 했다. 박물관은 건물 인테리어도 훌륭하기 때문에 벽, 천장, 바닥까지 신경 써서 구경하는 것이 이 박물관의 관람 포인트다.

주소 Cromwell Road, London, SW7 2RL 전화 020 7942 2000 위치 지하철 Piccadilly, Circle, District 라인 사우스 켄싱턴(South Kensington) 역에서 도보 5분 버스 14, 70, 74, 414, C1, N74, N97번 시간 10:00~17:45(매주 금요일은 22:00까지 연장 오픈) 휴무 12월 24~26일 요금 무료 홈페이지 www.vam.ac.uk

박물관 관람 순서

내부가 너무 크다 보니 하루에 모두 다 둘러보기가 힘들다. 만약 하이라이트만 보려고 한다면, 메인 입구로 들어가서 1층부터 둘러본 후 2, 3, 4, 6층 순서로 관람하자.

1층 50a 전시실 ➔ 50b 전시실 ➔ 47g 전시실 ➔ 45 전시실 ➔ 44 전시실 ➔ 42 전시실 ➔ 41 전시실 ➔ 47a 전시실 ➔ 40 전시실 ➔ 2층 53 전시실 ➔ 57 전시실 ➔ 58b 전시실 ➔ 3층 116 전시실 ➔ 101 전시실 ➔ 106 전시실 ➔ 90a 전시실 ➔ 81 전시실 ➔ 69 전시실 ➔ 70 전시실 ➔ 76 전시실 ➔ 74 전시실 ➔ 4층 122 전시실

1F

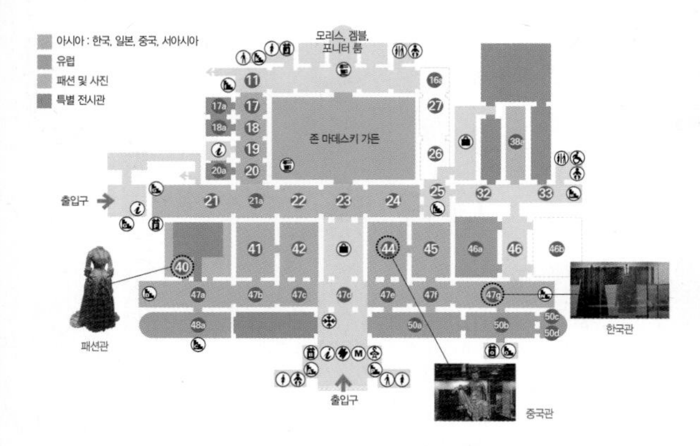

40 전시실

Materials & Techniques -Fashion

패션에 관심이 많은 이들이 꼭 둘러봐야 할 코스인 이곳은, 패션관답게 드레스 컬렉션이 유명한 전시관이다. 1500년대 중반부터 현대복까지의 긴 역사를 보여 주고 있는데, 그 가운데는 액세서리뿐만 아니라 속옷까지 전시하고 있으며 특히 패션 디자이너인 비비안 웨스트우드의 이브닝드레스는 반드시 봐야 할 작품이다.

41 전시실 Asia - South Asia

기계 오르간인 〈티푸의 호랑이, Tipu's Tiger〉는 1795년에 미소어(Mysore)에서 만들어진 것으로, 호랑이가 병사에게 으르렁대고 있는 모습을 나타내고 있다. 그리고 〈샤 자한의 와인잔, Wine cup of Shah Jahan〉이 전시되어 있는데 영롱한 빛이 아름답다. 참고로 샤 자한은 무굴 제국 4대 황제인 자항기르의 셋째 아들로 제5대 황제인 인물이다.

42 전시실 Asia - Isiamic Middle East

대형 카펫인 〈아르다빌 카펫, Ardabil Carpet〉은 페르시아 카펫 중 가장 유명한 두 개 중 하나로 아르다빌에 있는 사원에서 옮겨 온 유물이다.

44 전시실 Asia - China

1200년에 중국에서 만들어진 관음보살(Bodhisattva Guanyin)은 바위 왕좌에 앉아 있어 가장 보살다운 모습을 보여 주고 있다. 또한 왕후 지위에 알맞은 복장과 장식을 하고 왕후처럼 자세를 취하고 있는 것이 특징이다.

45 전시실 Asia - Japan

〈슈트 오브 아머, Suit of Armour〉는 묘신 가족이 19세기 민족주의 부흥 아래 만든 갑옷으로, 19세기에 실제로 입었던 갑옷과는 다른 모습이다.

47a 전시실 Asia - South East Asia

힌두의 주요 신 중 하나인 바이라바(Bhairava)는 시바의 한 모습인데, 17세기 네팔의 카트만두에서 제작되었으며 여러 가지 측면으로 나타나는 시바 중 가장 가혹하고 잔인하며 복수심에 불타고 있는 형상이다.

47g 전시실 Asia - Korea

한국관에는 고려청자와 조선 시대 관리들의 의복에 달던 상장, 그리고 보석함 등이 전시되어 있다. 비록 작은 규모의 전시관이지만 잠시 들러 보는 것도 좋다.

삼손과 필리스티아인

48a 전시실 Europe - Raphael

라파엘의 〈고기잡이의 기적〉은 레오 10세 교황이 로마의 시스티나 성당을 위해 만든 것으로, 어부 시몬과 안드레 형제가 아무것도 잡지 못한 그 다음 날, 예수님의 말씀을 따른 후 수많은 고기를 낚은 기적을 표현한 작품이다.

고기잡이의 기적

50a 전시실 Europe - Medieval & Renaissance

헬레니즘 조각과 미켈란젤로의 걸작품에서 많은 영향을 받은 잠볼로냐(Giambologna)의 작품인 〈삼손과 필리스티아인, Samson Slaying a Philistine〉은 1567년에 만들어진 것으로 폭력과 고뇌가 그대로 드러난 것이 특징이다.

2F

53 전시실 Europe - British Galleries

대표적인 17세기 로코코 양식의 〈만투아 드레스, Mantua〉가 전시된 곳으로, 좌우가 드라마틱하게 거대한 드레스의 실루엣이 눈길을 끈다.

57 전시실 Europe - British Galleries

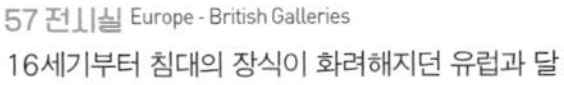

16세기부터 침대의 장식이 화려해지던 유럽과 달리, 웨어의 〈거대한 침대, Great Bed of Ware〉를 보면 영국에서는 침대를 소박하게 만들었을 것으로 추정된다. 이 침대는 엘리자베스 여왕 시대의 침대로 유명하다.

58b 전시실 Europe - British Galleries

1540년경 런던 그리니치에서 만들어진 이 헬맷(Helmet)은 16세기 전쟁 당시 사용했던 헬맷으로, 얼굴 가리개는 선박의 뱃머리와 유사한 형태다.

62 전시실 Europe - Medieval & Renaissance

1527년 만들어진 〈버글리 네프, Burghley Nef〉는 중세에 프랑스에서 중요한 손님이 왔을 때 식탁에 소금 그릇으로 쓰였던 유물이다.

3F

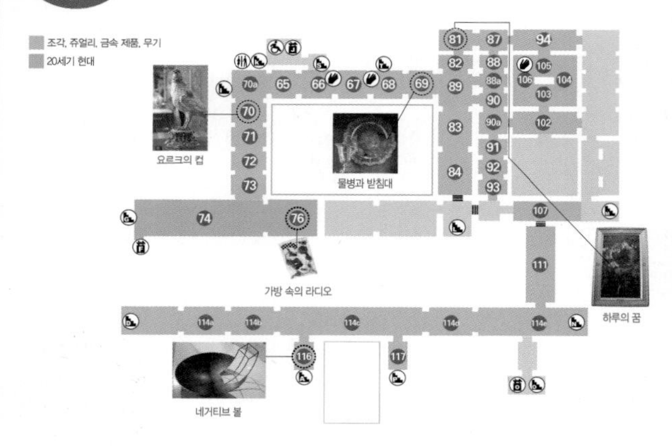

69 전시실 Materials & Techniques - Silver

엘 파코(Elle Pacot)가 만든 〈물병과 받침대, Ewer & Basin〉는 블렌하임 궁전과 말버러 하우스의 찬장에 있던 유물이다.

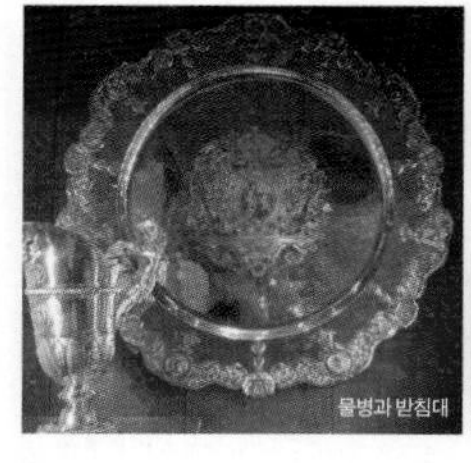
물병과 받침대

요르크의 컵

70 전시실 Materials & Techniques - Good, Silver & Mosaics

1598년~1602년에 만들어진 요르크(Georg Rühl)의 〈컵, Partridge Cup〉은 새의 형상을 하고 있으며, 금과 은으로 되어 있어 보기에도 무척이나 화려하다.

81 전시실 Materials & Techniques - Paintings

단테 가브리엘 로세티(Dante Gabriel Rossetti)의 〈하루의 꿈, The Day Dream〉이라는 유화 작품을 만나볼 수 있는데, 단테는 1800년대 홀만 헌트와 존 밀래와 함께 라파엘 전파를 결성하고, 평생 중세 스타일의 그림을 고수한 화가다.

하루의 꿈

90a 전시실 Materials & Techniques - Portrait Miniatures

독일 르네상스의 대표적 화가인 동시에 영국 헨리 8세의 궁정 화가였던 한스 홀바인(Hans Holbein)이 그린 〈제인 스몰 여인의 초상화 미니어처, Miniature portrait of Mrs Jane Small〉가 전시되어 있다. 이 초상화는 8cm의 미니어처 안에 섬세하게 묘사되어 있다.

106 전시실
Materials & Techniques - Theatre & Performance

팝과 펑크 뮤지션인 영국의 뮤지션 아담 앤트(Adam Ant)가 프린스 챠밍 뮤직비디오에서 입고 나왔던 의상이 전시되어 있다.

116 전시실 Materials & Techniques - Metalware

크리스텐스(Ane Christensen)의 〈네거티브 볼, Negative Bowl〉이라는 그릇이 전시되어 있다. 기능성 그릇에 입체적 환상이 더해진 독특한 형태가 특징이며 구리 소재를 사용하였다.

74 전시실 Modern - 20th Century

테슬라의 〈진공관 라디오, Tesla Talisman Radio〉는 무선 통신과 전파 방송 등 여러 신호를 보내고 받을 수 있는 것으로, 니콜라 테슬라는 교류 유동 전동기라는 라디오의 핵심 기술을 발명한 사람으로 알려져 있다. 특히나 미국을 비롯해 25개국에서 적어도 272개의 특허를 획득한 세기의 발명가이다.

76 전시실
Modern - 20th Century

산업 디자이너인 다니엘 웨일(Daniel Weil)의 〈가방 속의 라디오, Radio in a Bag〉는 모든 부품이 플라스틱 상자 속에 있는 라디오가 아닌, 투명한 봉투 속의 라디오를 보여 주고 있는 탓에 '해체주의 디자인'을 보여 주는 대표적인 예이다.

101 전시실 Europe & America

앙리 푸르디누아(Henri-Auguste Fourdinois)의 〈캐비닛, Cabinet〉은 1867년 파리 세계박람회 때 그랑프리를 수상한 작품이다.

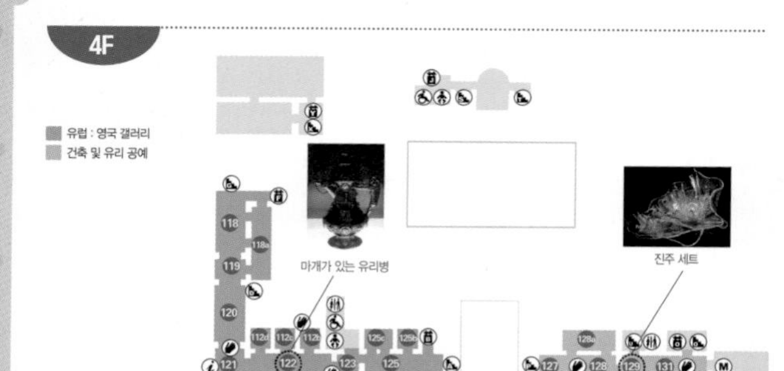

122 전시실 Europe - British Galleries

건축가이자, 디자이너인 부르쥐(Burges)의 〈마개가 있는 유리병, Decanter〉. 마개가 달린 유리병에 화려한 장식이 더해진 술병이다. 특히 손잡이에는 사자 모양을 한 조각이 장식되어 있다.

129 전시실 Materials & Techniques - Glass

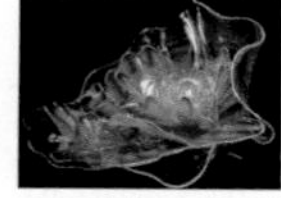

미국 유리 공예의 거장인 데일 치후리(Dale Chihuly)는 미국의 인간문화재 제1호로 미국에서 인정받은 예술가다. 유리라는 소재를 이용해 자연의 아름다움과 신비로움을 표현한 작가인 그는 유연한 곡선이 매력적인 작품을 많이 탄생시켰다. 그의 작품 중 〈진주 세트, Deep Blue and Bronze Persian Set〉가 이곳에 전시되어 있다.

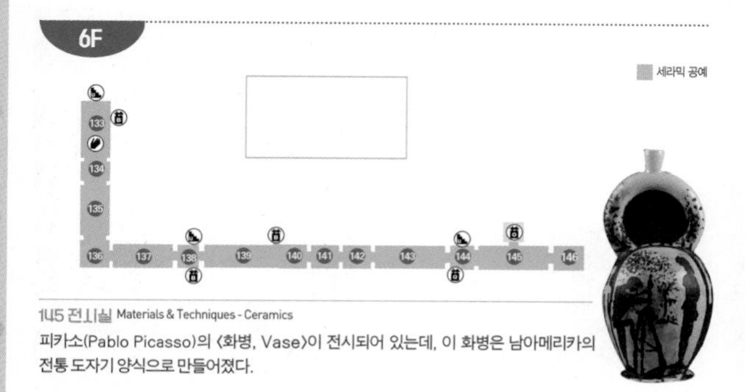

145 전시실 Materials & Techniques - Ceramics

피카소(Pablo Picasso)의 〈화병, Vase〉이 전시되어 있는데, 이 화병은 남아메리카의 전통 도자기 양식으로 만들어졌다.

해러즈 백화점 Harrod's

영국의 최고급 백화점

MAPECODE 20022

1849년 홍차 상인이었던 헨리 찰스 해러즈(Herry Charles Harrod's)가 런던 브롬프턴 거리에 작은 식료품 가게를 열면서 시작되었다. 두 번의 세계 대전에도 불구하고 뛰어난 서비스와 물건 품질로 폭발적인 인기를 얻어 유럽을 대표하는 고급 백화점으로 크게 성장했다. 현재는 세계에서 가장 고급스러운 백화점으로 알려져 있으며, 2010년 5월 카타르 투자청 산하 카타르 홀딩스가 해러즈 백화점을 인수하여 현재까지 운영 중이다.

주소 87-135 Brompton Road, Knightsbridge, London, SW1X 7XL 전화 020 7730 1234 위치 지하철 Piccadilly 라인 나이츠브리지(Knightsbridge) 역에서 도보 3분 버스 14, 74, 414, C1, N74, N97번 시간 월~토 10:00~21:00, 일 11:30~18:00 홈페이지 www.harrods.com

사치 갤러리 The Saatchi Gallery

현대 미술의 신인 작가 등용문이 되어 주는 미술관

MAPECODE 20023

첼시 지역의 대표적인 미술관으로, 특별전 위주로 전시되는 곳이다. 이 미술관은 우리에게 유명한 작가나 작품을 쉽게 찾을 수 있는 곳은 아니지만, 현대 미술의 신인 작가 작품을 만날 수 있고 이 미술관이 신인 작가의 등용문이 된다는 점에서 방문할 가치가 있다. 이 미술관을 세운 찰스 사치는 뛰어난 안목으로 젊은 미술가들을 발굴하는 재미를 느끼는데, 특히 트레이시 에민이나 데미안 허스트 등의 작가들이 이곳에서 발굴되기도 했다.

주소 Duke of York's HQ, King's Rd, Chelsea, London SW3 4RYL 전화 020 8968 9331 위치 지하철 Circle, District 라인 슬론 스퀘어(Sloane Square) 역 부근 시간 10:00~18:00 요금 무료 홈페이지 www.saatchigallery.com

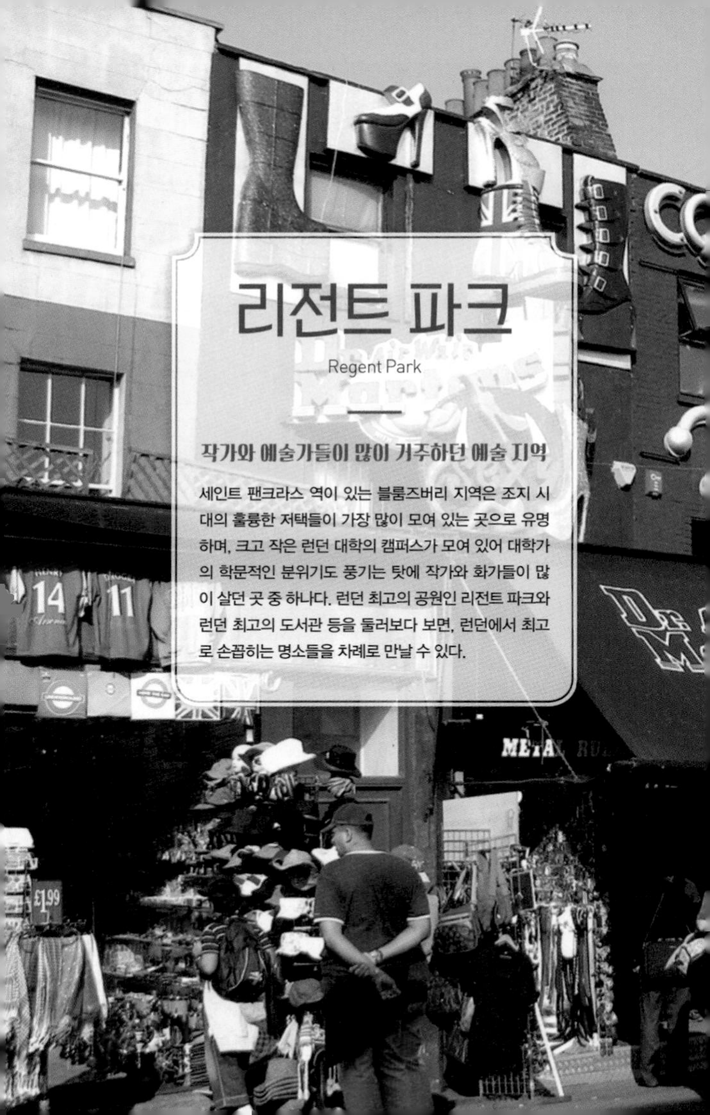

리전트 파크

Regent Park

작가와 예술가들이 많이 거주하던 예술 지역

세인트 팬크라스 역이 있는 블룸즈버리 지역은 조지 시대의 훌륭한 저택들이 가장 많이 모여 있는 곳으로 유명하며, 크고 작은 런던 대학의 캠퍼스가 모여 있어 대학가의 학문적인 분위기도 풍기는 탓에 작가와 화가들이 많이 살던 곳 중 하나다. 런던 최고의 공원인 리전트 파크와 런던 최고의 도서관 등을 둘러보다 보면, 런던에서 최고로 손꼽히는 명소들을 차례로 만날 수 있다.

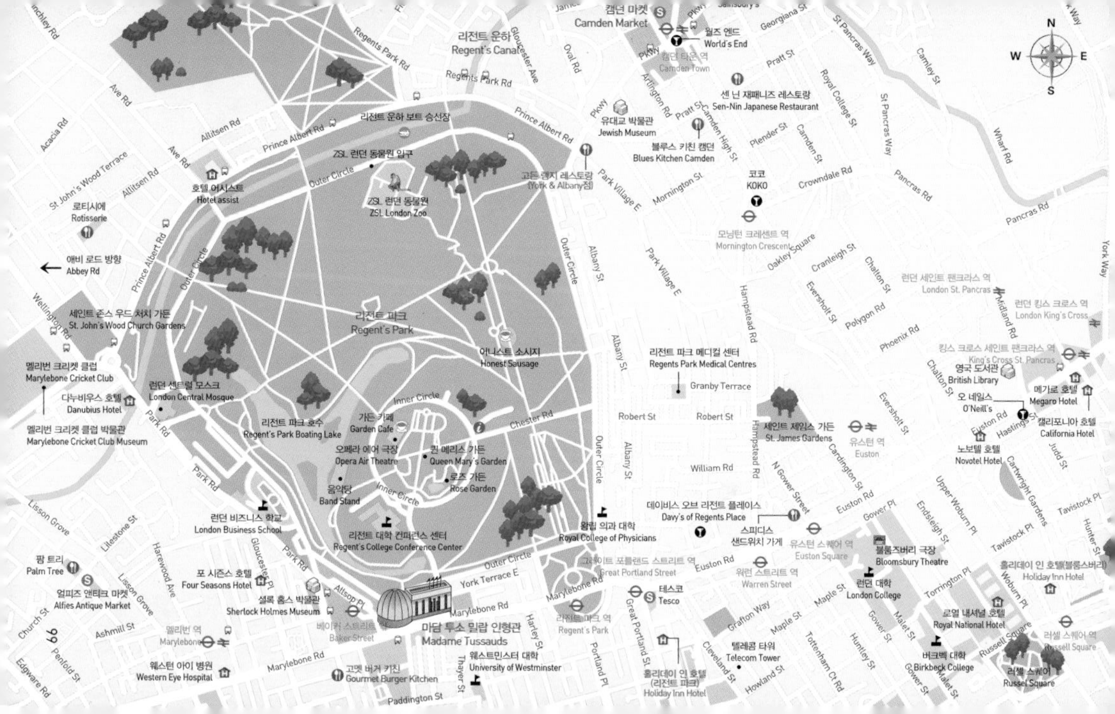
캠던 마켓
Camden Market
월즈 엔드
World's End
캠던 타운 역
Camden Town
센 닌 재패니즈 레스토랑
Sen-Nin Japanese Restaurant
유대교 박물관
Jewish Museum
블루스 키친 캠던
Blues Kitchen Camden
코코
KOKO
모닝턴 크레센트 역
Mornington Crescent
리전트 운하
Regent's Canal
리전트 운하 보트 승선장
ZSL 런던 동물원 입구
ZSL 런던 동물원
ZSL London Zoo
고든 램지 레스토랑
(York & Albany점)
호텔 어시스트
Hotel assist
로티시에
Rotisserie
애비 로드 방향
Abbey Rd
세인트 존스 우드 처치 가든
St. John's Wood Church Gardens
리전트 파크
Regent's Park
어니스트 소시지
Honest Sausage
멜리번 크리켓 클럽
Marylebone Cricket Club
다누비우스 호텔
Danubius Hotel
멜리번 크리켓 클럽 박물관
Marylebone Cricket Club Museum
런던 센트럴 모스크
London Central Mosque
리전트 파크 호수
Regent's Park Boating Lake
가든 카페
Garden Cafe
오페라 에어 극장
Opera Air Theatre
퀸 메리스 가든
Queen Mary's Garden
로즈 가든
Rose Garden
음악당
Band Stand
런던 비즈니스 학교
London Business School
리전트 대학 컨퍼런스 센터
Regent's College Conference Center
왕립 의과 대학
Royal College of Physicians
리전트 파크 메디컬 센터
Regents Park Medical Centres
데이비스 오브 리전트 플레이스
Davy's of Regents Place
스피디스 샌드위치 가게
세인트 제임스 가든
St. James Gardens
유스턴 역
Euston
유스턴 스퀘어 역
Euston Square
워런 스트리트 역
Warren Street
그레이트 포틀랜드 스트리트 역
Great Portland Street
테스코
Tesco
리전트 파크 역
Regent's Park
팜 트리
Palm Tree
얼피즈 앤티크 마켓
Alfies Antique Market
포 시즌스 호텔
Four Seasons Hotel
셜록 홈스 박물관
Sherlock Holmes Museum
베이커 스트리트 역
Baker Street
마담 투소 밀랍 인형관
Madame Tussauds
멜리번 역
Marylebone
웨스턴 아이 병원
Western Eye Hospital
고멧 버거 키친
Gourmet Burger Kitchen
웨스트민스터 대학
University of Westminster
홀리데이 인 호텔 (리전트 파크)
Holiday Inn Hotel
텔레콤 타워
Telecom Tower
런던 대학
London College
블룸즈버리 극장
Bloomsbury Theatre
로열 내셔널 호텔
Royal National Hotel
버크벡 대학
Birkbeck College
러셀 스퀘어
Russel Square
러셀 스퀘어 역
Russell Square
홀리데이 인 호텔(블룸스버리)
Holiday Inn Hotel
노보텔 호텔
Novotel Hotel
캘리포니아 호텔
California Hotel
오 네일스
O'Neill's
메가로 호텔
Megaro Hotel
영국 도서관
British Library
킹스 크로스 세인트 팬크라스 역
King's Cross St. Pancras
런던 킹스 크로스 역
London King's Cross
런던 세인트 팬크라스 역
London St. Pancras
Outer Circle
Inner Circle
Prince Albert Rd
Park Rd
Albany St
Euston Rd
Marylebone Rd
Hampstead Rd
Camden High St
St Pancras Way
York Way

리전트 파크 추천 코스

런던 최대 규모의 공원인 리전트 파크가 펼쳐지고 유명 인사들의 밀랍 인형을 전시하는 인형관과 셜록 홈스 박물관을 두루 볼 수 있는 이 지역은 한가로이 산책하듯 관광을 즐길 수 있다. 또 런던 시내에서도 손꼽히는 녹지대를 이루고 있는 리전트 운하를 따라 산책로를 거닐어 보는 것도 좋다.

마담 투소 밀랍 인형관
역사적인 인물과 유명 연예인을 한자리에서 만나 볼 수 있는 곳

도보 3분

셜록 홈스 박물관
소설에 나오는 탐정 셜록 홈스가 살았던 집을 재현한 박물관

도보 3분

리전트 파크
런던에서 가장 오랜 역사를 지닌 왕립 공원

도보 1분

리전트 운하
'리틀 베니스'라고도 불릴 정도로 매력적인 런던의 운하

274번 버스로 약 5분

캠던 마켓
영국의 최신 유행을 한눈에 볼 수 있는 시장

마담 투소 밀랍 인형관 Madame Tussauds

역사적 인물과 유명 연예인을 만나볼 수 있는 곳

MAPECODE 20024

1781년생의 마담 투소는 프랑스 혁명 때 죽은 유명인들을 밀랍 인형으로 만드는 작업을 하던 사람으로, 프랑스를 떠나 런던 베이커 거리에 머물며 밀랍 인형 작품 전시회를 열었다. 1835년에는 영국인이 경영하던 밀랍 인형관을 인수하게 되었는데, 이 인형관이 현재의 밀랍 인형관의 기초가 되었다. 마담 투소 밀랍 인형관은 비싼 입장료에도 불구하고 1시간 이상 줄을 서야만 겨우 들어갈 수 있을 정도로 인기가 매우 많다. 온라인으로 구매 시 10~50% 할인된 가격으로 구입할 수 있다.

주소 Marylebone Road, London, NW1 5LR 위치 지하철 Bakerloo, Circle, Jubilee, Metropolitan, Hammersmith & City 라인 베이커 스트리트(Baker Street) 역에서 도보 2분 버스 18, 27, 30, 74, 205, 453, N18, N74번 시간 각 시기마다 운영 시간이 상이하여, 자세한 시간은 홈페이지에서 확인 휴무 12월 25일 요금 마담 투소 일반 £35(온라인 구매 £29) / 단일 티켓 외에 다양한 패키지 티켓이 있으니 홈페이지를 참조 홈페이지 www.madametussauds.com/london

가든파티 Garden Party

마치 유명 연예인들의 가든파티에 초대를 받아 온 것 같은 기분이 드는 가든파티 홀은 각계의 스타들을 한자리에서 만날 수 있다. 아놀드 슈왈제네거, 엘리자베스 테일러, 멜 깁슨, 브래드 피트, 밥 호킨스, 제라르 드빠르디유, 슈퍼 모델 나오미 캠벨, 가수 카일리 미노그, 오프라 윈프리 등 이름만 들어도 알 만한 유명 연예인을 만나볼 수 있다.

슈퍼스타와 전설 Super Stars & Legends

전설적인 옛 스타들과 현대의 스타들의 모습을 재현해 놓은 곳으로, 찰리 채플린과 마를린 먼로 등 전설적인 스타들의 모습과 함께 마이클 잭슨을 비롯해 실베스터 스탤론, 앤소니 홉킨스 등 현대의 유명 스타들의 모습도 눈으로 직접 볼 수 있다.

공포의 방 Chamber of Horror

무시무시한 공포의 방은 마담 투소에서 가장 인기가 많으나, 노약자와 임산부는 이곳에 가지 않는 것이 좋다. 역사 속의 범죄 현장을 재현해 두었으며, 유명한 살인마 잭 등의 모습을 볼 수 있다. 또 사형 집행 모습과 단두대, 마녀 사냥의 모습까지도 확인할 수 있다.

셜록 홈스 박물관 Sherlock Holmes Museum

셜록 홈스의 팬이라면 반드시 들러 봐야 하는 박물관

MAPECODE 20025

아서 코난 도일(Arthur Conan Doyle)의 소설에 나오는 탐정 셜록 홈스가 살았던 집을 재현한 곳으로, 소설을 쓰던 당시엔 없었던 '221b Baker St.'의 번지를 만들어서 꾸며진 공간인 동시에 소설 속 모습을 그대로 재현해 두었다. 입구에 들어서면 스코틀랜드 야드의 정복 차림을 한 경찰관이 맞아 주기도 한다.

내부 박물관은 왓슨 박사와 함께 지냈던 서재를 비롯해 다양한 장면들을 재현해 두었다. 소설 속에 등장하는 모습을 그대로 표현한 특이한 실험 기구 등 셜록 홈스가 사용하던 물건들이 아기자기하게 전시되어 있으며, 셜록 홈스의 소품을 이용해 진짜 셜록 홈스가 되는 기분을 만끽할 수도 있다. 물론, 도우미들이 기념 촬영도 도와준다. 참고로 방문 전 셜록 홈스 소설을 읽어 보면 도움이 될 것이다.

주소 221b Baker st NW1(실제로는 237번지와 239번지 사이에 있음) 전화 020 7224 3688 위치 지하철 Bakerloo, Circle, Jubilee, Metropolitan, Hammersmith & City 라인 베이커 스트리트(Baker Street) 역에서 도보 4분 버스 18, 27, 30, 113, 139, 205, 453, N18, N205번 시간 09:30~18:00 휴무 12월 25일 요금 성인 · 학생 £15, 어린이(16세 이하) £10 홈페이지 www.sherlock-holmes.co.uk

입구에 서 있는 경찰관에게 기념 촬영을 부탁하자. 런던 신사다운 젠틀한 미소로 기념 촬영에 응해 줄 것이다.

리전트 운하 Regent's Canal

운치 있는 풍경을 선물하는 런던의 운하

MAPECODE 20026

리전트 파크 위쪽을 가로지르는 리전트 운하는 1820년에 만들어졌다. '리틀 베니스'라고도 불릴 정도로 매력적인 이 운하는 초반에 운송 수단으로 만들어 애용되었지만, 철도가 생기면서 현재는 사용이 많이 줄어들었다. 그 대신 운하 주변에 오락 시설이 생기고 산책길이 조성되었으며, 작은 보트들과 유람선 등이 생기면서 휴식을 위한 공간으로 재탄생하였다.

위치 지하철 Northern 라인 캠던 타운(Camden Town) 역에서 도보 3분, Bakerloo 라인 워릭 애비뉴(Warwick Avenue) 역에서 도보 2분 버스 29, 88, 253, 274, 390, N29, N253, N279번

리전트 파크 Regent's Park

런던에서 가장 큰 공원

MAPECODE 20027

런던에서 가장 큰 공원인 리전트 파크는 원래 헨리 8세의 사냥터로 사용되던 곳이다. 1812년부터 일반인들에게 개방되었으며 내부에는 ZSL 런던 동물원을 비롯해 카페와 레스토랑이 있다. 그리고 공원의 남쪽은 19세기 건축가 존 내쉬가 설계한 테라스 하우스로 둘러싸여 있는데, 이오니아식과 코린트 양식의 기둥으로 아름답게 조성되어 있으며 퀸 메리스 가든의 장미원에서는 아름다운 장미를 만날 수 있다. 이 밖에도 공원 속 호수에서 보트를 타며 여유를 만끽하거나 노천극장에서 셰익스피어의 연극을 즐길 수 있다.

주소 Regent's Park, London, NW1 4NR 위치 지하철 Bakerloo, Circle, Jubilee, Metropolitan, Hammersmith & City 라인 베이커 스트리트(Baker Street) 역에서 도보 3분, Bakerloo 라인 리전트 파크(Regent's Park) 역에서 도보 2분 버스 13, 18, 27, 30, 88, 113, 205, 274, 452, 453, C2, N18, N113번 시간 05:00~일몰(문 닫는 시간은 16:30~21:30까지 계절별로 다르니 사전에 확인할 것) 홈페이지 www.royalparks.org.uk/parks/the-regents-park

캠던 마켓 Camden Market

영국의 최신 유행을 한눈에 볼 수 있는 시장

MAPECODE 20028

리전트 파크 북쪽에 있는 시장으로, 런던의 최신 유행을 한눈에 볼 수 있는 곳이다. 리전트 운하를 따라 늘어선 빅토리아 양식의 건물들과 캠던 록이라고 하는 곳에 마켓이 형성되어 있는데 트렌디한 스타일의 의류와 수공예품은 물론 맛있는 음식도 판매하고 있다. 게다가 젊은층이 좋아할 만한 분위기의 클럽과 펍도 근처에 있어 온종일 활기찬 분위기다. 시장은 주중에도 문을 열며 아침부터 열어 저녁 6시 정도에 문을 닫는다.

주소 Chalk Farm Rd, London, NW1 8AH 전화 020 7284 2084 위치 지하철 Northern 라인 캠던 타운(Camden Town) 역에서 도보 1분 버스 24, 27, 31, 168, N5, N28, N31번 홈페이지 www.camdenmarkets.org

영국 최대의 도서관

MAPECODE 20029

킹스 크로스 세인트 팬크라스 역과 맞닿을 정도로 가까운 곳에 붉은 벽돌이 인상적인 영국 도서관이 있다. 1973년에 영국 박물관 부속 도서관과 국립 중앙 도서관 등 주요 도서관을 통합해 창설한 영국 최대의 도서관인 이곳은 원래 영국 박물관에 있던 도서관을 2000년 밀레니엄을 맞아 1997년 가을 이곳으로 새롭게 이전했다. 도서관이 만들어질 당시엔 고딕 양식의 지하철역과 조화를 이루기 위해 붉은 벽돌로 전관을 통일시켰는데, 고풍스럽기보단 현대적이고 실용적인 느낌이다. 책을 펼친 모습을 표현한 도서관 건물은 20년 가까운 공사 끝에 문을 열게 되었다. 내부 도서관에는 영어로 발간된 책이라면 없는 것이 없을 정도로 다양한 분야의 도서, 원고 등을 소장하고 있으며 정부 공문서 보관소 역할도 함께하고 있다. 단, 내부 도서관은 일반인들은 미리 허가를 받지 않으면 관람이 불가하다. 다행히 도서관 로비 안쪽의 갤러리는 견학이 가능하며 갤러리만으로도 볼거리가 충분하다.

갤러리에는 루이스 캐롤의 〈이상한 나라의 앨리스〉의 원본이나 헨델의 〈메시아〉 악보 등의 소장품들이 전시되어 있다. 특히 비틀즈의 자필 악보와 가사도 볼 수 있는데, 헤드폰으로 비틀즈의 노래를 들으며 감상할 수 있어 인기가 좋다. 또한 가장 오래된 신약 성경의 전체가 보관되어 있으며, 구텐베르크의 성경이라고 불리는 이 신약 성경은 예수가 태어나고 350년 후에 기록되었다고 한다. 오직 두 권만 있는 이 신약 성경 중 한 권이 바로 영국 도서관에 전시되어 있으며, 나머지 한 권은 독일에 있다. 마그나 카르타(Magna Carta)라는 대헌장은 1215년 영국의 왕이었던 존이 귀족들의 강압에 의해 승한한 헌장으로, 국민들의 자유와 권리를 지키는 투쟁 문서 중 하나이자, 현재 런던 헌법의 토대가 된 것이라고 한다.

주소 96 Euston Road, City of London, NW1 2DB 전화 0870 444 1500 위치 지하철 Circle, Hammersmith & City, Metropolitan, Northern, Piccadilly, Victoria 라인 킹스 크로스 세인트 팬크라스(King's Cross St. Pancras) 역에서 도보 5분 버스 10, 30, 59, 73, 91, 205, 390, 476, N73, N91, N205번 시간 갤러리&전시 월 · 수~금요일 09:30~18:00, 화요일 09:30~20:00, 토요일 09:30~17:00, 일요일 11:00~17:00 휴무 12월 25~26일, 1월 1일 요금 무료(사진 촬영 불가) 홈페이지 www.bl.uk

킹스 크로스 역 King's Cross

영화 해리포터 속 승강장이 있는 기차역

MAPECODE 20030

런던에는 빅토리아 역, 세인트 판크라스 역, 워터루 역 등 런던의 주요 열차들이 많이 발착하는 대형 기차역이 있다. 하지만 단순 기차역이 아니라 관광지의 일환으로 가장 사랑받고 있는 곳은 킹스 크로스 역이다. 킹스 크로스 역은 런던 여행에서 근교 여행지로 인기가 높은 케임브리지나 에든버러, 브라이튼을 오가기 위한 기차역이기도 하지만, 무엇보다 〈해리포터〉의 배경지가 되었던 곳이어서 인기가 높다. 〈해리포터〉 영화 속에서 킹스 크로스 역이 등장하는데, 마법 학교에 가기 위해서 9와 3/4 플랫폼에서 열차를 타야 하는 장면으로 나온다. 실제로 9와 3/4 플랫폼은 없지만, 영화 이후 워낙 플랫폼을 찾는 인파가 몰리다 보니 한쪽에 영화 속의 승강장을 재현해 놓았다. 2001년에 개봉한 영화지만 여전히 많은 인기로 늘 관광객이 붐비기 때문에 기념 촬영을 하기 위해서는 긴 줄을 서야 한다. 영화 속 모습으로 꾸미고 촬영할 수 있기에 런던 여행을 기념하며 사진을 남기기 좋다. 해리포터 승강장 옆에는 기념품 숍이 있다.

주소 Euston Rd, Greater London N1 9AL 전화 345 748 4950 위치 킹스 크로스 세인트 판크라스(King's Cross St. Pancras) 역 내

"런던은 화장실이 아주 많다?!" 진실 혹은 거짓

간혹 런던을 처음 방문한 여행자를 만날 때면 화장실이 너무 많다고들 말한다. 하지만 이것은 런던에서 쉽게 볼 수 있는 'To Let'이라는 간판을 잘못 이해한 경우로, 아차 하면 화장실이 급할 때 실수를 범할 수 있으니 주의하자. 얼핏 보면 'Toilet'에서 알파벳 'i'가 빠진 것처럼 보이지만 실은 집을 내놨다는 뜻이다. 한국식으로 말하면 '월세 있음' 또는 '전세 있음'을 뜻한다.

참고로 영국에는 무료 화장실이 많다. 지하철역에서 화장실을 쉽게 찾을 수 있으며 관광객이 많은 공공장소에서도 'Ladies'나 'Gentleman' 같은 문구가 쓰인 화장실과 이동식 화장실이 많은 편이니 여행 중이라면, 가급적 화장실이 보일 때는 한번씩 들르는 것도 좋다.

소호

Soho

런던에서 가장 활기차고 즐거운 문화의 거리

런던에서 가장 활기차고 즐거운 소호는 런던 같으면서도 런던 같지 않은 독특한 분위기를 지니고 있는 구역이다. 유명한 내셔널 갤러리가 있으며 이민자들이 많이 사는 곳이라 차이나타운이 형성되어 있어 수많은 외국인의 모습도 곧잘 볼 수 있다. 이 밖에도 스포츠 카페나 클럽, 극장이나 쇼핑 거리들도 즐비해서 소호만 걸어도 런던의 이모저모를 다 볼 수 있다.

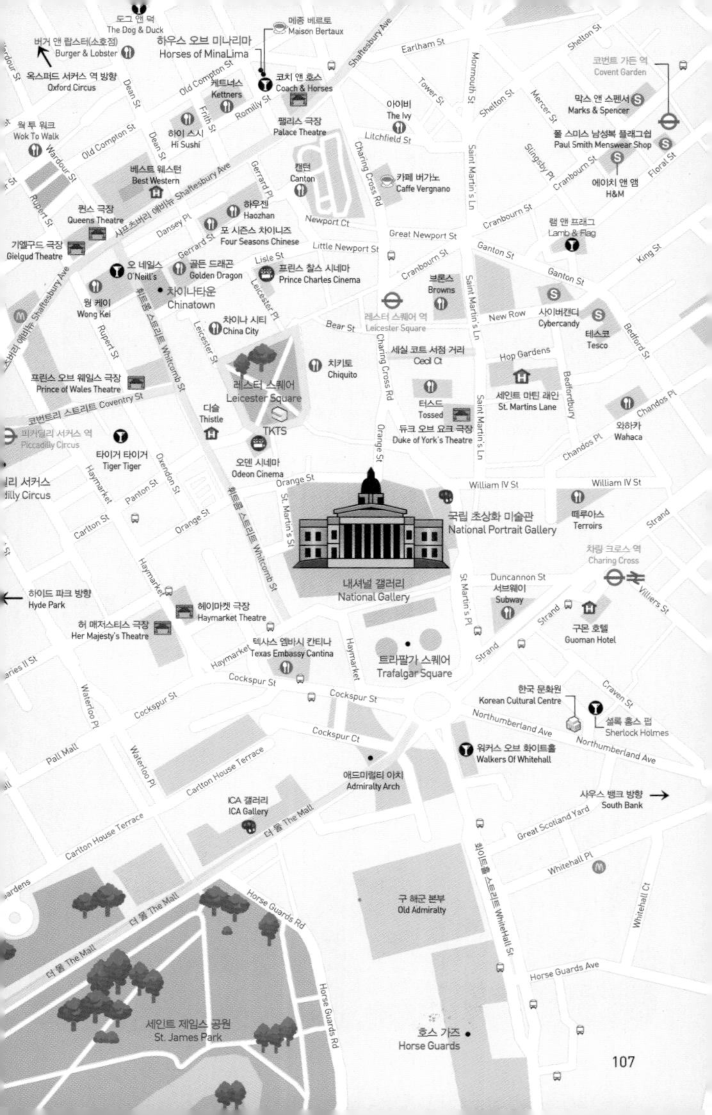
도그 앤 덕
The Dog & Duck
메종 베르토
Maison Bertaux
버거 앤 랍스터(소호점)
Burger & Lobster
하우스 오브 미나리마
Horses of MinaLima
옥스퍼드 서커스 역 방향
Oxford Circus
케트너스
Kettners
코치 앤 호스
Coach & Horses
팰리스 극장
Palace Theatre
아이비
The Ivy
코번트 가든 역
Covent Garden
막스 앤 스펜서
Marks & Spencer
폴 스미스 남성복 플래그십
Paul Smith Menswear Shop
에이치 앤 엠
H&M
웍 투 워크
Wok To Walk
하이 스시
Hi Sushi
베스트 웨스턴
Best Western
캔턴
Canton
카페 버가노
Caffe Vergnano
퀸스 극장
Queens Theatre
하우젠
Haozhan
포 시즌스 차이니즈
Four Seasons Chinese
램 앤 프래그
Lamb & Flag
기엘구드 극장
Gielgud Theatre
오 네일스
O'Neill's
골든 드래곤
Golden Dragon
프린스 찰스 시네마
Prince Charles Cinema
브론스
Browns
차이나타운
Chinatown
웡 케이
Wong Kei
차이나 시티
China City
레스터 스퀘어 역
Leicester Square
사이버캔디
Cybercandy
테스코
Tesco
세실 코트 서점 거리
Cecil Ct
치키토
Chiquito
프린스 오브 웨일스 극장
Prince of Wales Theatre
레스터 스퀘어
Leicester Square
세인트 마틴 래인
St. Martins Lane
터스드
Tossed
듀크 오브 요크 극장
Duke of York's Theatre
디슬
Thistle
TKTS
와하카
Wahaca
피커딜리 서커스 역
Piccadilly Circus
타이거 타이거
Tiger Tiger
오덴 시네마
Odeon Cinema
국립 초상화 미술관
National Portrait Gallery
떼루아스
Terroirs
차링 크로스 역
Charing Cross
하이드 파크 방향
Hyde Park
내셔널 갤러리
National Gallery
서브웨이
Subway
헤이마켓 극장
Haymarket Theatre
허 매저스티스 극장
Her Majesty's Theatre
구온 호텔
Guoman Hotel
텍사스 엠버시 칸티나
Texas Embassy Cantina
트라팔가 스퀘어
Trafalgar Square
한국 문화원
Korean Cultural Centre
셜록 홈스 펍
Sherlock Holmes
워커스 오브 화이트홀
Walkers Of Whitehall
애드미럴티 아치
Admiralty Arch
사우스 뱅크 방향
South Bank
ICA 갤러리
ICA Gallery
구 해군 본부
Old Admiralty
세인트 제임스 공원
St. James Park
호스 가즈
Horse Guards
Shaftesbury Ave
Earlham St
Shelton St
Old Compton St
Dean St
Frith St
Romilly St
Tower St
Monmouth St
Mercer St
Litchfield St
Charing Cross Rd
Wardour St
Gerrard Pl
Saint Martin's Ln
Slingsby Pl
Cranbourn St
Floral St
Rupert St
Newport Ct
Dansey Pl
Gerrard St
Great Newport St
Little Newport St
Lisle St
Ganton St
King St
Leicester Pl
New Row
Bear St
Bedford St
Hop Gardens
Whitcomb St
Leicester St
Coventry St
Bedfordbury
Chandos Pl
Orange St
Oxendon St
Haymarket
Panton St
William IV St
Carlton St
St. Martin's St
Strand
Duncannon St
Villiers St
St Martin's Pl
Cockspur St
Craven St
Northumberland Ave
Waterloo Pl
Cockspur Ct
Pall Mall
Carlton House Terrace
The Mall
Great Scotland Yard
Whitehall Pl
Horse Guards Rd
WhiteHall St
Whitehall Ct
Horse Guards Ave

소호 추천 코스

소호 거리는 런던의 다양한 표정을 느끼기에 제격이다. 영국 최고의 미술관인 내셔널 갤러리에서 예술의 멋을 느끼고, 쇼핑을 하거나 유럽 최대 규모의 차이나타운에서 중식을 먹고 레스터 스퀘어에서 공연을 볼 수 있는 가지각색의 표정이 살아 있는 핫 플레이스가 바로 소호이다.

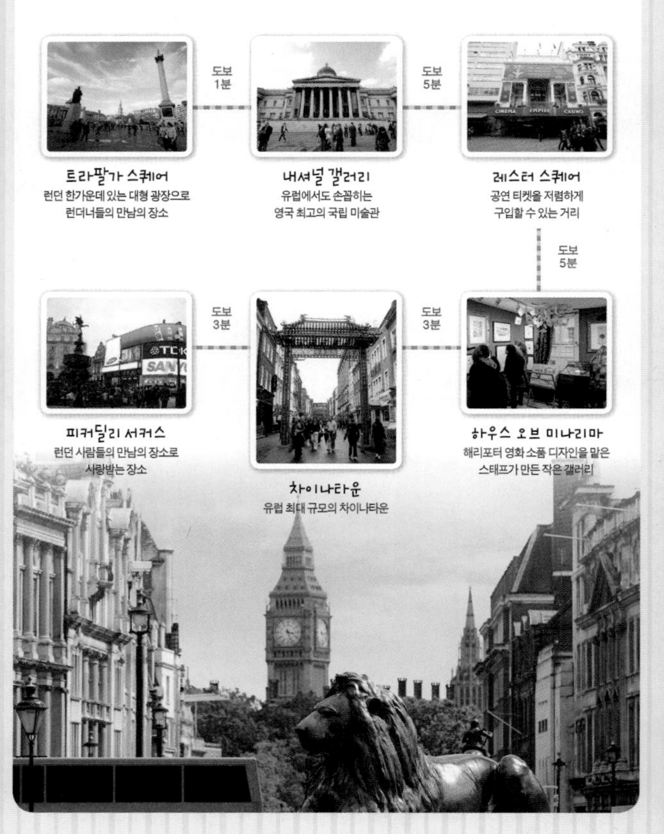

트라팔가 스퀘어 Trafalgar Square

런던의 한가운데 있는 대형 광장

MAPECODE 20101

런던 한가운데 자리한 트라팔가 스퀘어는 처음엔 윌리엄 4세 광장이라고 불렸으나 1805년 나폴레옹군을 격파하고 영국을 구한 트라팔가르 해전을 기념하는 뜻에서 그의 이름으로 불리기 시작했다. 광장에서 한눈에 들어오는 50m 높이의 넬슨 제독(Horatio Nelson) 동상은 트라팔가르 해전 당시 전사한 넬슨 제독을 기념하기 위해 세워졌다. 동상 주변으로 거대한 사자상 네 마리가 앉아 있는데, 이 사자상은 트라팔가르 해전에서 승리하며 얻은 나폴레옹군의 대포를 녹여서 만든 것으로 크기가 어마어마하다.

또한 이곳은 집회나 콘서트가 가능한 5만 명을 수용할 수 있는 대형 광장이다. 트라팔가 스퀘어를 중심으로 내셔널 갤러리, 피커딜리 서커스, 화이트홀, 더 몰이 위치하고 있고, 12월에는 노르웨이에서 가져온 거대한 크리스마스트리가 세워지기도 한다.

주소 Trafalgar Square, London, WC2N 5DN 전화 020 7983 4750 위치 지하철 Bakerloo, Northern 라인 차링 크로스(Charing Cross) 역에서 도보 3분 버스 3, 6, 9, 11, 12, 13, 15, 23, 24, 29, 53, 87, 88, 91, 139, 159, 176, 453번

내셔널 갤러리 National Gallery

MAPECODE 20102

유럽에서도 손꼽히는 영국 최고의 국립 미술관

1824년 영국 정부에서 은행가 존 앵거스테인(John Angerstein)의 소장품 36점을 매입하면서 시작된 미술관은 1837년 지금의 트라팔가 스퀘어에 위치한 자리로 옮겨지면서 명실공히 유럽에서도 손꼽히는 영국 최고의 국립 미술관으로 자리 잡았다.

현재는 13세기부터 20세기 초까지의 유럽 회화 2,300점 이상이 있으며 1991년 세인즈베리관이 증축되면서 중세 시대부터 초기 르네상스의 작품을 전시하고 있다. 르네상스 전성기부터 르네상스 말기까지의 작품을 전시하고 있는 서관, 17세기 회화를 대표하는 렘브란트(Rembrandt), 벨라스케스(Velázquez)의 작품이 전시되고 있는 북관, 고흐의 〈해바라기〉가 전시 중인 18세기 이후의 작품이 있는 동관 등 시대별로 전시되어 있어 유럽 회화의 흐름을 자연스럽게 감상할 수 있다.

주소 Trafalgar Square, London, WC2N 5DN 전화 020 7747 2885 위치 지하철 Bakerloo, Northern 라인 차링 크로스(Charing Cross) 역에서 도보 3분 버스 6, 9, 23, 24, 29, 87, 139. 176, N5, N9, N18, N20, N29, N41, N97, N113, N279번 시간 10:00~18:00 / 금요일 21:00까지 연장 오픈 휴무 1월 1일, 12월 24~26일 요금 무료(특별 전시는 유료) 홈페이지 www.nationalgallery.org.uk

박물관 내부 구조

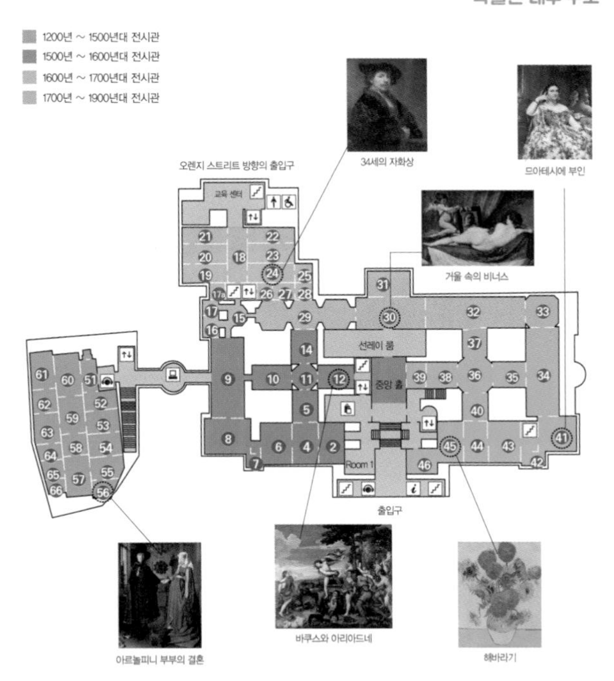

박물관 관람 순서

시대별 순서로 둘러보는 것도 좋지만, 내셔널 갤러리의 하이라이트 작품만 봐야 한다면 46번 전시관부터 시작하는 게 좀 더 효율적이다.

46번 ➔ 45번 ➔ 44번 ➔ 41번 ➔ 34번 ➔ 33번 ➔ 34번 ➔ 35번 ➔ 38번 ➔ 32번 ➔ 30, 31번 ➔ 29번 ➔ 28번 ➔ 25번 ➔ 24번 ➔ 18번 ➔ 15번 ➔ 29번 ➔ 14번 ➔ 11, 12번 ➔ 4번 ➔ 2번 ➔ 8번 ➔ 53번 ➔ 54번 ➔ 56번 ➔ 62번

윌튼 두폭화 Wilton Diptych

무명 화가의 〈윌튼 두폭화〉는 리차드 2세의 통치 5년경에 그려졌을 것으로 추정한다. 작품의 왼쪽 아래에 무릎을 꿇고 기도하는 사람이 바로 리처드 2세로, 이처럼 그림을 의뢰한 부유한 후원자가 그림 속에 등장하는 경우가 많다. 이 그림의 왼쪽은 지상, 오른쪽은 천국의 낙원을 뜻한다.

산 로마노 전투 Battle of San Romano

파올로 우첼로(Paolo Uccello)가 그린 이 작품은 산 로마노의 전투를 그린 3편의 연작 가운데 하나로, 나머지 두 편의 작품은 각각 피렌체의 우피치와 파리의 루브르 미술관에서 소장하고 있다. 이 세 작품 중 내셔널 갤러리에 있는 작품은 '니콜로 다 토렌티노가 피렌체군을 이끌다'라는 주제의 그림으로 흰 말을 탄 토렌티노가 중앙에서 피렌체군을 이끌고 시에나군을 공격하는 모습이다.

아르놀피니 부부의 결혼 Arnolfini Portrait

네덜란드 미술의 거장인 '얀 반 에이크(Jan van Eyck)'의 작품으로 조반니 디 니콜라오 아르놀피니와 그의 아내를 그린 초상화이다. 이 작품 속 배경은 부부가 부유한 집안에서 플랑드르식의 예복을 차려입고 결혼 서약을 하고 있다. 하지만 화려한 예식과 달리 비밀스러운 느낌이 풍기는 이 결혼식은 남자도 혼인 서약에 큰 의미를 두지 않는 듯한 모습이며 여자는 남자에게 복종하는 것 같은 느낌인데 이는 당시 남자가 여자에게 바라는 미덕이었다고 한다. 임신한 듯한 의상은 그 당시의 복식 스타일로, 사실 둘 사이에 아이는 없었다고 한다. 특히나 이 그림에서 눈여겨봐야 할 곳이 바로 그림 속에 있는 거울이다. 거울을 자세히 보면 보여지지 않은 공간까지 표현되어 있으며, 붉은색 침대나 결혼식의 증인으로 참석한 두 사람의 모습까지 보인다. 그리고 뒷벽에는 "얀 반 아이크, 여기 있었다. 1434"라는 글씨가 선명하게 써 있다.

레오나르도 로레단 총독 Doge Leonardo Loredan

르네상스 미술의 거장인 조반니 벨리니의 이 그림은 베네치아를 20년간 다스렸던 총독 레오나르도 로레단의 초상화이다. 절대 군주가 지니고 있는 현명함과 확고한 태도를 잘 묘사했다는 평을 받는 작품이다.

동굴의 성모 Virgin of the Rocks

레오나르도 다 빈치(Leonardo da Vinci)의 걸작으로 유명한 동굴의 성모는 총 두 점으로, 각각 파리의 루브르 미술관과 이곳 내셔널 갤러리에서 소장 중이다. 루브르 미술관에 있는 첫 번째 그림은 작가와 성당 측과의 불화로 인해 작업이 중단되었다가 3년 만에 겨우 마무리할 수 있었으며, 두 번째 작품은 밀라노 성당에서 반출되어 이곳으로 옮겨지게 되었다. 이 작품은 성모 마리아가 아기 예수를 데리고 헤롯 왕의 눈을 피해 이집트로 가던 중 세례 요한을 만나는 장면을 묘사한 것으로 루브르의 그림과 달리 세례 요한과 아기 예수, 성모 마리아의 머리 위에 후광을 두르고 있다.

대사들 Ambassadors

독일 르네상스의 거장인 한스 홀바인(Hans Holbein)이 그린 작품으로 르네상스의 대표적인 걸작으로 꼽힌다. 이 그림 속에 등장하는 두 명의 대사는 프랑수아 1세가 영국 국왕 헨리 8세에게 파견한 대사인 장 드 댕트빌과 그의 친구이자 주교인 조르주 드 셀브이다. 작가는 위풍당당하게 선 두 사람 앞에 죽음을 뜻하는 해골을 그려 놓음으로써 '사람은 태어나 반드시 죽는다'라는 인생무상의 교훈과 진정한 삶의 의미란 무엇인지를 뚜렷하게 보여 주고 있다.

바쿠스와 아리아드네 Bacchus and Ariadne

티티안(Titian)이 그린 이 유화는 테세우스에게 버림받고 낙소스 섬에 홀로 남게 된 아리아드네를 포도주의 신 바쿠스가 한눈에 반해 전차에서 뛰어내리고 있는 가운데, 아리아드네는 바쿠스를 처음 보고 겁을 잔뜩 먹은 모습이다. 그런 그녀의 머리 위로 왕관자리의 별자리가 보이는데, 이것은 바쿠스 신이 아리아드네를 하늘로 올려주어 별자리가 되었다는 것을 의미한다.

왕들의 경배 The Adoration of the Kings

얀 마뷔즈(Mabuse)의 작품인 〈왕들의 경배〉는 황폐한 성당 중앙에 아기 예수를 안고 있는 성모 마리아를 중심으로 세 명의 왕이 경배를 하기 위해 모인 장면을 묘사하고 있다.

그리스도의 매장 The Entombment

미켈란젤로(Michelangelo)가 그린 그리스도의 매장은 미완성된 작품이다. 세상을 떠난 그리스도의 시체를 내려 무덤으로 운반하는 모습을 세밀하게 묘사하고 있다. 죽은 그리스도의 왼쪽에서 무릎을 꿇은 여자가 바로 막달라 마리아이며 그리다 만 듯한 오른쪽 여인은 성모 마리아로 추정하고 있다.

34세의 자화상 Self Portrait at the age of 34

네덜란드의 화가 렘브란트(Rembrandt)가 34세에 그린 자화상이다. 그림 속의 그는 16세기에 유행했던 이탈리아풍의 호화로운 옷을 입고 베레모를 쓰고 있다. 아마도 자신이 성공한 화가라는 것을 세상에 널리 알리기 위해 자화상을 그린 것으로 보인다. 물론 이 그림 역시 그가 그린 수많은 자화상(100여 점) 중 대표작으로 꼽히는 작품이다.

버지널 앞의 젊은 여인 A Young Woman standing at a Virginal

〈진주 귀걸이를 한 소녀〉로 유명하며 부드러우면서도 맑은 색채를 가진 화가로 알려진 요하네스 베르메르(Johannes Vermeer)는 네덜란드의 황금시대인 17세기를 대표하는 대가다. 이 그림은 어느 가정집 안, 버지널 앞에 서 있는 부유한 여인과 방 안 풍경을 섬세하게 표현하고 있다는 평을 받는데, 방바닥에는 파란색과 흰색의 대리석 타일로 장식되어 있으며 한쪽 벽에는 아름다운 그림들이 걸려 있다.

삼손과 데릴라 Samson and Delilah

바로크 미술의 거장인 루벤스의 작품으로, 힘이 부쳐 보이는 데릴라가 자신의 무릎에서 잠을 자고 있는 삼손을 바라보고 있다. 이스라엘인인 삼손의 힘이 어디서 나오는지 알아내려고 안달하던 팔레스타인들이 팔레스타인 여인인 데릴라에게 이를 알아내면 많은 돈을 주겠다고 약속한 후 끈질긴 노력 끝에 삼손의 힘은 머리카락에서 나온다는 것을 알아낸 모습이다. 이 와중에 잠든 삼손의 머리카락을 자르는 사람과 밖에는 삼손을 잡아갈 병사들이 기다리고 있는 모습도 보인다.

거울 속의 비너스 The Toilet of Venus

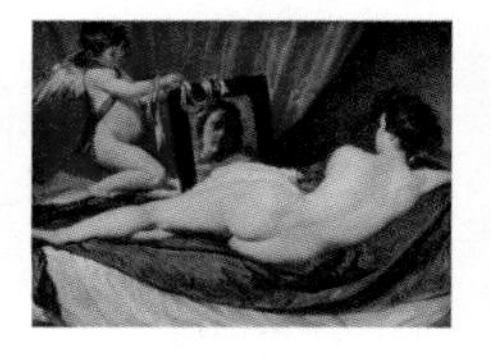

이 작품은 벨라스케스(Diego Rodríguez de Silva Velázquez)의 작품으로 벨라스케스가 그린 네 점의 누드화 가운데 유일하게 남아 있는 작품이다. 그림에는 비너스가 누워 있고 큐피드가 들고 있는 거울을 통해 반사된 비너스 본인의 모습을 보는 것처럼 묘사되어 있지만, 거울의 위치상 관람객의 모습을 비추는 것 같은 느낌을 주는 작품이다.

찰스 1세의 기마 초상 Equestrian Portrait of Charles I

안톤 반 다이크의 작품인 이 그림은 찰스 1세가 갑옷을 입고 지휘봉을 든 채 멋진 말에 탄 모습을 묘사하고 있는데, 말은 몸통에 비해 머리가 작게 묘사되어 있으며 찰스 1세 뒤에는 하인이 서 있다.

엠마오의 저녁 식사 Supper at Emmaus

바로크 미술을 대표하는 화가 카라바조(Michelangelo da Caravaggio)의 작품은 부활하신 예수가 제자들과 저녁 식사를 하던 중 뒤늦게 제자들이 그가 예수라는 것을 깨닫고 놀라는 장면을 묘사한 것이다. 예수는 빵을 들어 축복하는 순간 제자들에게 자신의 존재를 밝히는데, 이 작품은 다른 카라바조의 작품과 비슷하게 성인들의 모습을 보통 사람처럼 그렸으며 기적 또한 평범한 일상인 것처럼 묘사하고 있다.

1700년 ~ 1800년대 작품들

전함 테메레르호 Fighting Temeraire

터너(Willian Turner)의 작품으로, 트라팔가 해전에서 프랑스와 스페인 연합 함대와 대항해 넬슨 제독에게 승리를 안겨 주었던 전함 테메레르호가 항구로 돌아오는 모습을 그렸다. 마치 자신의 역할을 끝내고 최후를 맞이하는 모습을 담은 것 같은 느낌의 고요함이 감돌며, 뒤에 태양과 구름까지 배와 조화를 이루고 있다.

건초 마차 Hay Wain

영국 낭만주의 풍경화의 대가인 존 컨스터블(John Constable)의 작품으로, 화가 자신이 태어나고 자란 서퍽주의 평화로운 모습을 그림에 담았다. 참고로 이 작품을 통해 풍경화가 서양 미술의 한 장르로 공식적인 인정을 받게 되었다고 한다.

앤드루스 부부 Mr & Mrs Andrews

토마스 게인즈버러(Thomas Gainsborough)의 걸작으로 알려진 이 작품은 한 부부의 결혼을 기념하기 위해 그렸다. 토마스 게인즈버러는 초상화로도 유명한 화가지만 풍경화에도 관심이 많았다고 한다. 그래서인지 그림을 살펴보면 반은 풍경화, 반은 초상화임을 알 수 있다.

석공의 작업장 Stonemason's Yard

베네치아의 화가인 카날레토(Canaletto)는 카메라 옵스큐어 기법을 이용해 마치 사진을 찍은 것 같은 정교한 그림으로 유명한 작가이다. 또한 그는 로코코 미술의 대가라고 할 수 있는데, 그의 작품 중에서도 이 작품은 초기작에 해당한다.

아니에르의 수욕 Bathers at Asnières

조르주 피에르 쇠라의 작품으로 노동자들이 아니에르에 있는 센 강변에서 휴식을 취하고 있는 모습을 묘사했다. 과학적인 점묘법을 충분히 사용하기 전에 그려진 그림이라 점묘법 외에 또다른 회화 기법이 한 작품에 섞여 있다. 쇠라는 특히 작가 활동을 하는 동안 단 7점의 작품만을 남겼는데, 그만큼 하나의 그림을 완성하는 데 오랜 열정을 쏟았다.

목욕하는 사람들 Bathers

세잔(Paul Cézanne)은 1870년대 이후부터 남자와 여자가 해수욕하는 이 작품을 비롯해 목욕하는 사람들의 그림을 주로 그렸다. 특히 인상파의 영향을 받은 세잔은 자신만의 색깔을 가진 그림으로 완성시켜 훗날 피카소나 마티스 같은 입체파 화가들에게 지대한 영향을 주게 된다. 특히나 〈목욕하는 사람들〉의 그림은 피카소가 아비뇽의 처녀들을 그리는 데 커다란 영감이 되었다.

해바라기 Sunflowers

인상파 화가 중 가장 유명한 빈센트 반 고흐(Vincent van Gogh)가 본인의 아틀리에에서 그린 작품으로, 그가 그린 여러 해바라기 가운데 사인이 들어간 2개의 그림 중 하나다. 고흐는 해바라기를 통해 여러 가지 메시지를 담았는데, 해바라기의 노란색은 희망을 의미하고 있다. 또한 죽어가는 해바라기와 함께 고개를 숙인 해바라기를 함께 그려 넣음으로써 삶과 죽음에 대해 깊이 사색하는 고흐의 모습을 느낄 수 있다.

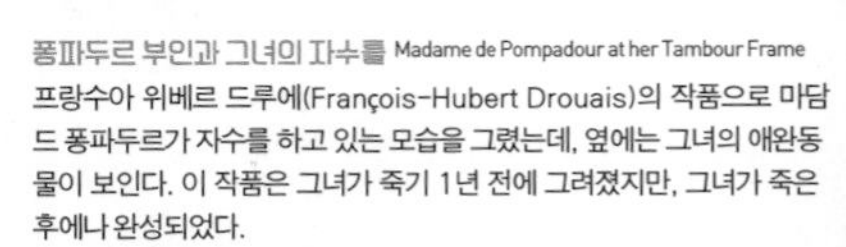

퐁파두르 부인과 그녀의 자수틀 Madame de Pompadour at her Tambour Frame

프랑수아 위베르 드루에(François-Hubert Drouais)의 작품으로 마담 드 퐁파두르가 자수를 하고 있는 모습을 그렸는데, 옆에는 그녀의 애완동물이 보인다. 이 작품은 그녀가 죽기 1년 전에 그려졌지만, 그녀가 죽은 후에나 완성되었다.

므아테시에 부인 Madame Moitessier

앵그르(Jean-Auguste-Dominique Ingres)의 〈므아테시에 부인〉은 앵그르 특유의 고전주의 양식으로 부유한 은행가의 아내인 므아테시에 부인을 그린 것이다. 하지만 앵그르는 처음에 므아테시에 부인의 초상화를 그려 달라는 부탁을 받았을 때 자신은 초상화를 그리는 화가가 아니라고 거절했으나, 부인을 만나 보고는 그녀의 뛰어난 외모에 반해 초상화를 그렸다고 한다.

국립 초상화 미술관 National Portrait Gallery

영국을 대표하는 인물들의 초상화를 만날 수 있는 미술관

MAPECODE 20103

내셔널 갤러리 뒤편에 있는 국립 초상화 미술관은 영국을 빛낸 역사적 인물들과 유명 인사들의 초상화를 전시하고 있는 미술관이다. 엘리자베스 1세를 비롯한 왕실과 관련된 인물들의 초상화와 우리에게도 친숙한 윌리엄 셰익스피어, 나이팅게일, 처칠, 비틀즈, 다이애나 왕세자비 등 정치인에서부터 인기 스타, 예술가들의 초상화뿐 아니라 사진 및 조각상까지 전시하고 있다. 3층은 19세기 초기까지이며 2층은 빅토리아 시대부터 20세기까지, 1층은 1990년 이후 순으로 전시하고 있기 때문에 아래로 내려오며 관람하는 것이 시대를 이해하는 데 도움이 된다.

주소 St Martin's Place, London, WC2H 0HE 전화 020 7306 0055 위치 지하철 Bakerloo, Northern 라인 차링 크로스(Charing Cross) 역에서 도보 3분 버스 24, 29, 176, N5, N20, N29, N41, N279번 시간 10:00~18:00 / 금요일은 21:00까지 연장 휴무 12월 24~26일, 12월 31일은 19:00 이후 요금 무료(특별전은 유료) 홈페이지 www.npg.org.uk

레스터 스퀘어 Leicester Square

공연 티켓을 저렴하게 구입할 수 있는 광장

MAPECODE 20104

내셔널 갤러리 뒤편과 차이나타운 남쪽 사이에 있는 레스터 스퀘어에는 뮤지컬과 쇼 등 런던에서 공연 중인 작품을 저렴한 가격에 볼 수 있는 'TKTS' 건물이 있어 공연에 관심이 많은 사람들의 발길이 끊이지 않는다.
또 TKTS뿐만 아니라 사설 할인 티켓 판매소도 주변에 몰려 있어 공연 티켓을 비교해 가며 구할 수 있는 장소이기도 하다. 광장 주변으로는 뮤지컬 등의 쇼가 공연되는 극장들과 패스트푸드점도 많이 있어 공연과 식사를 모두 해결할 수 있다.

주소 London, WC2H 7JY 위치 지하철 Piccadilly, Northern 라인 레스터 스퀘어(Leicester Square) 역에서 도보 3분 버스 6, 23, 24, 29, 139, 176, N5, N15, N20, N29, N41, N113, N279번

하우스 오브 미나리마(해리포터 디자인 하우스) House of MinaLima

해리포터 영화 소품 디자인을 맡은 스태프가 만든 작은 갤러리

MAPECODE 20105

하우스 오브 미나리마는 〈해리포터〉 영화 속 굿즈를 전문적으로 판매하는 작은 공간이다. 근처에 〈해리포터와 저주 받은 아이〉를 공연하는 극장과 더불어 해리포터에 관한 굿즈를 판매하기 위해 문을 열게 된 상점 겸 갤러리로 총 3개의 층으로 이루어져 있다. 1층은 해리포터 원작이나 각본집 등을 구매할 수 있는 숍이고, 2~3층은 가이드와 함께 투어를 통해 둘러볼 수 있는데 해리포터 영화의 그래픽 아트를 전시한 공간이다. 특히 3층에는 미나리마에 의해 그려진 해리포터 그래픽 디자인의 리미티드 에디션 등을 볼 수 있다. 가이드 투어(방문 예약)는 무료지만 워낙 좁은 공간이라 입장 인원을 제한하고 있으니 붐비는 시간대(수 · 토~일 12:00~14:00, 16:30~19:00)가 아닌 조금은 여유로운 시간에 방문하는 것을 추천한다.

이곳에서는 일반적인 기념품 숍에서 볼 수 있는 기념품보단 해리포터 원작과 각본집 등을 판매하고, 비밀 지도나 홍보물 등 영화 속에 등장하는 소품들의 굿즈를 판매하고 있다. 그래서 해리포터 스튜디오나 킹스 크로스 역의 해리포터 기념품 숍을 다녀왔다고 해도 전혀 다른 느낌의 갤러리이기 때문에 시간을 내어 방문하는 것도 좋다.

주소 26 Greek St, Soho, London W1D 5DE 위치 지하철 레스터 스퀘어(Leicester Square) 역 · 토트넘 코트 로드(Tottenham Court Road) 역 · 피카딜리 서커스(Piccadilly Circus) 역에서 도보 약 9분 전화 020 3214 0000 시간 12:00~19:00 요금 무료

차이나타운 Chinatown

유럽 최대 규모를 자랑하는 차이나타운

MAPECODE 20106

레스터 스퀘어와 샤프츠버리 애비뉴(Shaftesbury Ave.) 사이에 위치한 차이나타운은 생각보다 크지 않으나 유럽에선 가장 큰 규모이다. 차이나타운에 들어서면 화려하게 장식된 붉은색 아치가 눈길을 끈다. 이곳은 저렴한 가격에 맛볼 수 있는 중국 식당이 대거 있어 많은 관광객들이 몰려든다. 중국 식당 외에도 한국 식품을 파는 마트나 약재상도 쉽게 볼 수 있으며 차이나타운 주변으로 뮤지컬을 볼 수 있는 전용 극장들이 몰려 있어, 방문 목적이 특별히 없더라도 둘러보기에 좋다.

주소 27 Gerrard St, London, W1D 6JN 위치 지하철 Piccadilly, Bakerloo 라인 피커딜리 서커스(Piccadilly Circus) 역에서 도보 3분 / Piccadilly, Northern 라인 레스터 스퀘어(Leicester Square) 역에서 도보 5분 버스 14, 19, 38, N19, N38번 홈페이지 www.chinatownlondon.org

★ 차이나타운의 유래

중국인들이 런던에 모여 살기 시작한 것은 빅토리아 시대 때부터다. 처음에는 라임 하우스 이스트엔드 선착장에 모여 살다가 1940년 이후 중국 이민자들이 급격히 늘어나자 거처를 소호 지역으로 옮겨 지금의 차이나타운을 형성하게 되었다.

피커딜리 서커스 Piccadilly Circus

런던 사람들의 만남의 장소로 사랑받는 서커스

MAPECODE 20107

'피커딜'이라는 레이스 컬러를 유행시킨 양복점 주인이 이곳에 호화 주택을 세운 것에서 유래된 피커딜리 서커스는 6개의 거리가 교차하는 지점에 있는 원형 광장으로, 사랑의 신 에로스상을 중심으로 관광객뿐만 아니라 런더너들에게도 만남의 장소로 인기가 많은 탓에 늘 수많은 사람들로 활기가 넘친다. 게다가 피커딜리 서커스에서 이어지는 스트리트는 패션 쇼핑의 천국이라 불릴 만큼 브랜드 쇼핑을 하기에 제격이므로 패션과 쇼핑에 관심이 많다면 꼭 들러 보자.

주소 St James, London, W1D 7DH 전화 020 7434 9396 위치 지하철 Piccadilly, Bakerloo 라인 피커딜리 서커스(Piccadilly Circus) 역에서 도보 1분 버스 14, 19, 23, 38, 139, N15, N18, N19, N38, N113번

코번트 가든

Covent Garden

즐길 거리가 모두 모여 있는 런던의 번화가

런던 여행에서 절대 빼먹을 수 없는 곳이 바로 코번트 가든이다. 맛있는 음식과 거리 공연, 세계 3대 박물관과 쇼핑 등 런던의 다양한 볼거리는 물론, 놀 거리까지 모두 제공해 주는 특별한 장소이므로 언제나 활기가 넘치는 코번트 가든의 낮과 밤 모두를 즐겨 보길 추천한다. 런던의 다양한 모습을 금방 포착할 수 있을 것이다.

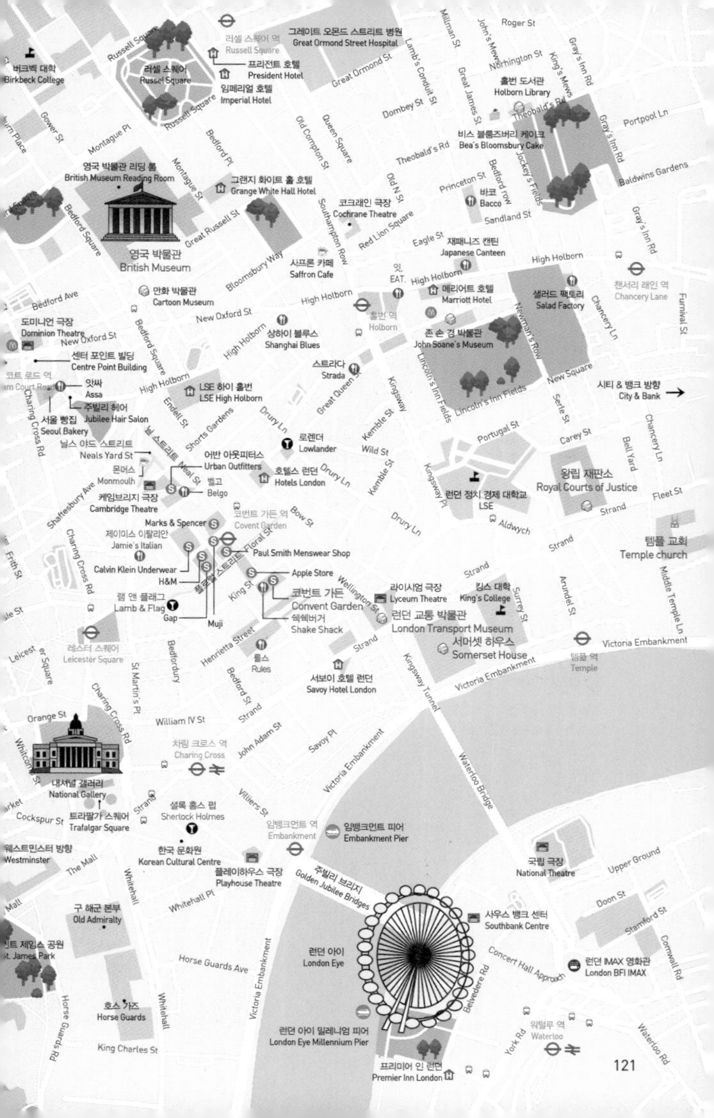

러셀 스퀘어 역
Russell Square
그레이트 오몬드 스트리트 병원
Great Ormond Street Hospital
버크벡 대학
Birkbeck College
러셀 스퀘어
Russel Square
프리전트 호텔
President Hotel
임페리얼 호텔
Imperial Hotel
홀번 도서관
Holborn Library
비스 블룸즈버리 케이크
Bea's Bloomsbury Cake
영국 박물관 리딩 룸
British Museum Reading Room
그랜지 화이트 홀 호텔
Grange White Hall Hotel
코크래인 극장
Cochrane Theatre
바코
Bacco
재패니즈 캔틴
Japanese Canteen
영국 박물관
British Museum
사프론 카페
Saffron Cafe
잇
EAT.
메리어트 호텔
Marriott Hotel
샐러드 팩토리
Salad Factory
챈서리 레인 역
Chancery Lane
만화 박물관
Cartoon Museum
홀번 역
Holborn
도미니언 극장
Dominion Theatre
상하이 블루스
Shanghai Blues
존 손 경 박물관
John Soane's Museum
센터 포인트 빌딩
Centre Point Building
스트라다
Strada
토트넘 코트 로드 역
앗싸
Assa
주빌리 헤어
Jubilee Hair Salon
서울 빵집
Seoul Bakery
LSE 하이 홀번
LSE High Holborn
시티 & 뱅크 방향
City & Bank
로렌더
Lowlander
닐스 야드 스트리트
Neals Yard St
어반 아웃피터스
Urban Outfitters
몬머스
Monmouth
호텔스 런던
Hotels London
벨고
Belgo
케임브리지 극장
Cambridge Theatre
왕립 재판소
Royal Courts of Justice
런던 정치 경제 대학교
LSE
코번트 가든 역
Covent Garden
Marks & Spencer
제이미스 이탈리안
Jamie's Italian
Paul Smith Menswear Shop
템플 교회
Temple church
Calvin Klein Underwear
H&M
Apple Store
램 앤 플래그
Lamb & Flag
Gap
Muji
코번트 가든
Convent Garden
쉐쉑버거
Shake Shack
라이시엄 극장
Lyceum Theatre
킹스 대학
King's College
런던 교통 박물관
London Transport Museum
서머셋 하우스
Somerset House
레스터 스퀘어
Leicester Square
룰스
Rules
템플 역
Temple
서보이 호텔 런던
Savoy Hotel London
차링 크로스 역
Charing Cross
내셔널 갤러리
National Gallery
셜록 홈스 펍
Sherlock Holmes
임뱅크먼트 역
Embankment
임뱅크먼트 피어
Embankment Pier
트라팔가 스퀘어
Trafalgar Square
웨스트민스터 방향
Westminster
한국 문화원
Korean Cultural Centre
플레이하우스 극장
Playhouse Theatre
주빌리 브리지
Golden Jubilee Bridges
국립 극장
National Theatre
구 해군 본부
Old Admiralty
사우스 뱅크 센터
Southbank Centre
세인트 제임스 공원
St. James Park
런던 아이
London Eye
런던 IMAX 영화관
London BFI IMAX
호스 가즈
Horse Guards
런던 아이 밀레니엄 피어
London Eye Millennium Pier
워털루 역
Waterloo
프리미어 인 런던
Premier Inn London

코번트 가든 추천 코스

코번트 가든 역에서부터 시작되는 이곳은 다양한 상점과 박물관, 쇼핑점이 모여 있어 활기찬 분위기다. 특히 컬러풀한 색감을 자랑하는 예쁜 카페들이 줄지어 늘어선 닐스 야드는 잊지 말고 꼭 들러 보자. 닐스 야드에서 이어지는 거리이자, '젊은이들의 쇼핑가'로 불리는 닐 스트리트에는 최신 트렌드를 엿볼 수 있는 작은 숍들이 많으며, 세계적인 박물관인 영국 박물관에서는 명작들을 직접 볼 수 있다.

영국 박물관
세계에서 가장 오래된 박물관으로
세계 3대 박물관 중 한 곳

도보
5~7분

닐스 야드
작은 통로에 예쁜 카페들이
모여 있어 아름다운 거리

도보
5분

코번트 가든
거리의 아티스트로 더 유명한 시장

도보
3~5분

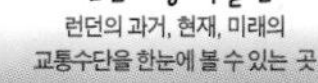

런던 교통 박물관
런던의 과거, 현재, 미래의
교통수단을 한눈에 볼 수 있는 곳

도보 5분

서머셋 하우스
템스 강변의 복합 문화 시설

닐스 야드 Neal's Yard

작은 골목 속에 숨은 아름다운 거리

MAPECODE 20108

코벤트 가든 속 작은 골목인 닐스 야드는 골목 사이에 숨어 있어 단번에 찾기 어렵지만 절대 빼놓아서는 안 될 정도로 매력이 넘치는 곳이다. 맛있는 세계 음식들과 치즈, 그리고 채식주의자를 위한 유기농 화장품 등을 만날 수 있으며 특별히 농장에서 직접 만든 수제 치즈와 요구르트는 자연 애호가들에게 인기가 많은 상품이다. 또한 작은 통로 사이로 아기자기하고 예쁜 카페들이 모여 있어서 아름다운 거리로도 유명하다.

닐스 야드에서 이어지는 거리이자 '젊은이들의 쇼핑가'로 불리는 닐 스트리트(Neal St.)에는 최신 트렌드를 엿볼 수 있는 작은 상점들이 밀집해 있다.

위치 지하철 Piccadilly 라인 코번트 가든(Covent Garden) 역에서 도보 10분 버스 8, 14, 19, 24, 29, 38, 176, N5, N19, N20, N38, N41, N68번

코번트 가든 Convent Garden

거리의 아티스트로 더 유명한 시장

MAPECODE 20109

영화 <마이 페어 레이디>에서 오드리 헵번이 꽃을 팔던 시장이 바로 코번트 가든이다. 17세기 때 벽으로 둘러싸인 거대한 코번트(수도원) 소유의 토지가 있었던 것에 유래해 코번트 가든이라 불리게 되었다. 그 후 건축가 이니고 존스(Inigo Jones)가 북부 이탈리아의 리보르노 지역에 있는 광장을 본떠 주거 광장으로 바꾸면서 마켓이 들어섰고 더불어 템스강 근처라는 지리적 위치 덕에 외국에서 들여오는 상품이 코번트 가든으로 먼저 오게 됨에 따라 차츰 번성하기 시작했다. 지금은 옷이나 책, 그림, 공예품, 골동품 등을 파는 작은 가게와 노점상이 늘어서 있다. 하지만 실제로 시장을 보러 오는 관광객보다 거리의 아티스트의 거리 공연을 구경하러 오는 관광객들이 더 많다. 참고로 이곳에서는 온종일 거리 공연을 볼 수 있는데, 실력도 수준급이다.

주소 Covent Garden, WC2 위치 지하철 Piccadilly 라인 코번트 가든(Covent Garden) 역에서 도보 3분 버스 1, 4, 6, 9, 11, 15, 23, 26, 76, 87, 91, 139, 168, 172, 176, 188, 243, 341, N1, N9, N11, N15, N21, N26, N44, N68, N87, N89, N91, N155, N171, N199, N343, RV1, X68번

영국 박물관 The British Museum

MAPECODE 20110

세계에서 가장 오래된 박물관으로 세계 3대 박물관 중 하나

1753년, 왕립 학사원장을 지낸 의학자 한스 슬론 경(Sir Hans Sloane)이 남긴 수집품과 왕실에서 가지고 있던 컬렉션이 더해져 영국 박물관이 설립되었다. 작품이 많지 않았던 초기에는 몬터규 후작의 저택에 전시되었지만, 그 후 전 세계에서 기증한 작품과 다양한 작품 구매 덕분에 전시품들이 많아짐에 따라 1824년 로버트 스머크 경(Sir Robert Smirke)이 설계한 신고전 양식인 현재의 건물로 옮겨지게 되었다. 자연사 소장품들은 자연사 박물관으로, 도서관의 책은 영국 도서관으로 옮겨지는 등 전시품들이 다시 정비되기도 했다.

지금의 영국 박물관은 세계 3대 박물관이라는 명성에 걸맞게 선사 시대부터 현재에 이르기까지 수많은 유산을 소장하고 있다. 특히나 세계적으로 희귀한 고고학 및 민속학 수집품들이 볼만하다. 대표적으로 이집트, 메소포타미아와 로마 등에서 시작된 고대 문명에 대한 전시품들이 유명하며 그중에서도 미라와 로제타석은 언제나 관람객들로 붐비는 섹션이다. 또한 내부에는 한국관이 2000년 11월에 신설되었는데, 구석기 유물부터 조선 후기 미술품까지 두루 전시하고 있다.

주소 Great Russell St, City of London, Greater London, WC1B 3DG 전화 020 7323 8000 위치 지하철 Central, Northern 라인 토트넘 코트 로드(Tottenham Court Road) 역에서 도보 5분 / Piccadilly, Central 라인 홀본(Holborn) 역에서 도보 5분 버스 10, 14, 24, 29, 73, 134, N5, N20, N29, N73, N253, N279번 시간 10:00~17:30 / 금요일은 20:30까지 휴무 12월 24~26일, 1월 1일 요금 무료 홈페이지 www.britishmuseum.org

박물관 내부 구조

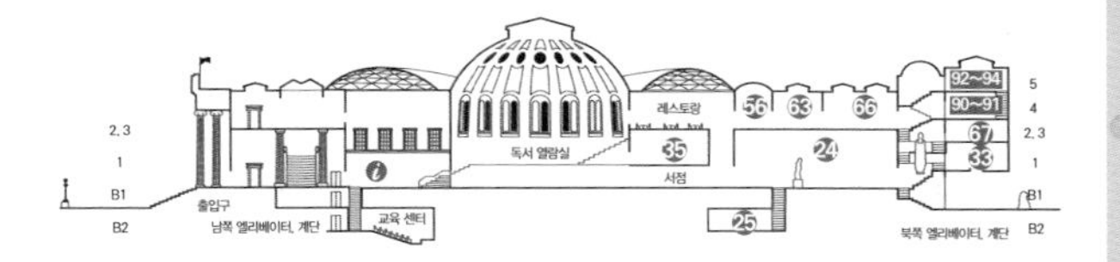

- 지하 층

25관 아프리카 전시실

- 1층

24관 테마관(삶과 죽음, 웰컴 트러스트 전시실)
33관 중국, 인도, 남아시아와 동남아시아 전시실
67관 한국 전시실

- 2층

90관 판화와 그림
92관 일본 전시실
56관 메소포타미아 기원전 전시실
63관 이집트인의 죽음과 사후의 삶 전시실
66관 에티오피아와 콥틱 이집트
35관 특별 전시관
(조세프 호퉁 그레이트 코트 전시실)

한국어 오디오 가이드 사용하기

영국 박물관에서는 멀티미디어 가이드를 대여해 주는데, 10개국 언어(한국어, 영어, 불어, 독어, 이탈리아어, 스페인어, 아랍어, 러시아어, 일어, 중국 표준어)로 제공된다. 가격은 성인 £7이다.

박물관 관람 순서

영국 박물관을 관람할 때 작품을 시대별로 관람하거나 전시관별로 관람한다면, 시간이 아주 많이 소요된다. 그러니 동선을 최소한으로 줄이면서 최대한 많은 작품을 두루 둘러볼 수 있도록 아래와 같은 박물관 관람 순서를 추천한다.

4 전시실 ➔ 6 전시실 ➔ 10 전시실 ➔ 18 전시실 ➔ 24 전시실(25 전시실 내려갔다 올 것) ➔ 27 전시실 ➔ 33 전시실 ➔ 34 전시실 ➔ 67 전시실 ➔ 66 전시실 ➔ 63 전시실 ➔ 56 전시실 ➔ 55 전시실 ➔ 65 전시실 ➔ 52 전시실 ➔ 49 전시실 ➔ 41 전시실

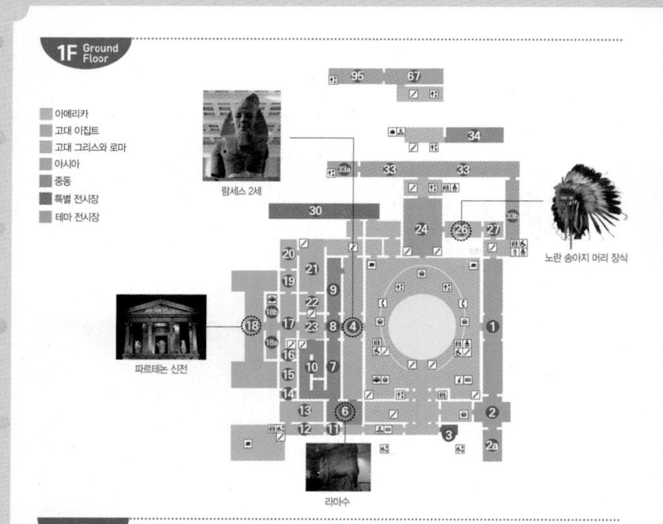
1F Ground Floor
아메리카
고대 이집트
고대 그리스와 로마
아시아
중동
특별 전시장
테마 전시장
람세스 2세
노란 송아지 머리 장식
파르테논 신전
라마수

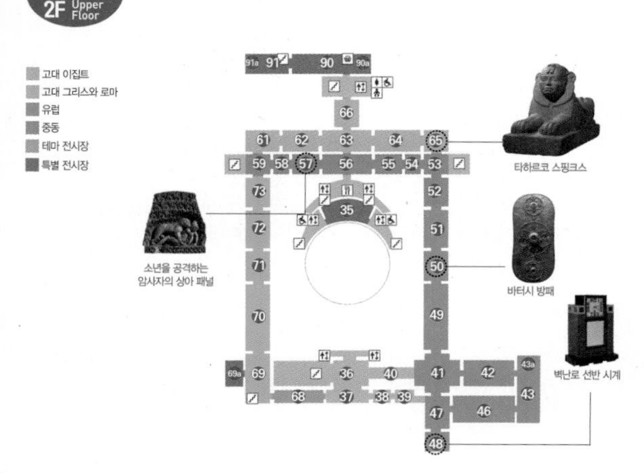
2F Upper Floor
고대 이집트
고대 그리스와 로마
유럽
중동
테마 전시장
특별 전시장
타하르코 스핑크스
소년을 공격하는 암사자의 상아 패널
바터시 방패
벽난로 선반 시계

람세스 2세 Colossal bust of Ramesses II

출애굽기 시대의 파라오로 알려진 제19 왕조 람세스 2세의 거대한 석상의 윗부분으로, 테베에 있는 람세스 2세의 기념전에서 가져온 것이다.

로제타 스톤 Rosetta Stone

기원전 196년에 만들어진 로제타 스톤은 이집트의 지중해의 작은 마을인 로제타에서 발견된 유물이다. 멤피스의 신관이 선포한 일상적인 법령을 세 가지 언어로 새긴 돌이며, 내용보다는 고대 이집트의 상형 문자를 해독하는 중요한 열쇠가 되고 있다. 세상에서 가장 유명한 돌이라고 할 수 있는 로제타 스톤은 1799년 나폴레옹 원정대가 나일강 삼각주에서 발견한 후 영국으로 옮겨 왔다.

아메노피스 3세 Colossal head of Amenhotep III

아메노피스 3세는 이집트의 제18대 왕조로, 이곳에는 적색 화강암으로 만들어진 거대한 석상의 머리 부분이 전시되어 있다.

왕의 이름

List of the kings of Egypt from the Temple of Ramesses II

아비도스의 람세스 2세 신전에 있던 왕의 명단 중 그 일부로, 기원전 1250년경에 만들어졌으며 '카투쉬'라고 불리는 타원형 테두리 속에 람세스 왕과 그 이전 왕들의 이름이 상형 문자로 새겨져 있다.

중동 - 아시리아 (조각과 발라와트 문)

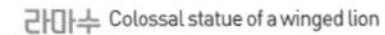

라마수 Colossal statue of a winged lion

라마수는 아슈르나시르팔 2세의 님부르 북서쪽 궁전에 있는 거대한 사자상이다. 이 사자상은 날개가 달려 있으며 인간의 머리를 하고 있다. 악령으로부터 문을 보호하기 위해 세워진 2개의 수호상 중 하나인 이 유물은 다섯 개의 다리를 가지고 있는데 신기하게도 정면에서 볼 땐 다리가 4개지만 측면에서 볼 땐 다리가 5개로 보인다.

고대 그리스

여자의 대리석 입상
Mable figurine of a woman

기원전 2600~2400년경에 만들어진 이 대리석 입상은 초기 스페도스 양식을 보여 준다. 얼굴에는 왕관이나 헤어 스타일, 머리 장식을 그렸던 흔적이 현재도 남아 있다.

고대 그리스

에기나 보물의 금장식
Gold pendant from the Aigina treasure

기원전 약 1850년~1550년 사이에 만들어진 금장식으로, 에게해의 남동쪽 해안에서 발견되었다. 금장식을 자세히 살펴보면 남자가 양손에 각각 물새를 한 마리씩 잡고 있는 형상을 볼 수 있다.

고대 그리스

암포라 Black-figured amphora

이 붉은 색상의 항아리는 아테네의 흑채 인물 문양으로, 트로이 목마로 자신의 도시를 지킨 아마존 여왕의 펜세실리아를 아킬레스가 죽이는 모습이 생동감 있게 그려져 있는데 아킬레스가 펜세실리아를 죽이는 순간 사랑에 빠졌지만 이미 너무 늦어 버린 모습을 보여 준다.

고대 그리스

파르테논 신전 Parthenon

아테네의 상징으로 수호신 아테네에게 바쳐진 파르테논 신전의 부조물을 이곳에서 볼 수 있다. 기원전 5세기경의 유물로, 19세기에 영국으로 가져 왔으며 엘진 대리석이라고 불리는 이 부조물들을 보면 고대 그리스 시대의 우수한 예술성을 느낄 수 있다. 그중에서도 특히 반은 인간, 반은 동물인 켄타우로스와 라피스족이 싸우는 전투를 보여 주는 조각상은 무척 유명하며 달의 여신 셀린느의 이륜 전차를 이끄는 말의 두상도 이곳에서 볼 수 있다.

22 전시실 고대 그리스 - 알렉산더 세계

청동 두상 Bronze portrait of a man

기원전 300년경 그리스에서 만들어진 이 청동 두상은 키레네의 아폴로 신전 아래에서 발견되었으며 광대뼈가 나오고 짧은 곱슬머리와 콧수염 등이 있는 북아프리카인을 나타낸다.

26 전시실 북미 아메리카

북극 이누이트 족의 썰매 Sled of bone

1818년경 만들어진 이 썰매는 지역 특성상 나무가 자라지 않기 때문에 동물의 뼈와 치아를 가죽끈으로 묶어서 만든 것이다.

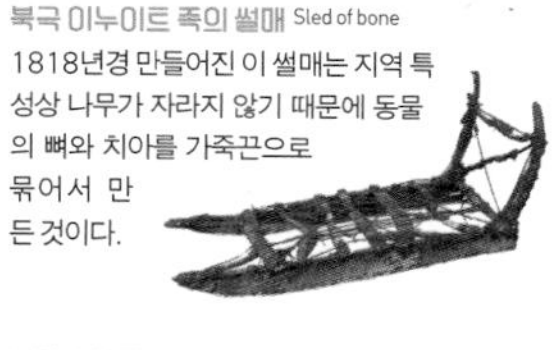

노란 송아지 머리 장식 Feather bonnet of Yellow Calf

아메리카 인디언이 사용했던 머리 장식으로 미국의 와이오밍주에서 1927년경에 만들어진 것이다. 모자에는 황금 독수리의 꼬리 깃털을 엮어서 만든 장식이 달려 있다.

33 전시실 아시아 - 중국, 인도, 동남 아시아

타라 여보살상 Statue of Tara

불교에서 가장 높은 여보살을 뜻하는 '타라'의 보살상으로 오른손은 보시하는 동작을 표현하고 있으며 연꽃을 잡을 수 있는 모습을 취하고 있다.

34 전시실 중동 - 이슬람

기념비 대리석 조각판
Marble panel from the cenotaph of Muhammad b. Fatik Ashmuli

묘지 앞에 있는 기념비의 일종으로 화려한 묘지를 만들 수 없는 이슬람 문화의 영향을 받았다. 이 고대 비문에는 '자비로운 하느님의 이름으로'라고 기록되어 있다.

자기 대야 Decorated footed basin

빼어난 색상을 자랑하는 터키의 이즈니크 도자기로 만든 대야로, 아름다운 그림이 그려져 있다. 대표적으로 알려진 코발트블루와 화이트, 그린 컬러로 아름답게 장식되어 있는 게 특징이다.

유럽 - AD 기원전

써튼 후 선의 투구 Sutton Hoo Ship-burial helmet

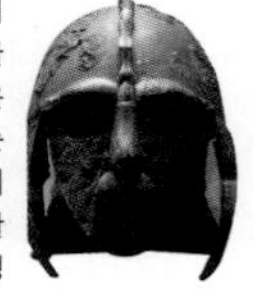

1939년 영국 서포크의 써튼 후의 대형 고분에서 발굴한 유물 중, 가장 호화로운 것이 바로 투구다. 투구에는 눈썹과 코가 정밀하게 새겨져 있으며 자유롭게 호흡할 수 있도록 두 개의 작은 구멍이 뚫려 있다.

대천사가 있는 상아 패널
Ivory panel showing an archangel

서기 525~550년경에 만들어진 상아 패널에는 대천사인 미카엘이 그려져 있으며, 아름다운 나뭇잎이 새겨진 비잔틴 양식으로 되어 있다.

47
전시실

유럽 - 1800~1900년도

페가수스 화병 Pegasus Vase

1786년 웨지우드(Wedgwood)가 만든 것으로, 하늘색에 페가수스 화이트로 장식된 꽃병이다. 꽃병의 장식으로는 작가 존 플라스만(John Flaxman)의 도자기 문양이 새겨져 있다.

유럽 - 1900 ~ 현재

벽난로 선반 시계
Mantelpiece clock, by Charles Rennie Mackintosh

스코틀랜드의 건축가 C. R. 매킨토시는 건축물과 완전한 조화를 이루는 가구를 설계하기로 유명하다. 이 벽난로 선반 시계는 그중 하나로 W. J. 바셋-로크 (Bassett-Lowke)를 위해 만든 작품이다.

로마 시대의 영국

목재 기록판 Writing-tablet

서기 97~103년경 노섬버랜드의 빈도랜다 요새에서 만들어진 목재 기록판으로 사령관의 아내인 술피치아 레피디나(Sulpicia Lepidina)에게 보내진 생일 초대장이다. 특히 이 편지는 로마 제국을 통틀어 여성에 의해 쓰여진 첫 번째 라틴어 기록으로 알려져 있다.

유럽 - 영국과 유럽 기원전

바터시 방패 Battersea Shield

런던의 템스강에서 발견된 방패로 기원전 1세기에 만들어진 것이다. 바터시 방패는 나무 방패에 청동으로 입혀져 있는데 흐르는 종려 잎 모양과 소용돌이무늬로 장식되어 있어서 보기에도 아름답다.

청동 플라곤 Basse Yutz Flagons

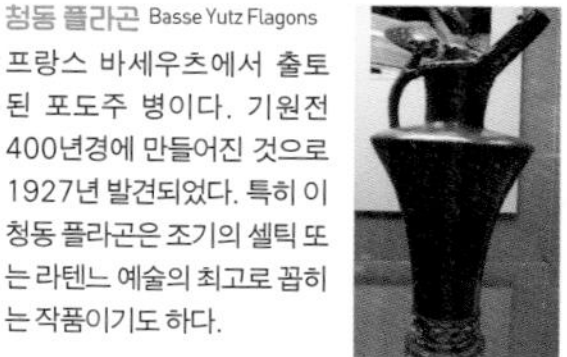

프랑스 바세우츠에서 출토된 포도주 병이다. 기원전 400년경에 만들어진 것으로 1927년 발견되었다. 특히 이 청동 플라곤은 조기의 셀틱 또는 라텐느 예술의 최고로 꼽히는 작품이기도 하다.

중동 - 고대 이란

옥서스의 보물 Oxus chariot model

기원전 550~400년경에 만들어진 옥서스의 보물은 그리핀 두 마리가 붙어 있는 형상이며 옥서스의 보물 중에 가장 뛰어난 작품 중 하나다.

스핑크스의 부조 Stone relief showing sphinx

기원전 5세기에 만들어진 이 부조는 아르타크세르세스 3세 통치하의 페르세폴리스에서 제작된 유물이다. 아시리아의 수호상을 페르시아식으로 변형시켜 조각한 것으로 알려져 있다.

중동 - 메소포타미아 기원전

덤불 속의 양 Ram in a Thicket

이라크 남부 우르에서 발견된 덤불 속의 양 유물은 원래 염소의 모습인데, 성경의 내용을 빌려 양이라고 명칭이 붙었다.

우르 왕의 깃발 Standard of Ur

역청에 조개껍데기와 돌을 붙인 모자이크이며 악기의 소리 상자였을 가능성이 많은 보물이다.

중동 - 고대 레반트

소년을 공격하는 암사자의 상아 패널

기원전 800~750년경에 만들어진 이 조각은 암사자가 누비아 소년을 공격하는 모습을 자세히 보여주고 있다.

고대 이집트 - 이집트인의 죽음과 사후의 삶

헤누트메히트의 관 Inner coffin of Henutmehut

헤누트메히트는 람세스 2세의 통치 시절 아문 신의 여사제였던 인물로, 관은 기원전 1250년경 만들어졌다. 관 전체는 도금으로 장식되어 있으며 그녀의 머리와 눈, 눈썹이 자세하게 그려져 있는 것이 특징이다.

고대 이집트 - 이집트와 누비아

클래식 도자기 물컵 Kerma ware pottery beaker

기원전 1750~1550년경에 만들어진 것으로 죽은 이가 사후에 사용하도록 무덤에 매장할 때 같이 매장했던 것이다. 특히 클래식 도자기는 붉은 갈색과 불규칙한 보라, 회색의 밴드가 특징이다.

타하르코 스핑크스 Sphinx of Taharqo

기원전 680년경에 누비아에서 만들어진 스핑크스는 이집트 스핑크스의 영향을 받긴 했지만, 모자와 2개의 뱀 휘장과 순수한 표정은 누비아만의 양식으로 만들어졌다.

서머셋 하우스 Somerset House

템스 강변의 복합 문화 시설

MAPECODE 20111

18세기 신고전주의 양식으로 세워진 서머셋 하우스는 템스 강변을 멋지게 장식한다. 처음 세워졌을 땐 서머셋 공장의 부지였는데 18세기에 들어 건축가 윌리엄 챔버스가 신고전주의 양식으로 재건축하여 지금의 모습을 갖췄다. 예전에는 귀족을 위한 시설이었지만 지금은 대중을 위한 복합 문화 시설로 사용되고 있다. 내부에는 유럽의 인상주의 미술을 만날 수 있는 코트톨 갤러리 등 여러 박물관이 있고, 레스토랑이나 카페 등도 있으며, 광장은 여름에는 분수 쇼, 겨울에는 스케이트장으로 변신하며 계절과 어울리는 상설 테마파크가 된다.

주소 Somerset House Trust, Strand, London, WC2R 1LA 전화 020 3214 0000 위치 지하철 Circle, District 라인 템플(Temple) 역 부근 시간 08:00~23:00 / 갤러리&전시 월~화 · 토~일 10:00~18:00, 수~금 11:00~20:00(상설 전시는 오픈 시간이 다를 수 있으므로 홈페이지 참고) 휴무 12월 25일 요금 서머셋 하우스 · 코트톨 갤러리 무료 / 전시와 이벤트는 경우에 따라 유료 홈페이지 www.somersethouse.org.uk

템플 교회 Temple church

템플 기사단이 머물던 교회

MAPECODE 20112

12세기 후반에 세워진 템플 교회는 템플 기사단의 본부로 사용하기 위해 세운 교회로, 1185년 템플 기사단에게 위험을 느낀 왕이 억압을 가하자 템플 기사단은 1312년까지 이곳에 머물렀다. 이 교회는 예루살렘에 있는 성모의 무덤 성당을 본떠 원형 평면으로 설계되었는데, 나중에 네이브 부분이 추가되었으며 1841년에는 벽과 천장을 빅토리아 고딕 양식으로 꾸몄다. 그러나 제2차 세계 대전 때 독일의 공습으로 폭파되었다가 지금은 대부분이 복원되었다. 본당 회중석에는 13세기의 템플 기사단 상들이 있고, 미들 템플 홀에는 엘리자베스 시대의 실내 장식들이 그대로 있으며 특히 안마당과 정원이 아름답기로 유명하다. 또한 영화 〈다빈치 코드〉의 배경지로 등장하기도 했다.

주소 Inner Temple Ln, City of London, Greater London, EC4Y 7HL 위치 지하철 Circle, District 라인 템플(Temple) 역에서 도보 1~2분 버스 4, 11, 15, 26, 76, 172, 341, N11, N15, N21, N26, N89번 시간 11:00~16:00 사이에 2~3시간만 여는 것이 보통 / 매일 오픈 시간이 다르며 문 닫는 날도 많으니 홈페이지에서 확인할 것 홈페이지 www.templechurch.com

런던 교통 박물관 London Transport Museum

런던의 과거, 현재, 미래의 교통수단을 한눈에 볼 수 있는 곳

MAPECODE 20113

1980년에 문을 연 이곳은 런던의 운송 수단을 전시한 박물관이다. 오래된 운송 수단인 마차나 트램 등도 볼 수 있으며 현재도 운행 중인 지하철이나 버스의 모습도 확인할 수 있다. 게다가 과거의 승차권이나 차장의 복장 등도 진열되어 있어 런던 교통에 대한 변천사를 한눈에 볼 수 있다.

특히 런던의 지하철은 세계 최초로 생겨 한국 지하철의 모태가 되기도 했는데, 교통 박물관에서 한국 지하철의 근원이 된 첫 런던 지하철의 모습도 만날 수 있다. 그 시절 복장을 갖춘 인물 모형도 볼 수 있고, 옛날에 운행한 다양한 운송 수단을 직접 타보거나 운전석에도 앉아볼 수 있어서 아이들에게 인기가 있다.

주소 Wellington St, Westminster, London, WC2E 7 위치 지하철 Piccadilly 라인 코번트 가든(Covent Garden) 역에서 도보 2분 버스 6, 9, 11, 15, 23, 87, 91, 139, 176번 시간 토~목 10:00~18:00, 금 11:00~18:00 휴무 12월 24~26일 요금 일반 £17.50, 할인 £15 홈페이지 www.ltmuseum.co.uk

왕립 재판소 Royal Courts of Justice

잉글랜드와 웨일스의 최고 법원

MAPECODE 20114

건축가 조지 에드먼드 스트리트(George Edmund Street)가 설계한 빅토리아 시대의 고딕 양식으로 1882년에 완공된 왕립 재판소는 잉글랜드와 웨일스의 최고 법원이다. 주로 이혼, 명예 훼손, 채무와 상고 등의 소송 사건을 다루는 영국의 주요 민사 법원인 왕립 재판소 내에는 1,000여 개의 방과 5.6km나 되는 긴 복도가 있어 그 규모에서도 영국의 주요한 법원임을 짐작할 수 있다.

재판이 있을 때면 일반인의 관람 및 방청이 허용되는데 게시판의 사건 목록을 보고 방청 가능한 사건일 경우 법정에서 관람할 수 있다. 형사 사건은 왕립 재판소에서 10분 거리에 있는 올드 베일리에서 다뤄지고 있다.

주소 Strand, London, WC2A 2LL 전화 020 7947 6000 위치 지하철 Circle, District 라인 템플(Temple) 역에서 도보 1분 버스 4, 11, 15, 26, 76, 172, 341, N11, N15, N21, N26, N89번 시간 월~금 09:30~16:30 휴무 공휴일, 주말

City & Bank

빅토리안 양식의 건물들과 현대식 건물들이 조화를 이루는 곳

로마인들이 거주했던 시티 오브 런던(City of London)이라고 불리는 시티 지역과 금융업이 발달한 뱅크 지역을 아우르는 곳이다. 초기 시티의 흔적은 런던 대화재와 제2차 세계 대전 때 사라져 버리고 현재는 빅토리안 양식의 건물들과 현대식 건축물들이 어우러져 독특한 분위기를 형성하고 있다. 지역 전체가 박물관이라고 해도 될 정도로 볼거리가 많은 시티 & 뱅크 구역은 과거와 현재가 공존하는 느낌이 물씬 풍긴다.

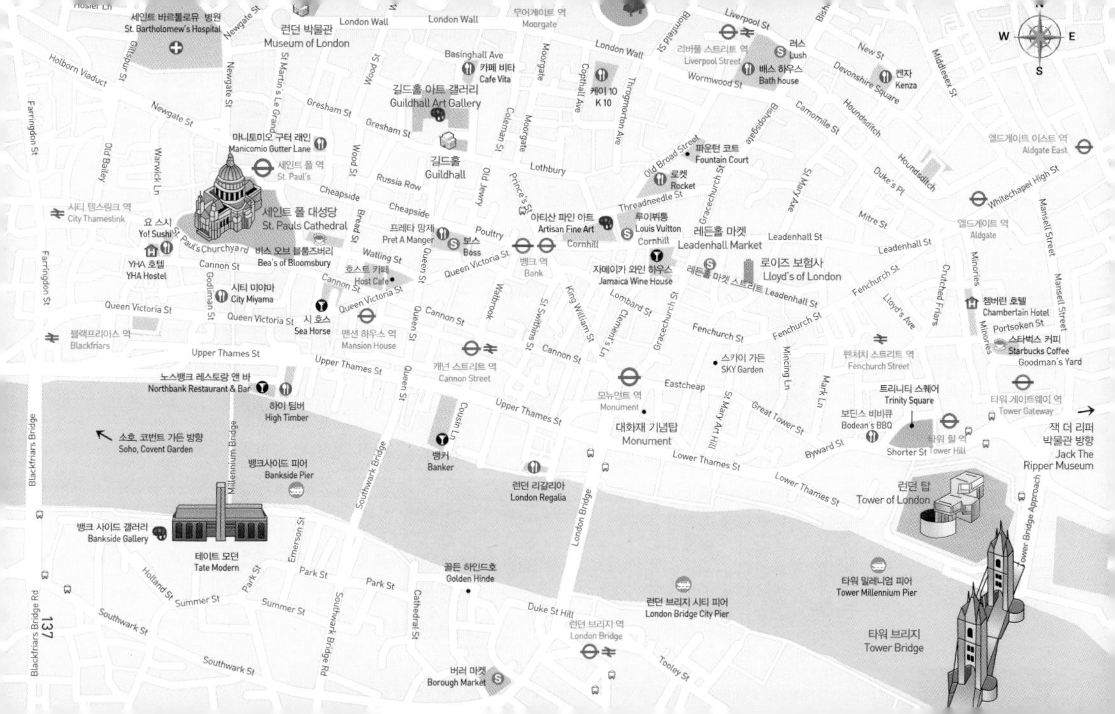

세인트 바르톨로뮤 병원
St. Bartholomew's Hospital
런던 박물관
Museum of London
길드홀 아트 갤러리
Guildhall Art Gallery
카페 비타
Cafe Vita
케이 10
K 10
리버풀 스트리트 역
Liverpool Street
러스
Lush
배스 하우스
Bath house
켄자
Kenza
엘드게이트 이스트 역
Aldgate East
엘드게이트 역
Aldgate
마니토미오 구터 래인
Manicomio Gutter Lane
세인트 폴 역
St. Paul's
길드홀
Guildhall
파운턴 코트
Fountain Court
로켓
Rocket
시티 템스링크 역
City Thameslink
요 스시
Yo! Sushi
세인트 폴 대성당
St. Pauls Cathedral
프레타 망제
Pret A Manger
보스
Boss
아티산 파인 아트
Artisan Fine Art
루이뷔통
Louis Vuitton
레든홀 마켓
Leadenhall Market
YHA 호텔
YHA Hostel
비스 오브 블룸즈버리
Bea's of Bloomsbury
호스트 카페
Host Cafe
뱅크 역
Bank
자메이카 와인 하우스
Jamaica Wine House
로이즈 보험사
Lloyd's of London
챔버린 호텔
Chamberlain Hotel
시티 미야마
City Miyama
시 호스
Sea Horse
맨션 하우스 역
Mansion House
블랙프라이스 역
Blackfriars
스타벅스 커피
Starbucks Coffee
Goodman's Yard
캐넌 스트리트 역
Cannon Street
스카이 가든
SKY Garden
펜처치 스트리트 역
Fenchurch Street
노스뱅크 레스토랑 앤 바
Northbank Restaurant & Bar
하이 팀버
High Timber
모뉴먼트 역
Monument
대화재 기념탑
Monument
트리니티 스퀘어
Trinity Square
보딘스 비비큐
Bodean's BBQ
타워 힐 역
Tower Hill
타워 게이트웨이 역
Tower Gateway
잭 더 리퍼 박물관 방향
Jack The Ripper Museum
소호, 코번트 가든 방향
Soho, Covent Garden
뱅크사이드 피어
Bankside Pier
뱅커
Banker
런던 리갈리아
London Regalia
런던 탑
Tower of London
뱅크 사이드 갤러리
Bankside Gallery
테이트 모던
Tate Modern
골든 하인드호
Golden Hinde
런던 브리지 시티 피어
London Bridge City Pier
타워 밀레니엄 피어
Tower Millennium Pier
런던 브리지 역
London Bridge
타워 브리지
Tower Bridge
버러 마켓
Borough Market
W
E
S
Hosier Ln
Newgate St
London Wall
Moorgate
Bishopsgate
Blomfield St
Liverpool St
New St
Middlesex St
Holborn Viaduct
Giltspur St
St Martin's Le Grand
Wood St
Basinghall Ave
Copthall Ave
Throgmorton Ave
Wormwood St
Devonshire Square
Houndsditch
Camomile St
Farringdon St
Gresham St
Coleman St
Old Broad Street
Old Bailey
Warwick Ln
Russia Row
Lothbury
Old Jewry
Prince's St
Cheapside
Threadneedle St
Gracechurch St
St Mary Axe
Duke's Pl
Whitechapel High St
Mitre St
Mansell Street
Bread St
Poultry
Cornhill
Leadenhall St
St. Paul's Churchyard
Cannon St
Watling St
Queen St
Queen Victoria St
Godliman St
Lombard St
Fenchurch St
Crutched Friars
Minories
Portsoken St
Lloyd's Ave
Walbrook
St Swithins St
King William St
Clement's Ln
Upper Thames St
Eastcheap
Mincing Ln
Mark Ln
St Mary Art Hill
Great Tower St
Byward St
Shorter St
Cousin Ln
Lower Thames St
Blackfriars Bridge
Millennium Bridge
Southwark Bridge
London Bridge
Tower Bridge Approach
Emerson St
Park St
Holland St
Summer St
Southwark St
Southwark Bridge Rd
Cathedral St
Duke St Hill
Tooley St
Blackfriars Bridge Rd

시티 & 뱅크 추천 코스

수많은 금융 기관들이 늘어선 영국 경제의 중심지 시티 & 뱅크 구역은 대화재와 제2차 세계 대전으로 큰 타격을 입었다. 이후 다시 일어선 도시는 화려한 빅토리안 양식의 건물들과 최첨단의 현대 건축물들이 공존하는 독특한 분위기를 띠고 있는 것이 특징이다.

세인트 폴 대성당 Saint Paul's Cathedral

세계에서 두 번째로 큰 성당이자, 런던을 대표하는 성당

MAPECODE 20115

110m 높이의 거대한 돔이 있는 세인트 폴 대성당은 런던을 대표하는 성당이기도 하며 바티칸의 성 베드로 대성당에 이어 유럽에서 두 번째로 높은 성당(길이 179m)으로 돔 크기만 해도 로마에 있는 성 베드로 성당 다음으로 높은 규모를 자랑한다. 세인트 폴 대성당은 크리스토퍼 렌(Christopher Wren)이 설계한 건물로 1675년 6월 21일에 첫 돌을 세웠고, 건설을 시작한 지 30년 만인 1710년에 고전과 바로크가 혼합된 양식으로 완공되었다. 하지만 서쪽 탑의 이중 지붕이나 난간 등은 크리스토퍼 렌 경의 설계와 달리 1718년에 추가되어 변형되었다.

내부로 들어서면 메인 돔 아래 십자형 배치의 빈 공간이 보이는데 당시 건축 화가였던 제임스 손힐(James Thornhill)의 프레스코화로 장식된 것을 확인할 수 있으며 지하로 내려가면 제2차 세계 대전 때 전사한 2만 8천여 명의 군인들이 잠들어 있는 추모비와 함께 넬슨, 웰링턴, 나이팅게일, 윈스턴 처칠 등 200여 명의 유명인의 납골당도 찾을 수 있다. 특히 렌 경의 묘비에는 'Lector, si monumentum requiris, circumspice(이 글을 읽는 사람들이여, 그의 기념비를 찾고 있다면 주위를 둘러보라)'라고 적혀 있어서 더욱 유명하다.

세인트 폴 성당의 돔은 계단을 통해 올라갈 수 있는데, 런던의 전경이 한눈에 내려다보이며 17톤에 이르는 거대한 종 그레이트 폴(Great Paul)은 13시에 5분간 타종한다. 이 성당은 특히 1981년 다이애나 왕세자비와 찰스 왕세자가 결혼식을 올린 곳으로도 유명하며, 1965년 윈스턴 처칠의 장례식도 이곳에서 치뤄졌다.

주소 St. Paul's Churchyard, London, EC4M 8AD 전화 020 7246 8350 위치 지하철 Central 라인 세인트 폴(St. Paul's) 역에서 도보 1분 버스 4, 11, 15, 17, 26, 76, 388, 521, N11, N15, N21, N26, N199번 시간 08:30~16:00 휴무 일요일 요금 성인 £18, 학생 £16, 어린이(6~17세) £8, 가족(성인 2인+어린이 2인) £44 / 온라인 구매 시 £2.50 할인 홈페이지 www.stpauls.co.uk

레든홀 마켓 Leadenhall Market

금융 지구의 고층 건물 사이에 있는 시장

MAPECODE **20116**

원래 로마 시대의 포럼이 열렸던 자리에 만들어진 레든홀 마켓은 중세 때 템스강에서 잡은 생선을 파는 어시장으로 유명했다. 하지만 안타깝게도 중세 때부터 보존해 온 시장은 런던 대화재 때 소실되었으나, 여러 차례의 재건을 통해 1881년 현재의 모습을 갖추게 되었다. 이 시장은 건물들 사이로 빅토리안 스타일의 화려한 아케이드가 있어서 더욱 아름다우며 금융 지구의 고층 건물들 사이에 있어 더욱 색다르다. 영화 〈해리포터와 마법사의 돌〉에서 해리포터가 지팡이와 빗자루, 부엉이를 쇼핑하는 상점 거리로 등장하기도 해 영화 속 명소를 찾는 방문객도 크게 늘었다. 또 로빈슨 크루소가 여행 전에 식료품을 쇼핑한 곳으로도 유명하다.

레든홀 마켓은 근처 로이즈 본사에서 일하는 비즈니스맨들에게 인기 만점이며 아침과 점심 때 가장 붐빈다. 크리스마스 시즌이 되면 레든홀 마켓의 모든 상점이 크리스마스 장식을 하기 때문에 크리스마스 때가 가장 방문하기 좋다.

주소 Leadenhall Market, City of London, London, EC3V 전화 020 7929 0929 위치 **지하철** Circle, District 라인 모뉴먼트(Monument) 역에서 도보 2분 / Central, Northern, Waterloo & City, DLR 라인 뱅크(Bank) 역에서 도보 2분 **버스** 25, 35, 47, 48, 149, 344번 시간 상점 월~금요일 10:00~18:00 / 아케이드는 늘 오픈되어 있음 휴무 주말, 공휴일 홈페이지 www.leadenhallmarket.co.uk

런던 박물관 Museum of London

런던의 과거부터 현재까지 한눈에 볼 수 있는 곳

MAPECODE **20117**

선사 시대부터 현재에 이르기까지 런던의 다양한 모습을 볼 수 있는 곳으로, 전반적인 역사에 대해 자세하게 배울 수 있는 박물관이다. 무엇보다 1666년에 발생했던 런던 대화재를 재현해 둔 곳은 반드시 관람해야 한다. 이 외에도 로마 시대의 벽화나 빅토리아 시대의 모습, 18세기의 드레스 등 다양한 시대 변천사를 만날 수 있다.

주소 150 London Wall, City of London, EC2Y 5HN 위치 **지하철** Central 라인 세인트 폴(St. Paul's) 역에서 도보 3분 **버스** 4, 56, 100, 242, 388번 시간 10:00~18:00 휴무 1월 1일, 12월 24~26일 요금 무료 홈페이지 www.museumoflondon.org.uk/london-wall

로이즈 보험사 Lloyd's of London

독특한 건물이 두드러지는 세계 최대의 보험사 MAPECODE 20118

전 세계 보험사 중 가장 규모가 크기로 유명한 로이즈 보험사는 17세기 후반에 설립되었다. 1691년 에드워드 로이즈가 운영하던 작은 카페에서 해상 보험 업자와 선주가 보험 계약을 하던 것이 오늘날의 로이즈 보험사로 발전하였다. 이후 세계적인 보험 회사가 된 로이즈사는 다양한 보험 상품을 취급하고 있으며, 특히 연예인들의 신체 일부분까지 보험 가입을 하는 이색적인 보험 상품들로 주목을 받고 있다. 예를 들어 미국 여배우인 아메리카 페레라의 미소가 1천만 달러(약 92억 원)의 보험에 가입되어 있으며 마들렌느 디트리히의 다리, 롤링 스톤스의 기타리스트 키스 리차드의 손가락 등 유명한 연예인들이 로이즈사의 고객이기도 하다. 우리나라에서는 김연아 선수를 후원하는 은행이, 김연아 선수가 2010년 동계 올림픽에서 세계 신기록으로 금메달을 획득하면 로이즈사에서 100만 달러를 지급하는 보험에 들었다는 해프닝이 있어서 유명해지기도 했다.

로이즈사의 건물은 이탈리아 건축가인 엔조 피아노(Enzo Piano)와 퐁피두 센터를 설계한 리처드 로저스(Richard Rogers)가 건축했는데, 주로 유리와 스틸 파이브를 사용한 독특한 디자인이 눈길을 끈다.

주소 1 Lime St, City of London, Greater London, EC3M 7 전화 020 7327 1000 위치 지하철 Circle, District 라인 모뉴먼트(Monument) 역에서 도보 1분 버스 38, 47, 48, 149, 344번 홈페이지 www.lloyds.com

대화재 기념탑 Monument

영국의 전설적인 대화재를 기억하는 기념탑 MAPECODE 20119

1666년 9월 2일 푸딩 래인(Pudding Lane)에서 발생한 화재는 바람을 타고 런던의 60% 이상을 재로 만들어 버렸다. 5일 동안이나 계속된 화재로 13,000여 가옥이 파괴되었다. 대화재 후 크리스토퍼 렌(Christopher Wren)이 도시를 재설계하면서 지금과 비슷한 모습으로 재탄생하게 되었다. 그 뒤 1671년 크리스토퍼 렌과 로버스 훅(Robert Hooke)은 화재가 날 당시의 발화점에서 61.57m 떨어진 곳에 61.57m의 높이로 불멸의 런던을 상징하는 기념탑을 지었는데 1677년까지는 세계에서 가장 높은 탑이었다. 기둥 기단부 둘레에 새겨진 부조는 도시를 재건하는 찰스 2세를 보여 주며 311개의 계단을 올라가면 대화재 기념탑에 오를 수 있는데 이곳에서는 근사한 런던의 전경을 내려다볼 수 있다.

주소 18 Fish Street Hill, London, EC3R 6DB 전화 020 7929 5880 위치 지하철 Circle, District 라인 모뉴먼트(Monument) 역에서 도보 1분 버스 15, 17, 21, 35, 40, 43, 47, 48, 133, 141, 149, 344, 521, N15, N21, N133번 시간 4~9월 09:30~18:00, 10~3월 09:30~17:30 / 마감 30분 전까지 입장 가능 휴무 12월 24~26일, 1월 1일 요금 성인 £4.50, 학생 £3, 어린이 £2.30 / 대화재 기념탑 + 타워 브리지 조인트 티켓 성인 £11, 학생 £7.50, 어린이(16세 미만) £5 홈페이지 www.themonument.info

스카이 가든 SKY Garden

런던에서 가장 높은 곳에 있는 하늘 정원

MAPECODE 20120

런던에서 가장 높은 곳에 자리하여 런던의 360도 파노라마 뷰를 선보이는 스카이 가든은 총 3개의 층으로, 전망대, 바, 레스토랑, 야외 테라스 등이 자유스럽게 어우러져 있다. 스카이 가든의 정원은 조경 대회 수상 경력이 있는 조경 디자이너 '길레스피(Gillespies)' 팀이 맡아 가뭄에도 강한 지중해와 남아프리카 식물을 위주로 꾸몄고, 사방이 탁 트인 공간에서 런던의 전망을 내려다볼 수 있는 특별함 때문에 런던 여행에서 빼놓을 수 없는 명소가 되었다. 무료 입장이며, 입장객 수가 정해져 있기 때문에 홈페이지를 통해 사전 예약을 해야 한다. 예약 후 부여되는 바코드가 입장권이니 스마트폰에 저장하거나 출력해 가도록 한다. 바코드를 확인할 수 없으면 입장에 제한을 받을 수 있다. 예약은 매주 월요일에 일주일 단위로 오픈되므로 원하는 요일과 시간대에 안전하게 예약하고 싶다면 월요일에 예약하는 걸 추천한다. 바와 레스토랑 이용도 스카이 가든 홈페이지를 통해 예약해야 하며, 식사는 정해진 1시간 30분 안에 마쳐야 한다.

주소 20 Fenchurch St, London EC3M 8AF 전화 020 7337 2344 위치 지하철 Circle, District 라인 모뉴먼트(Monument) 역에서 도보 3분 버스 40번 Rood Lane에서 도보 1분 / 15번 Monument에서 도보 1분 시간 스카이 가든 월~금 10:00~18:00, 토~일 11:00~21:00 / 바&레스토랑 월~화 07:00~24:00, 수~금 07:00~01:00, 토 08:00~01:00, 일 08:00~24:00 홈페이지 skygarden.london

호스트 카페 Host Cafe

평일은 카페로 운영되는 교회 예배당

MAPECODE 20121

뱅크 역과 세인트 폴 대성당 사이에 있는 세인트 메리 알더메리 교회(St. Mary Aldermary) 예배당에 자리한 카페로 예배가 없는 평일 시간에 커피, 빵, 스프 등을 판매한다. 일상에 지친 사람들이 잠시 쉬어 갈 수 있는 차분한 느낌의 카페로, 일반 카페와는 조금 다른 특별한 느낌을 받을 수 있다. 와이파이를 이용할 수 있고, 화장실 사용도 가능하다.

주소 St. Mary Aldermary, Watling St, London EC4M 9BW 위치 지하철 Circle, District 라인 맨션 하우스(Mansion House) 역에서 도보 2분 버스 11, 15, 17, 26, 76, 521번 맨션 하우스(Mansion House)에서 도보 2분 시간 월~목 07:15~16:45, 금 07:15~16:30 휴무 토~일 홈페이지 www.moot.uk.net/host

런던 탑 Tower of London

런던 왕실의 역사를 그대로 담은 전쟁 박물관

MAPECODE 20122

현재 유네스코 세계 문화유산에 등록되어 있는 런던 탑은 영국 왕실의 역사가 고스란히 담겨 있는 곳이다. 1483년 13세 때 즉위한 에드워드 5세와 동생 리처드가 피의 타워에 유폐되었다가 리처드 3세에 의해 암살된 뒤, 리처스 3세가 왕이 되었다. 1544년 레이디 제인 그레이(Lady Jane Grey)는 부모의 야심 때문에 여왕이 되었지만, 전 왕의 친자식인 메리(Mary)가 등극하자 반역 혐의를 받아 처형되었으며, 1536년 이혼 문제를 일으킨 헨리 8세가 비밀리에 결혼했던 두 번째 왕비 앤 불린(Anne Boleyn)이 간통죄로 처형된 장소가 바로 이곳이다. 현재 런던 탑은 전쟁 박물관으로 사용되고 있다. 중세의 모습을 그대로 갖춘 성의 모습과 이중 성벽 사이로 대포가 놓여 있으며 지하에는 전쟁 당시의 각종 무기도 볼 수 있다. 그와 반대로 왕실의 보물관에는 세상에서 가장 큰 530캐럿의 다이아몬드를 비롯해 왕관, 의복 등 영국 왕실의 화려함을 엿볼 수 있으며 하이라이트만 둘러보는 데도 약 1시간 정도 소요된다.

주소 City of London, Greater London, EC3N 4 위치 지하철 Circle, District 라인 타워 힐(Tower Hill) 역에서 도보 1~2분 버스 15, 100, N15, RV1번 시간 10~3월 (화~토) 09:00~17:30, (일~월) 10:00~17:30 / 11~2월 (화~토) 09:00~16:30, (일~월) 10:00~16:30 휴무 12월 24~26일, 1월 1일 요금 성인 £26.80, 할인 £20.90, 어린이(5~15세) £12.75 / 온라인 구매 시 할인 요금 적용 홈페이지 www.hrp.org.uk

런던 탑의 내부 구조

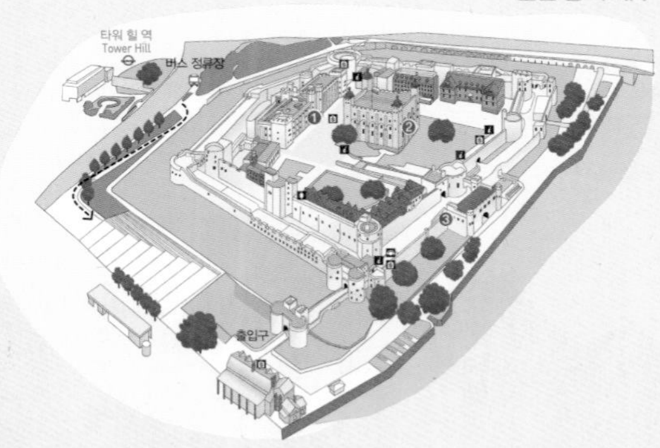

1 **왕실의 보물** Crown Jewels
대관식이나 공식 행사에 사용했던 왕관, 홀, 검 등 값을 매길 수 없을 정도로 값비싼 보물이 전시되어 있다. 대부분의 왕실 보물은 1661년 거행된 찰스 2세의 대관식을 위해 새로 제작된 것들이다.

2 **화이트 타워** White Tower
런던 타워에서 가장 오래된 건물로, 수십 년 동안 병기고로 쓰였으며 무기와 갑옷류의 상당 부분이 이곳에 보관되고 있다.

3 **중세의 궁전** Medival Palace
1220년 헨리 3세가 짓고 아들 에드워드 1세가 증축한 곳으로 벽면의 색채가 아름답고 내부의 가구도 볼만하다.

길드홀 Guildhall

중세부터 시티 지역을 이끌어 온 곳

MAPECODE 20123

길드(Guild) 본부 건물인 길드홀은 1411년에 세워졌는데 런던 대화재와 제2차 세계 대전 당시 피해를 입은 후 현재처럼 다른 건물들 사이에 끼워진 형태로 남게 되었다. 로드 메이어의 만찬회나 연주회가 개최되기도 하는 그레이트 홀은 중세 분위기를 간직하고 있는데, 시티 지역의 시장이 맨션 하우스를 짓기 전에는 이곳 길드홀에서 집무를 봤을 정도로 시티의 국회의사당이라고 불리며 중세부터 현재까지 시티를 이끌고 있는 곳이다.

주소 Guildhall House, Gresham St, Barbican, Greater London, EC2P 2EJ 위치 지하철 Circle, Hammersmith, Metropolitan, Northern 라인 무어게이트(Moorgate) 역에서 도보 3분 / Central, Northern, Waterloo & City, DLR 라인 뱅크(Bank) 역에서 도보 3분 / Central 라인 세인트 폴(St. Paul's) 역에서 도보 3분 버스 8, 21, 25, 43, 76, 141, 242, 100, 388, N8번 시간 09:30~17:00 휴무 연중무휴 요금 무료

베스널 그린 박물관 Bethnal Green Museum

아이들을 위한 장난감 박물관

MAPECODE 20124

빅토리아 & 앨버트 박물관과 같은 계열인 베스널 그린 박물관은 어린이를 위한 장난감이 모여 있는 곳이다. 특히 영국 어린이들이 좋아하는 테디 베어 컬렉션은 물론, 바비 인형, 인형의 집, 레고 등 장난감의 수만 해도 어마어마하다. 또 인형과 장난감을 연도별로 전시하고 있어 어른들도 어릴 적 가지고 놀던 옛 장난감의 추억에 빠지게 된다. 물론 전시뿐만 아니라 직접 가지고 놀 수 있는 공간도 많이 마련되어 있다.

주소 Cambridge Heath Road, City of London, E2 9PA 전화 020 8983 5200 위치 지하철 Central 라인 베스널 그린(Bethnal Green) 역에서 도보 1분 시간 10:00~17:45 / 가끔 문 닫을 때가 있으니 홈페이지에서 확인할 것 휴무 12월 24~26일 요금 무료 홈페이지 www.vam.ac.uk/moc

타워 브리지 Tower Bridge

영국 산업 혁명의 표상이자, 런던의 상징인 다리

MAPECODE 20125

템스강은 19세기 영국에서 시작된 산업 혁명의 주요 무대여서 하루에 수백 척의 배가 템스강을 오갔다고 한다. 하지만 조수간만의 차가 6m 이상인데다 다리와 강 수면이 10cm 이상 차이가 나기 때문에 배들이 쉽게 통과하지 못했던 탓에 1894년 빅토리아 양식의 개폐식 다리인 타워 브리지가 완공되었다. 원래는 초콜릿 브라운 색상으로 칠했는데 1977년 붉은색과 흰색, 파란색으로 도색을 해 현재와 같아졌다고 한다. 총 길이가 250m, 다리 하나의 무게만 해도 1,000톤 가까이 되며 들어 올리는 데에 1분 30초 정도의 시간이 소요된다. 대형 선박이 지나갈 때에는 다리 중앙이 위로 올라가며 팔자 모양이 된다. 하지만 예전과 달리 현재는 다리가 올라가는 횟수가 일주일에 2번 정도로 줄어들었다.

주소 Tower Bridge Road, London, SE1 2UP 위치 지하철 Circle, District 라인 타워 힐(Tower Hill) 역에서 도보 2분 / DLR 라인 타워 게이트웨이(Tower Gateway) 역에서 도보 2분 버스 42, 78, 343, RV1번 홈페이지 www.towerbridge.org.uk

TIP

타워 브리지 전시장

타워 브리지 위에는 다리의 설계와 역사를 볼 수 있는 '타워 브리지 전시장'이 있다. 이곳에는 1976년까지 기중 장치의 동력원이었던 증기 기관의 사진과 다리 위에서 내려다본 강의 전경 사진 등이 있다. 온라인 구매 시 할인이 적용된다.

요금 성인 £9.80, 학생 £6.80, 어린이(5~15세) £4.20, 5세 이하 무료 / 인터넷으로 예약 시 할인 가능

잭 더 리퍼 박물관 Jack The Ripper Museum

잭 더 리퍼의 시대를 엿볼 수 있는 박물관

MAPECODE 20126

화이트 채플의 골목 안쪽에 새롭게 문을 연 잭 더 리퍼 박물관은 잭 더 리퍼에 관심 있는 사람들을 위해 세워진 곳이다. 잭 더 리퍼는 1888년대 런던을 공포에 휩싸이게 만든 희대의 살인마로, 아직 그 정체가 알려지지 않은 채 여전히 미스테리한 사건의 주인공이다. 이 박물관은 잭 더 리퍼 시대의 생활상과 당시 범죄 현장을 재현해 놓은 방, 그 시대의 경찰서와 영안실로 구성되어 있다. 무서운 곳은 아니기 때문에 공포스러운 분위기를 상상하며 찾는다면 실망할 수도 있지만, 평범한 공간일 것 같은 침실이 살인 공간이었다는 상상을 하거나 지하의 영안실에서 실제 부검 사진을 만날 때 공포를 느끼게 된다. 당시 범죄 현장에 놓여진 편지, 그 당시 신문 기사도 볼 수 있고, 경찰이 수사할 때 사용했던 다양한 소품을 만날 수 있다는 것으로도 충분히 흥미로운 곳이다.

주소 12 Cable Street, London E1 8JG 전화 020 7488 9811 위치 지하철 Circle, District 라인 타워 힐(Tower Hill) 역에서 도보 7분 시간 09:30~18:30 요금 £12(사전 예약 시 £10) 홈페이지 www.jacktherippermuseum.com

잭 더 리퍼 투어

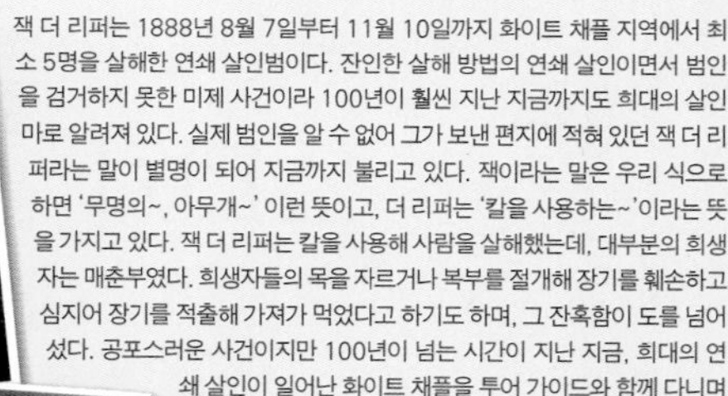

잭 더 리퍼는 1888년 8월 7일부터 11월 10일까지 화이트 채플 지역에서 최소 5명을 살해한 연쇄 살인범이다. 잔인한 살해 방법의 연쇄 살인이면서 범인을 검거하지 못한 미제 사건이라 100년이 훨씬 지난 지금까지도 희대의 살인마로 알려져 있다. 실제 범인을 알 수 없어 그가 보낸 편지에 적혀 있던 잭 더 리퍼라는 말이 별명이 되어 지금까지 불리고 있다. 잭이라는 말은 우리 식으로 하면 '무명의~, 아무개~' 이런 뜻이고, 더 리퍼는 '칼을 사용하는~'이라는 뜻을 가지고 있다. 잭 더 리퍼는 칼을 사용해 사람을 살해했는데, 대부분의 희생자는 매춘부였다. 희생자들의 목을 자르거나 복부를 절개해 장기를 훼손하고 심지어 장기를 적출해 가져가 먹었다고 하기도 하며, 그 잔혹함이 도를 넘어섰다. 공포스러운 사건이지만 100년이 넘는 시간이 지난 지금, 희대의 연쇄 살인이 일어난 화이트 채플을 투어 가이드와 함께 다니며 범행이 일어났던 곳이나 당시 이 지역의 시대 모습과 이스트 엔드 지역에 대한 설명, 런던의 역사 등을 들을 수 있는 '잭 더 리퍼 투어'가 있다. 투어는 주로 밤에 진행되며, 잭 더 리퍼가 활동했던 시기의 복장을 한 가이드가 이끄는 투어를 통해 런던의 뒷골목을 거닐며 색다른 경험을 할 수 있다.

투어 회사는 여러 곳이 있으며, 투어 시작도 타워힐 역이나 앨드게이트 이스트 역 등 여러 곳에서 출발하고 금액도 투어 회사에 따라 다르니 본인에게 맞는 투어를 선택하면 된다. 대표적인 투어 회사로는 '런던 웍스(London Walks)'가 있다. 런던 웍스의 잭 더 리퍼 투어는 매일(크리스마스 제외) 저녁 7시 반 타워힐 역에서 출발하며, 따로 예약할 필요 없이 투어 시간에 맞춰 타워힐 지하철역 부근 투어 출발지에 모여 있으면 투어 가이드가 투어의 시작을 알린다. 투어 비용은 10파운드로 투어 가이드에게 직접 현금으로 지불하면 된다.

쇼디치

Shoreditch

온 거리가 예술가들의 캔버스이자 아외 갤러리

낡고 지저분한 빈민가이자 슬럼가였던 이스트엔드 지역이 1990년대 초반 젊은 예술가들이 모여 변화를 시도한 것을 계기로 2012년부터 정부가 쇼디치의 개발에 함께 나서면서 현재는 런던의 새로운 핫플레이스로 떠오르고 있다. 옛 공장과 창고에 카페, 갤러리, 공방, 펍과 같은 트렌디한 공간이 생기고, 과거와 현재가 어우러지는 이색적인 분위기의 색다른 런던을 보여 주면서 이제는 세계적인 명소로 거듭나고 있다. 우리나라 젊은이들에게는 지드래곤의 '삐딱하게' 뮤직비디오 촬영지로 알려져 런던 여행의 필수 코스가 되고 있다. 특히 일요일에는 쇼디치 주변으로 유명한 여러 시장이 열리기 때문에 현지인과 관광객들이 모여들어 더 활기가 넘치니 쇼디치의 매력을 완벽하게 느끼고 싶다면 일요일 방문을 추천한다. 쇼디치에서 가장 번화한 '브릭 레인 스트리트(Brick Lane Street)'와 아트 스트리트로 불리는 '핸버리 스트리트(Hanbury Street)' 주변은 꼭 들러 보자.

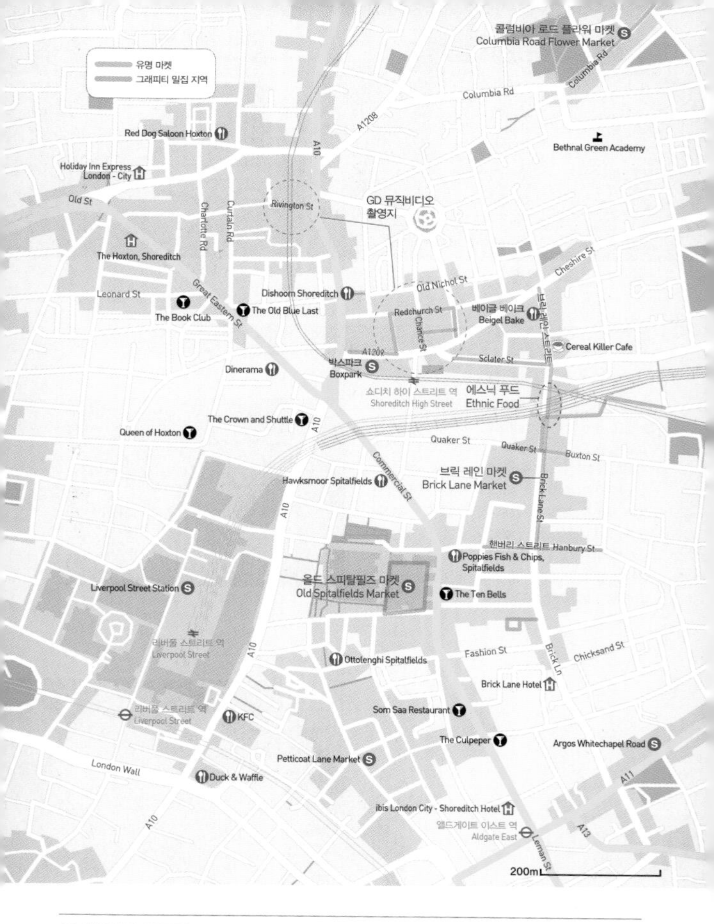

이동 방법 지하철 ❶ District, Hammersmith & City 라인 앨드게이트 이스트(Aldgate East)에서 하차, 브릭 레인 스트리트까지 도보 2분 ❷ Central, Circle, Hammersmith & City, Metropolitan 라인 리버풀 스트리트(Liverpool Street)에서 하차, 브릭 레인 스트리트까지 도보 13분 ❸ 오버그라운드 쇼디치 하이 스트리트(Shoreditch High Street)에서 하차, 브릭 레인 스트리트까지 도보 5분

그래피티 Graffiti

거리 곳곳이 예술가들의 캔버스

MAPECODE 20127

쇼디치가 런던에서도 트렌디한 장소로 발전할 수 있었던 이유 중 하나가 바로 건물 외벽에 정교하게 그려 놓은 그래피티 때문이다. 세계적으로 유명한 그래피티 작가인 Banksy, Stik, Phlegm의 작품을 제외하면 쇼디치의 그래피티 작품은 두 달에 한 번씩 새롭게 그려지는 경우가 많은 만큼 쇼디치는 온 거리가 예술가들의 캔버스이자 이곳을 찾는 사람들에게는 무료 야외 갤러리가 된다. 참고로 지드래곤의 뮤직비디오에 나온 그래피티 중 몇 곳은 이미 다른 그래피티로 바뀌었다.

시장 Market

활기찬 일요일의 쇼디치

MAPECODE 20128 20129 20130

매주 일요일이 되면 쇼디치 곳곳에서 시장이 열린다. 작은 화분에서부터 절화까지 다양한 꽃을 판매하는 콜롬비아 로드 플라워 시장, 쇼디치의 대표적인 스트리트인 브릭 레인 스트리트의 벼룩시장, 다양한 나라의 음식을 맛볼 수 있는 에스닉 푸드 시장, 빈티지한 패션 잡화를 판매하는 올드 스피탈필즈 시장 등 일요일의 쇼디치는 아침부터 저녁까지 볼 것이 다양하고 흥미롭다. 가장 먼저 문을 닫는 콜롬비아 로드 플라워 시장을 시작으로 브릭 레인 스트리트 시장, 에스닉 푸드 시장, 올드 스피탈필즈 시장을 순서대로 방문하는 동선을 추천한다. 올드 스피탈필즈 시장은 일요일뿐만 아니라 매일 열리기 때문에 평일에도 방문이 가능하다.

콜롬비아 로드 플라워 시장

주소 Columbia Rd., London E2 7RG **시간** 매주 일요일 08:00~13:00 **홈페이지** www.columbiaroad.info/flowermarket

올드 스피탈필즈 시장

주소 1 Market St, London E1 6AJ **시간** 월~금 10:00~17:00, 토 11:00~17:00, 일 09:00~17:00 **홈페이지** www.spitalfields.co.uk/spitalfields-arts-market

브릭 레인 스트리트 시장 & 에스닉 푸드 시장

주소 Brick Lane, London E1 6QR **시간** 매주 일요일 09:00~17:00 **홈페이지** www.bricklanemarket.com

서더크

Southwark

템스강 남쪽에 위치한 문화의 거리

런던의 템스강 남쪽에 자리 잡은 서더크 지역은 사우스워크라고도 하며 과거에는 향락 산업이 유명했던 곳이다. 지금은 강 근처라는 지역의 특성과 함께 현대 미술관인 테이트 모던이 들어서 있는 한편, 템스 강변에서 유명하고 아름다운 밀레니엄 브리지가 있어 런던 여행에서 빠트리면 안 될 중요한 관광지가 되었다. 클링크 감옥 박물관처럼 특색 있는 박물관과 선술집이 많아 놀 거리도 풍부한 편이며 유서 깊은 서더크 대성당을 중심으로 관광지가 형성되어 있다.

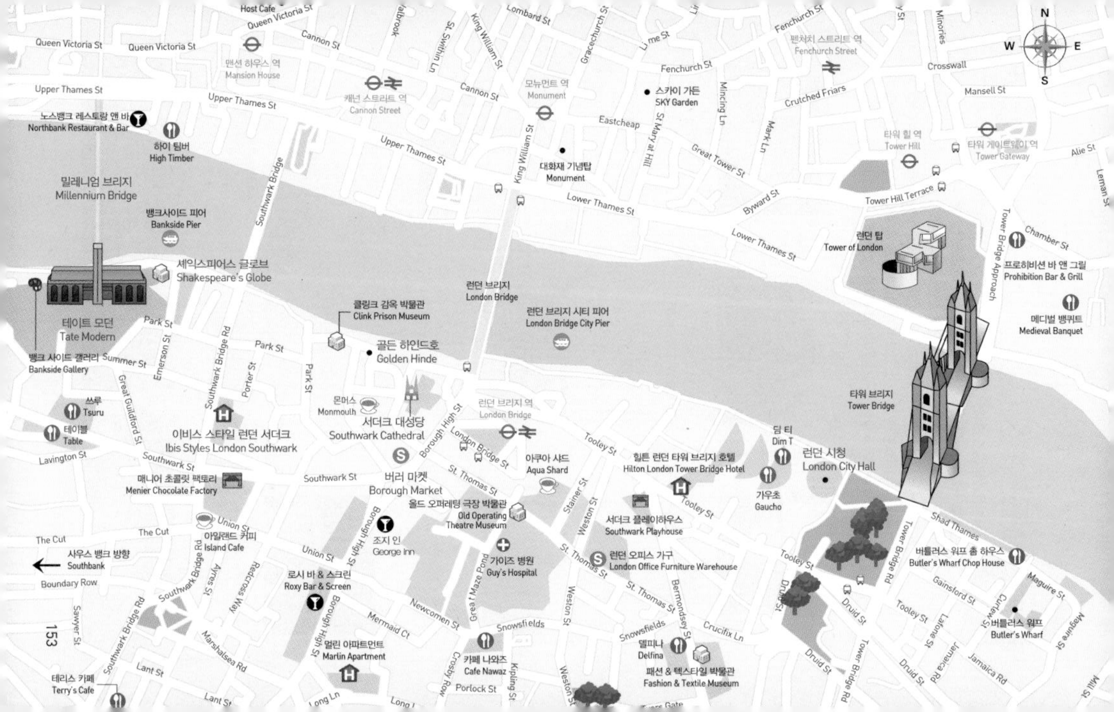
N
W
E
S
노스뱅크 레스토랑 앤 바
Northbank Restaurant & Bar
하이 팀버
High Timber
밀레니엄 브리지
Millennium Bridge
뱅크사이드 피어
Bankside Pier
셰익스피어스 글로브
Shakespeare's Globe
테이트 모던
Tate Modern
뱅크 사이드 갤러리
Bankside Gallery
쓰루
Tsuru
테이블
Table
이비스 스타일 런던 서더크
Ibis Styles London Southwark
매니어 초콜릿 팩토리
Menier Chocolate Factory
아일랜드 카페
Island Cafe
사우스 뱅크 방향
Southbank
테리스 카페
Terry's Cafe
맨션 하우스 역
Mansion House
캐넌 스트리트 역
Cannon Street
모뉴먼트 역
Monument
대화재 기념탑
Monument
스카이 가든
SKY Garden
펜처치 스트리트 역
Fenchurch Street
타워 힐 역
Tower Hill
타워 게이트웨이 역
Tower Gateway
런던 탑
Tower of London
프로히비션 바 앤 그릴
Prohibition Bar & Grill
메디벌 뱅퀴트
Medieval Banquet
타워 브리지
Tower Bridge
런던 브리지
London Bridge
런던 브리지 시티 피어
London Bridge City Pier
클링크 감옥 박물관
Clink Prison Museum
골든 하인드호
Golden Hinde
몬머스
Monmouth
서더크 대성당
Southwark Cathedral
버러 마켓
Borough Market
런던 브리지 역
London Bridge
아쿠아 샤드
Aqua Shard
올드 오퍼레팅 극장 박물관
Old Operating Theatre Museum
조지 인
George Inn
가이즈 병원
Guy's Hospital
로시 바 & 스크린
Roxy Bar & Screen
멀린 아파트먼트
Marlin Apartment
카페 나와즈
Cafe Nawaz
서더크 플레이하우스
Southwark Playhouse
런던 오피스 가구
London Office Furniture Warehouse
힐튼 런던 타워 브리지 호텔
Hilton London Tower Bridge Hotel
딤 티
Dim T
가우초
Gaucho
런던 시청
London City Hall
델피나
Delfina
패션 & 텍스타일 박물관
Fashion & Textile Museum
버틀러스 워프 촙 하우스
Butler's Wharf Chop House
버틀러스 워프
Butler's Wharf
Host Cafe
Queen Victoria St
Cannon St
Upper Thames St
Southwark Bridge
King William St
Lombard St
Gracechurch St
Fenchurch St
Eastcheap
Lower Thames St
Great Tower St
Mincing Ln
Mark Ln
Crutched Friars
Byward St
Tower Hill Terrace
Tower Bridge Approach
Minories
Crosswall
Mansell St
Alie St
Leman St
Chamber St
Park St
Summer St
Emerson St
Southwark Bridge Rd
Porter St
Great Guildford St
Lavington St
Southwark St
Borough High St
London Bridge St
St. Thomas St
Tooley St
Stainer St
Weston St
Union St
The Cut
Boundary Row
Redcross Way
Ayres St
Sawyer St
Marshalsea Rd
Lant St
Mermaid Ct
Newcomen St
Great Maze Pond
Snowsfields
Crosby Row
Porlock St
Kipling St
Long Ln
Bermondsey St
Crucifix Ln
Druid St
Tower Bridge Rd
Shad Thames
Gainsford St
Lafone St
Jamaica Rd
Maguire St
Curlew St
Mill St

서더크 추천 코스

아름다운 템스강 근처에 위치한 이 지역은 과거 향락 산업과 함께 셰익스피어 같은 예술가들이 붐비던 극장 거리였다. 현재는 새롭게 정비된 다양한 어트랙션으로 여행 애호가들에게 가장 사랑받는 곳으로 변모했다. 템스강의 랜드마크인 테이트 모던과 밀레니엄 브리지를 비롯해 런더너의 생활상을 엿볼 수 있는 버러 마켓, 런던 시청이 이 지역에 위치하고 있으며 셰익스피어를 좋아하는 이에게는 서더크 대성당과 셰익스피어 글로브 극장 탐방도 빠질 수 없는 재미가 될 것이다.

런던 시청
미래적인 건축물로 유명한 시청

도보 10분

서더크 대성당
영국 최초의 고딕 양식 성당

도보 1~2분

버러 마켓
신선하고 맛 좋은 과일, 채소를 파는 재래시장

도보 2분

골든 하인드호
템스 강변 근처에 세워진 16세기 명실상부한 해적선의 복제품

도보 5분

셰익스피어스 글로브
셰익스피어의 4대 비극이 초연된 극장을 재현해 놓은 곳

도보 2분

테이트 모던
런던을 대표하는 현대 미술관

도보 1분

밀레니엄 브리지
2000년을 기리는 밀레니엄 프로젝트 중 하나로 세워진 다리

런던 시청 London City Hall

미래적인 건축물로 유명한 시청

MAPECODE 20201

타워 브리지 남단에 있는 런던 시청은 2002년에 완공된 현대식 돔으로, 멀리서도 눈에 띌 정도로 독특하다. 고풍스러움이 느껴지는 런던 고유의 느낌과 달리 시청 건물은 현대식이라 더욱 시선을 압도한다. 에너지 절약형의 친환경 건축물로 지어져 과거 도시의 모습과 미래 도시의 모습이 절묘하게 조화되는 느낌이 든다. 건물 전체가 유리로 이루어진 돔 형식이라 일명 '유리 달걀'이라고도 불린다. 타워 브리지, 런던 탑과 더불어 아름다운 미관을 뽐내고 있다.

주소 Potters Fields, Camberwell, Greater London, SE1 2 전화 020 7983 4100 위치 지하철 Jubilee, Northern 라인 런던 브리지(London Bridge) 역에서 도보 2분 버스 42, 47, 78, 343, 381, N199, N381, RV1번 시간 월~목 08:30~18:00, 금 08:30~17:30 홈페이지 www.london.gov.uk

버러 마켓 Borough Market

신선하고 맛 좋은 과일, 채소를 파는 재래시장

MAPECODE 20202

버러 마켓은 런던에서 가장 오래된 시장이자, 세계적인 규모의 재래시장으로 중세부터 과일과 채소만을 도매하는 것으로 유명하다. 지금은 신선한 채소, 과일뿐 아니라 다양한 품목으로 확대되고 있다. 주로 도매 시장은 주중에 열리지만, 소매 시장은 목~토요일에만 이용할 수 있다. 뿐만 아니라 영국과 유럽에서 생산된 질 좋은 식료품까지 판매하고 있어서 런더너들에게 사랑을 듬뿍 받고 있다.

주소 8 Southwark Street, London, SE1 1TL 전화 020 7407 1002 위치 지하철 Jubilee, Northern 라인 런던 브리지(London Bridge) 역에서 도보 3분 버스 21, 35, 40, 133, 343, 381, N21, N133, N343. N381, RV1번 시간 월~목 10:00~17:00, 금 10:00~18:00, 토 08:00~17:00 휴무 일요일 홈페이지 www.boroughmarket.org.uk

서더크 대성당 Southwark Cathedral

영국 최초의 고딕 양식 대성당

MAPECODE 20203

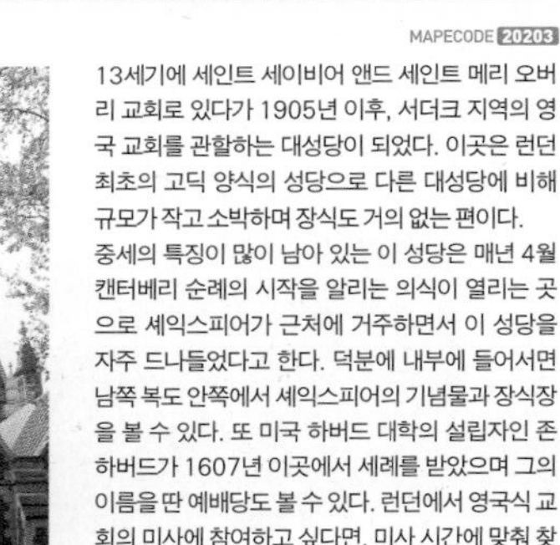

13세기에 세인트 세이비어 앤드 세인트 메리 오버리 교회로 있다가 1905년 이후, 서더크 지역의 영국 교회를 관할하는 대성당이 되었다. 이곳은 런던 최초의 고딕 양식의 성당으로 다른 대성당에 비해 규모가 작고 소박하며 장식도 거의 없는 편이다. 중세의 특징이 많이 남아 있는 이 성당은 매년 4월 캔터베리 순례의 시작을 알리는 의식이 열리는 곳으로 셰익스피어가 근처에 거주하면서 이 성당을 자주 드나들었다고 한다. 덕분에 내부에 들어서면 남쪽 복도 안쪽에서 셰익스피어의 기념물과 장식장을 볼 수 있다. 또 미국 하버드 대학의 설립자인 존 하버드가 1607년 이곳에서 세례를 받았으며 그의 이름을 딴 예배당도 볼 수 있다. 런던에서 영국식 교회의 미사에 참여하고 싶다면, 미사 시간에 맞춰 찾아가 보는 것도 좋다.

주소 Chapter House, Montague Close, City of London, Greater London, SE1 9DA 전화 020 7367 6700 위치 **지하철** Jubilee, Northern 라인 런던 브리지(London Bridge) 역에서 도보 3분 **버스** 17, 21, 35, 40, 43, 47, 48, 133, 141, 149, 344, N21, N133번 시간 10:00~18:00 요금 사진 £2, 비디오 £5 홈페이지 cathedral.southwark.anglican.org

셰익스피어스 글로브 Shakespeare's Globe

셰익스피어의 4대 비극이 초연된 극장을 재현해 놓은 곳

MAPECODE **20204**

지붕이 없고 둥글다는 뜻의 '우든 오'라고 불린 이 중세풍 극장은 셰익스피어의 첫 작품이 공연된 엘리자베스 극장을 재건한 곳이다. 1599년 만들어질 당시 셰익스피어 극장에는 3,000여 명의 관중이 입장할 수 있었으며 지붕이 없어서 밤하늘이 천장과 같은 역할을 대신하기도 했다. 1613년 극 중 사용된 대포의 불꽃으로 화재가 발생해 극장이 소실된 뒤 다시 지어졌지만, 청교도들의 압력으로 폐쇄되고 말았다.

1997년 재건할 때에는 본래의 극장이 있던 자리는 아니지만 최대한 예전 모습을 살리려고 애썼는데, 중세 그대로 나사와 못은 사용하지 않고 회반죽을 이용하는 등 최대한 이전 모습을 재현하려고 한 노력이 엿보인다. 지붕이 없기 때문에 여름에만 공연이 가능하다. 물론 공연이 없을 때에는 셰익스피어 극장을 가이드 투어와 함께 관람할 수 있다. 극장 아래층의 전시관에서는 셰익스피어 작품의 다양한 면모를 보여 주고 있어 셰익스피어를 사랑하는 사람들이라면 들러 보기를 권한다.

주소 21 New Globe Walk, City of London, Greater London, SE1 9DT 전화 020 7902 1400 위치 지하철 Circle, District 라인 맨션 하우스(Mansion House) 역에서 도보 10분 / Jubilee, Northern 라인 런던 브리지(London Bridge) 역에서 도보 10분 버스 344번 시간 전시 09:00~17:00 / 투어 월 09:30~17:00, 화~토 09:30~12:30, 일 09:30~11:30 요금 (전시장 + 글로브 극장 투어) 성인 £17, 청소년 £13.50, 어린이 £10, 가족(어른 2인 + 아이 3인) £46 홈페이지 www.shakespearesglobe.com

밀레니엄 브리지 Millennium Bridge

밀레니엄을 기념하기 위해 세워진 템스강 다리

MAPECODE **20205**

2000년을 기리는 밀레니엄 프로젝트 중 하나로 만들어진 밀레니엄 브리지는 1998년에 공사가 시작되어 2000년 6월 10일 문을 열었다. 하지만 흔들림이 심한 다리 때문에 이틀 만에 사용이 중단되었다가 2002년부터 본격적으로 사용하게 되었다. 보행자 전용 다리로 철근과 알루미늄으로 된 밀레니엄 브리지는 세인트 폴 대성당에서 테이트 모던으로 향하는 길목에 있기 때문에, 여행 중에는 이 다리를 잊지 말고 지나가 보자. 특히 테이트 모던 내의 전망대에서 템스강을 바라보면 세인트 폴 대성당과 밀레니엄 브리지가 어우러져 아름답고 낭만적인 모습을 자아낸다.

위치 지하철 Circle, District 라인 맨션 하우스(Mansion House)에서 도보 2~3분 버스 388번

테이트 모던 Tate Modern

MAPECODE 20206

런던을 대표하는 현대 미술관

테이트 모던은 밀레니엄 브리지와 함께 밀레니엄 프로젝트의 일환으로 2000년 5월에 개관한 현대 미술관이다. 테이트 브리튼(Tate Britain), 테이트 리버풀(Tate Liverpool), 테이트 세인트 이브(Tate St.Ives), 테이트 온라인(Tate Online)과 함께 테이트 그룹의 미술관 중 하나다. 보이는 외관 느낌처럼 원래 이곳은 화력 발전소인 뱅크 사이드 발전소로 사용되었던 곳이었는데 공해 문제로 공장이 이전하고, 1981년 문을 닫은 상태였다. 이때 건축가 헤르조그와 드 뫼론(Herzog & De Meuron)이 미술관으로 멋지게 개조시켜 테이트 모던이라는 현대 미술관으로 재탄생시켰다.

건물 한가운데에는 원래 발전소용으로 사용하던 높이 99m의 굴뚝이 그대로 있으며 밤이면 등대처럼 빛을 내도록 개조하였는데, 오늘날 테이트 모던의 상징이 되었다. 물론 기계적인 공장 외관과 달리 내부로 들어서면 심플하고 깔끔한 분위기다. 미술관은 총 7층으로 이루어져 있는데 역사, 신체, 풍경, 정물의 4가지 주제에 맞게 전시하고 있으며 주로 20세기의 화가들의 작품을 전시하고 있다. 우리에게도 친숙한 마티스(Matisse), 피카소(Picasso), 자코 메티(Alberto Giacometti), 이브 클라인(Yves Klein) 등의 작품을 만날 수 있다. 이 밖에도 전망대에서 바라보는 런던의 전경은 밀레니엄 브리지와 세인트 폴 대성당과 함께 멋진 템스강을 내려다볼 수 있어서 인기가 많다.

주소 Bankside, London, SE1 전화 020 7887 8888 위치 지하철 Jubilee 라인 서더크(Southwark) 역에서 도보 7분 / Circle, District 라인 맨션 하우스(Mansion House) 역에서 도보 10분 / Central 라인 세인트 폴(St. Paul's) 역에서 도보 10분 버스 381, N343, N381, RV1번 시간 일~목 10:00~18:00, 금~토 10:00~22:00 휴무 12월 24~26일 요금 무료 홈페이지 www.tate.org.uk/modern

박물관 관람 순서

3층 Material Gesture와 Poetry & Dream관 ➡ 주로 특별 전시를 하는 공간과 작은 카페와 전망대가 있는 4층에 올라 전망대에서 런던 템스강의 모습을 감상하기 ➡ 5층 Energy & Process와 States of Fluxus관 둘러보기.

3F

크게 1940~50년의 유럽과 미국 회화와 조각들을 전시하는 Material Gesture와 초현실주의 작품들을 전시하는 Poetry and Dream 두 전시실로 나뉜다.

Material Gesture

Room 1 Ishi's Light

영국의 대표적인 작가인 애니쉬 카푸르(Anish Kapoor)의 〈Ishi's Light〉라는 달걀처럼 생긴 작품이 전시되어 있는데, 'Ishi'라는 말은 애니쉬 카푸르의 아들의 이름인 'Ishan'에서 가져온 것이다. 달걀 모양의 곡선에 빛이 반사되는 것이 묘한 매력이 있는 작품으로 내부는 붉은색으로 표현하고 있다.

Room 7 Water-Lilies

클로드 모네(Claude Monet)의 〈수련, Water-Lilies〉을 만날 수 있다. 수련은 모네가 지베르니 정원의 모습을 그린 것으로, 특히 물 표면에 빛의 변화가 아름답기로 유명하다.

Room 5 The Snail, Message from a Friend

The Snail

Message from a Friend

앙리 마티스(Henri Matisse)의 달팽이 단편으로 알려진 마지막 시리즈이자, 최대 규모의 〈달팽이, The Snail〉를 만날 수 있다. 그림은 달팽이의 껍질에서 영감을 받았다고 한다. 또한 미로(Joan Miro)의 〈메시지, Message from a Friend〉라는 작품도 이곳에서 볼 수 있다. 작가인 미로는 자신의 작품에 시적 효과를 더하기 위해선 모호함이 필수라고 생각했는데, 그런 그의 주관이 고스란히 담긴 그림이라 할 수 있다.

Poetry & Dream

Room 2 Dora Maar Seated, 3 February 1970 IV, Forgotten Horizon

피카소(Pablo Picasso)의 〈앉아 있는 도라, Dora Maar Seated〉라는 작품으로 1938년에 완성된 이 그림은 도라가 포토그래퍼가 되기 전의 모습을 담은 것이다. 참고로 도라는 1930년대 피카소의 중요한 모델이었는데 무릎 위에 손을 얹고 있는 그녀의 모습에서 독립적인 프랑스 여성의 모습을 엿볼 수 있다. 또한 피카소의 〈3 February 1970 IV〉 작품은 극장에서 매춘하는 모습 등 육체의 쾌락을 그림으로 담고 있다.
살바도르 달리(Salvador Dali)의 〈잊혀진 호라이즌, Forgotten Horizon〉은 달리의 유년기 추억을 그린 것으로 그의 사촌의 모습을 담고 있다. 달리는 종종 어린 시절의 모습을 그림으로 그리곤 했다.

3 February 1970 IV

Dora Maar Seated

Forgotten Horizon

Study for Portrait on Folding Bed

Room 5 Study for Portrait on Folding Bed

피카소의 1970~72년까지 시리즈로 묘사해 본 다양한 작품들과 프랑시스 베이컨(Francis Bacon)의 작품들이 전시된 곳. 〈접는 침대 위의 인물에 대한 공부, Study for Portrait on Folding Bed〉라는 이 그림은 시신을 묘사한 것으로 페인트를 뿌려 놓은 것은 시신의 혈액을 연상시킨다.

5F

5층은 변화와 자연의 힘에 관심을 보인 예술가들의 작품을 전시한 Energy & Process와 큐비즘과 같은 20세기 초반의 활동을 보여 주는 States of Fluxus로 나뉜다.

Energy & Process

Room 8 Panorama Dutch Mountain

네덜란드의 풍경 작가로 유명한 얀 디베츠(Jan Dibbets), 케이스 아넷(Keith Arnatt), 로버트 스미슨(Robert Smithson), 영국의 전위 미술가 리처드 롱(Richard Long) 등 유명한 작가들의 사진을 만날 수 있다.

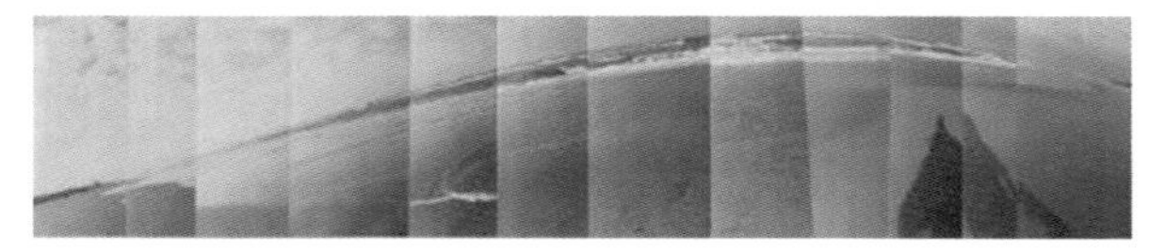

States of Fluxus

Room 2 Bottle & Fiches

큐비즘(입체파) 작가인 피카소와 주르주 브라크(Georges Braque)의 작품들이 전시되어 있다. 조르주 브라크는 피카소와 함께 입체파를 창시하고 발전시킨 화가로, 주요 작품으로는 〈물병과 물고기, Bottle & Fiches〉 등이 있다.

물병과 물고기

Room 5 Fall

로댕의 작품 〈키스〉는 에로티시즘과 이상주의를 섞어 놓은 작품으로, 성적인 사랑의 이미지를 느끼게 한다. 단테의 신곡에 나오는 파올로와 프란체스카의 이야기에서 영감을 받았으며, 프란체스카는 젊은 파올로와 사랑에 빠져 격렬한 키스를 한 후 남편에게 죽임을 당했다.

키스

골든 하인드호 Golden Hinde

영국 해적선의 실제 복제품

MAPECODE 20207

템스 강변 근처에 세워져 있는 골든 하인드호는 16세기 당시 뛰어난 선장 중 한 명인 프란시스 드레이크(Francis Drake)가 지휘하던 배를 실제 크기로 복원한 것이다. 실제 골든 하인드호는 정부에서 공인받은 해적선이었다. 골든 하인드호가 약탈한 엄청난 양의 보물은 영국 여왕과 후원자, 선원들까지 큰 이익을 거두게 했고 그 덕분에 드레이크는 기사 작위를 하사받으며 드레이크 경이라고 불리게 되었다. 현재 전시되어 있는 복제품은 1973년에 완성되었는데 내부에는 엘리자베스 시대의 의상과 장식품 등을 전시하고 있으며 각종 행사에 이용되기도 한다.

주소 Pickfords Wharf, Clink Street, London SE1 9DGBankside, London, SE1 전화 020 7403 0123 위치 지하철 Jubilee, Northern 라인 런던 브리지(London Bridge) 역에서 도보 4분 시간 11~3월 10:00~17:00, 4~10월 10:00~18:00 / 행사가 있을 경우 입장이 제한될 수 있음 요금 £5, 가족(4인) £15 홈페이지 www.goldenhinde.co.uk

해적선, 골든 하인드호

엘리자베스 1세가 막 취임한 당시, 스페인과 포르투갈이 대서양을 독점하고 있었다. 25세의 어린 나이에 여왕이 된 엘리자베스는 그것이 마땅치 않아서 겉으로는 아닌 척하면서도 1570년부터 남몰래 스페인 배를 덮쳐도 된다는 특허장을 발부하기 시작했다. 그렇게 1577년 출항된 배가 바로 골든 하인드호이다. 마젤란의 항로를 따라 세계 일주 항해를 떠난 골든 하인드호는 여왕의 든든한 지원을 받았음에도 불구하고 처음부터 순탄치 않았다.

도버해협에서 폭풍을 만나기도 했으며 선원들은 배가 지브롤터를 통과해서야 겨우 알렉산드리아로 향하는 배가 아닌 것을 알고 분노하기도 했는데, 얻게 될 보물을 선원에게도 분배한다고 하며 분노를 진정시켰고, 또 모든 선원들에게 포도주와 화주를 매일 나눠주며 좋은 분위기를 이어갔다. 그렇지만 항해를 떠난 5척의 함대 중 보급선 두 척은 본국으로 귀환하고 한 척은 도주, 남은 한 척은 폭풍으로 침몰하는 등 결국 골든 하인드호 단독으로 칠레와 페루, 파나마 해안을 따라 항해하게 되었다. 무엇보다 뛰어난 지도력의 드레이크 선장 덕분에 에스파냐의 여러 식민지 도시와 보물선을 약탈하게 되었는데, 이 때문에 에스파냐의 동태평양 무역이 완전히 마비되기도 했다. 특히나 샌프란시스코에서 공략했던 카카페호의 스페인 항해자들로부터 그동안 비밀로 지켜오던 '태평양 횡단 항로'를 얻었으며 이 해도에 의지해 세계 일주를 마칠 수 있었다. 그렇게 화물선을 금은보석으로 가득 채운 골든 하인드호는 1579년 11월 몰루카 제도에 도착해 인도에 한 번 기항한 뒤, 1580년 9월 26일 3년 만에 영국 플리머스에 무사 귀환하게 되었다.

놀랍게도 골든 하인드호에 탑승했던 선원 40명, 장교와 부사관 20명, 화가 1명, 현악 4중주단 중 4명을 제외하고는 모두 살아서 돌아왔다. 더불어 세계 일주에 성공한 골든 하인드호가 가져온 보물은 현재 시가로 1억 유로 정도였으며, 그중 절반은 엘리자베스 여왕의 몫이 되었고 50만 유로 어치는 선원들에게, 나머지는 드레이크와 후원자들에게 분배되었다. 또한 1581년 4월 4일 드레이크는 골든 하인드호 선상에서 여왕에게 기사 작위를 수여받는 영광을 안기도 했다.
영국의 이런 행동에 노한 스페인의 필리페 2세 왕은 영국 해군을 무찌르기 위해 스페인 무적함대를 출항시키기로 결심하지만 드레이크의 선제공격에 당하고 만다. 이듬해 7월 다시 영국에 침입했지만 영국군에게 대파되는 등 당시 바다를 지배하던 스페인의 세력은 급격히 몰락하고 말았으며 이때부터 영국이 바다의 새로운 주인으로 급부상하기 시작했다.

Southbank

아름다운 런던의 야경이 돋보이는 관광지

사우스 뱅크는 낮보다 밤이 더 아름다워서 저녁에는 늘 사람들로 붐빈다. 갤러리는 물론 콘서트홀, 아쿠아리움 등 각종 문화 시설이 많이 모여 있으며 아름다운 야경을 자랑하는 주빌리 브리지를 비롯해 런던 최고의 프러포즈 장소로 손꼽히는 런던 아이 등 런던을 대표하는 관광 중심지로 자리매김하고 있다. 특별히 밤이 더욱 아름다운 이곳은 템스강 너머로 고풍스러운 런던의 모습을 바라볼 수 있어서 런더너들의 단골 데이트 장소로 유명하다.

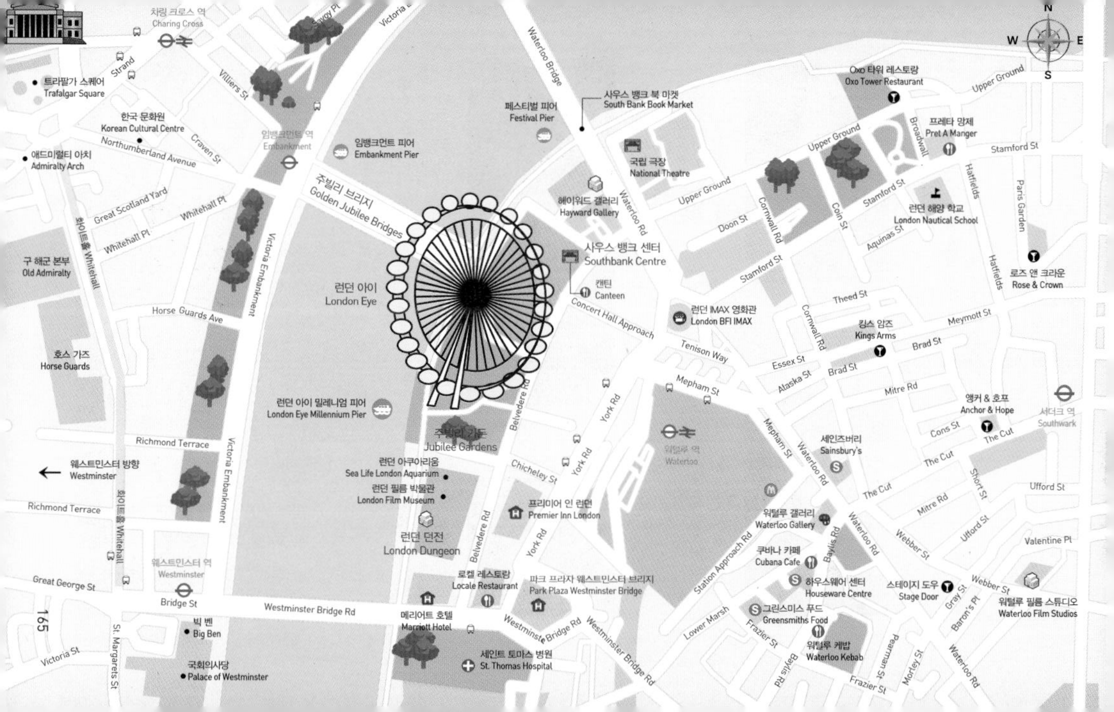

차링 크로스 역
Charing Cross
Strand
트라팔가 스퀘어
Trafalgar Square
Villiers St
한국 문화원
Korean Cultural Centre
Northumberland Avenue
Craven St
애드미럴티 아치
Admiralty Arch
임뱅크먼트 역
Embankment
임뱅크먼트 피어
Embankment Pier
Great Scotland Yard
Whitehall Pl
화이트홀 Whitehall
구 해군 본부
Old Admiralty
Victoria Embankment
Horse Guards Ave
호스 가즈
Horse Guards
Richmond Terrace
웨스트민스터 방향
Westminster
웨스트민스터 역
Westminster
Great George St
Bridge St
St. Margarets St
Victoria St
빅 벤
Big Ben
국회의사당
Palace of Westminster
Westminster Bridge Rd
주빌리 브리지
Golden Jubilee Bridges
런던 아이
London Eye
런던 아이 밀레니엄 피어
London Eye Millennium Pier
주빌리 가든
Jubilee Gardens
런던 아쿠아리움
Sea Life London Aquarium
런던 필름 박물관
London Film Museum
런던 던전
London Dungeon
메리어트 호텔
Marriott Hotel
세인트 토마스 병원
St. Thomas Hospital
로켈 레스토랑
Locale Restaurant
Belvedere Rd
Waterloo Bridge
페스티벌 피어
Festival Pier
사우스 뱅크 북 마켓
South Bank Book Market
헤이워드 갤러리
Hayward Gallery
Waterloo Rd
국립 극장
National Theatre
사우스 뱅크 센터
Southbank Centre
캔틴
Canteen
Concert Hall Approach
York Rd
Chicheley St
프리미어 인 런던
Premier Inn London
파크 프라자 웨스트민스터 브리지
Park Plaza Westminster Bridge
Westminster Bridge Rd
Upper Ground
Doon St
Stamford St
런던 IMAX 영화관
London BFI IMAX
Tenison Way
Mepham St
워털루 역
Waterloo
Station Approach Rd
Lower Marsh
Cornwall Rd
Coin St
Theed St
Essex St
Alaska St
Brad St
킹스 암즈
Kings Arms
Mitre Rd
Meymott St
Oxo 타워 레스토랑
Oxo Tower Restaurant
Broadwall
프레타 망제
Pret A Manger
Aquinas St
런던 해양 학교
London Nautical School
Hatfields
Paris Garden
로즈 앤 크라운
Rose & Crown
앵커 & 호프
Anchor & Hope
Cons St
The Cut
서더크 역
Southwark
세인즈버리
Sainsbury's
Short St
Ufford St
워털루 갤러리
Waterloo Gallery
쿠바나 카페
Cubana Cafe
Baylis Rd
하우스웨어 센터
Houseware Centre
그린스미스 푸드
Greensmiths Food
워털루 케밥
Waterloo Kebab
Frazier St
Pearman St
Morley St
Webber St
스테이지 도우
Stage Door
Gray St
Baron's Pl
Valentine Pl
워털루 필름 스튜디오
Waterloo Film Studios
N
W
E
S

사우스 뱅크 추천 코스

이곳은 아름다운 야경을 자랑하는 런던 아이와 주빌리 브리지, 주빌리 가든 등 런던 최고의 로맨틱 장소로 유명하다. 또 레스토랑과 카페, 공연장이 모여 있어 문화생활을 즐기기에 더없이 좋은 지역이다.

주빌리 브리지
사람만 건널 수 있는 철로 된 다리

도보 1분

사우스 뱅크 센터
런던에서 가장 아름다운 현대 건물로, 각종 공연이 열리는 곳

도보 1~2분

주빌리 가든
엘리자베스 여왕의 25년제를 기념하기 위해 만든 공원

도보 1분

런던 아이
세계에서 가장 큰 대관람차로 런던의 대표적인 상징물

도보 1분

런던 던전
영국 역사상 가장 끔찍한 사건을 재구성한 호러 박물관

사우스 뱅크 센터 South Bank Centre

런던에서 가장 아름다운 현대 건물로, 각종 공연이 열리는 곳

MAPECODE 20208

로열 페스티벌 홀, 헤이워드 갤러리, 퀸 엘리자베스 홀, 퍼셀 룸 등 다양한 시설이 들어서 있는 센터로 클래식 공연, 발레, 모던 댄스, 재즈 등의 공연이 일 년 내내 열린다. 특히 이 건물은 런던에서 가장 현대적인 건물로 템스강과 어우러진 아름다운 모습과 멋진 야경 덕분에 공연이 아니더라도 많은 사람들이 이곳을 찾는다.

주소 Belvedere Road, London, SE1 8XX 전화 0844 875 0073 위치 지하철 Bakerloo, Jubilee, Northern, Waterloo & City 라인 워털루(Waterloo) 역에서 도보 1~2분 버스 1, 4, 26, 59, 68, 76, 139 ,168, 171, 172, 176, 188, 243, 341, 521, N1, N68, N171, N343, RV1, X68번 홈페이지 www.southbankcentre.co.uk

주빌리 가든 Jubilee Gardens

런던 아이가 있는 작은 공원

MAPECODE 20209

1977년 엘리자베스 여왕의 25년제를 기념하기 위해 세워진 이곳은 스페인 내전과 세계 대전 등 전쟁에 희생된 사람들을 추모하기 위한 공원으로, 템스 강변에는 런던 아이가 자리 잡고 있어 밤의 경치를 감상하기에 좋다.

주소 Belvedere Rd, London, SE1 8UL 위치 지하철 Bakerloo, Jubilee, Northern, Waterloo & City 라인 워털루(Waterloo) 역에서 도보 2분 버스 77, 381, N381, RV1번 홈페이지 www.jubileegardens.org.uk

런던 아이 London Eye

세계에서 가장 큰 대관람차

MAPECODE 20210

21세기 밀레니엄 계획에 따라 웨스트민스터 브리지부터 버틀러스워프까지 약 2km 정도 재개발을 통해 '밀레니엄 마일'로 새롭게 태어난 동시에 1999년 말 21세기의 개막을 기념하기 위해 영국 브리티시 항공에서 135m 높이의 런던 아이를 세웠다. 이곳은 세계에서 가장 큰 대관람차로 처음에는 5년만 운행하려 했으나 사람들에게 엄청난 사랑을 받으면서 영구적인 운행을 허가받았고 현재는 트사우즈 그룹에서 인수, 운영 중이다. 2015년 1월부터 코카콜라가 스폰서로 참여하면서 런던의 대표적인 야경 포인트인 런던 아이의 조명은 코카콜라 브랜드를 상징하는 빨간색이 됐다. 마치 자전거 바퀴처럼 생긴 동그란 휠에는 32개의 캡슐이 달려 있는데 1개의 캡슐에 최대 25명까지 탑승할 수 있으며 한 바퀴 도는 데 30분이 소요된다. 이용객이 많을 때는 매표소에서 입장권을 구입하기까지 1~2시간 정도 걸리므로 사전에 인터넷으로 예약하는 것이 좋다.

영화 〈이프 온리〉의 배경지로도 잘 알려진 런던 아이는 가장 높은 곳까지 올라가면 반경 40km까지 내려다볼 수 있다. 게다가 노을이 지는 해 질 녘이면 아름다운 런던의 파노라마를 볼 수 있어 낭만적인 장소로 사랑받고 있다. 매년 런던 아이에 탑승하기 위해 전

세계에서 350만 명 이상의 관광객들이 방문하고 있어 이제는 런던의 대표적인 상징물로 자리 잡았다.

주소 Riverside Building, County Hall, Westminster Bridge Rd, London, SE1 7PB 전화 0870 990 8881 위치 지하철 Northern, Jubilee, Bakerloo, Waterloo & City 라인 워털루(Waterloo) 역에서 도보 5분 / Northern, Bakerloo, Circle, District 라인 임뱅크먼트(Embankment) 역에서 도보 5분 / Jubilee, Circle, District 라인 웨스트민스터(Westminster) 역에서 도보 10분 버스 77, 381, N381, RV1번 시간 (평일) 11:00~18:00, (주말) 10:00~20:30 / 6월~9월 10:00~20:30, 12월 24일 10:00~17:30, 12월 26~30일 10:00~20:30, 12월 31일 10:00~15:00 휴무 12월 25일 요금 일반 £28(온라인 구매 시 £25.20) / 날짜와 시간 등에 따라 요금이 다르니, 홈페이지 참조 홈페이지 www.londoneye.com

주빌리 브리지 Golden Jubilee Bridges

철길 양쪽으로 사람만 건널 수 있는 다리

MAPECODE 20211

워털루 다리와 웨스트민스터 다리의 중간에 위치한 주빌리 브리지는 사람만 건널 수 있는 철제 교량이다. 원래 명칭은 헝거포드 브리지(Hungerford Bridge)였는데, 영국의 여왕인 엘리자베스 2세의 왕위 계승 50주년을 맞아 주빌리 브리지라고 이름을 바꾸게 되었다.

주소 Hungerford Bridge and Golden Jubilee Bridges, Lambeth, Greater London, WC2N 6 위치 지하철 Bakerloo, Circle, District, Northern 라인 임뱅크먼트(Embankment) 역에서 도보 1분 / Bakerloo, Jubilee, Northern, Waterloo & City 라인 워털루(Waterloo) 역에서 도보 1~2분 버스 77, RV1번

런던 던전 London Dungeon

런던의 끔찍한 사건을 한곳에 모아 둔 호러 박물관

MAPECODE 20212

런던 던전은 마담 투소의 공포방을 확대해 놓은 듯한 박물관이다. 영국 역사상 가장 끔찍한 사건들에 관해 전시하고 있는데 특히 스톤헨지에서 드루이드 족이 인간을 제물로 바치는 장면이나 흑사병으로 죽어 가는 사람들을 재현해 놓은 방이 관람객들의 눈길을 끈다. 다양한 사건을 배경으로 하고 있는데, 중세의 긴 역사를 사람 크기의 인형으로 재현하고 있어 학살과 고문 장면이 생생하게 전달되는 곳이다.

세계 6대 살인마 중 한 명인 잭 더 리퍼(Jack the Ripper)의 모습도 이곳에서 볼 수 있다. 잭 더 리퍼는 1888년, 창녀 6명을 잔인하게 연쇄 살인한 살인마로 유명한데 끝내 잡히지 않은 채 사건은 미궁에 빠졌다고 한다. 이 외에도 고문하거나 살인하는 장면 등을 재현해 놓았으니, 공포와 스릴을 좋아하는 사람이라면 들러 보자.

주소 Riverside Building, County Hall, Westminster Bridge Road, City of London, Greater London SE1 7PB 전화 020 7403 7221 위치 지하철 Northern, Jubilee, Bakerloo, Waterloo & City 라인 워털루(Waterloo) 역에서 도보 5분 / Northern, Bakerloo, Circle, District 라인 임뱅크먼트(Embankment) 역에서 도보 5분 / Jubilee, Circle, District 라인 웨스트민스터(Westminster) 역에서 도보 10분 버스 77, 381, N381, RV1번 시간 일~수 · 금 10:00~17:00, 목 11:00~17:00, 토 10:00~18:00 휴무 12월 25일 요금 £31(온라인 구매 시 £27) / 어트랙션 한 가지를 포함할 경우 £66(온라인 구매 시 £38), 어트랙션 2개 포함 £94(온라인 구매 시 £48), 어트랙션 4개 포함 £147(온라인 구매 시 £60) 홈페이지 www.the-dungeons.co.uk/london/en

그리니치

Greenwich

템스강이 내려다보이는 한가로운 언덕

런던 시내에서 약 30분 정도 떨어져 있는 그리니치는 세계 표준시로 유명하다. 또한 템스강이 내려다보이는 언덕에서 느끼는 여유는 복잡한 런던 시내에서 벗어나 평화로운 느낌을 전해 주기 때문에 휴식을 위해 찾는 사람들이 많다. 특히 그리니치 해변(Maritime Greenwich)이라고 불리는 곳은 구 왕립 해군 사관학교와 구 왕립 천문대 등의 건축물들이 늘어서 있는 강변으로, 1997년 세계 문화유산으로 지정된 곳이기도 하다.

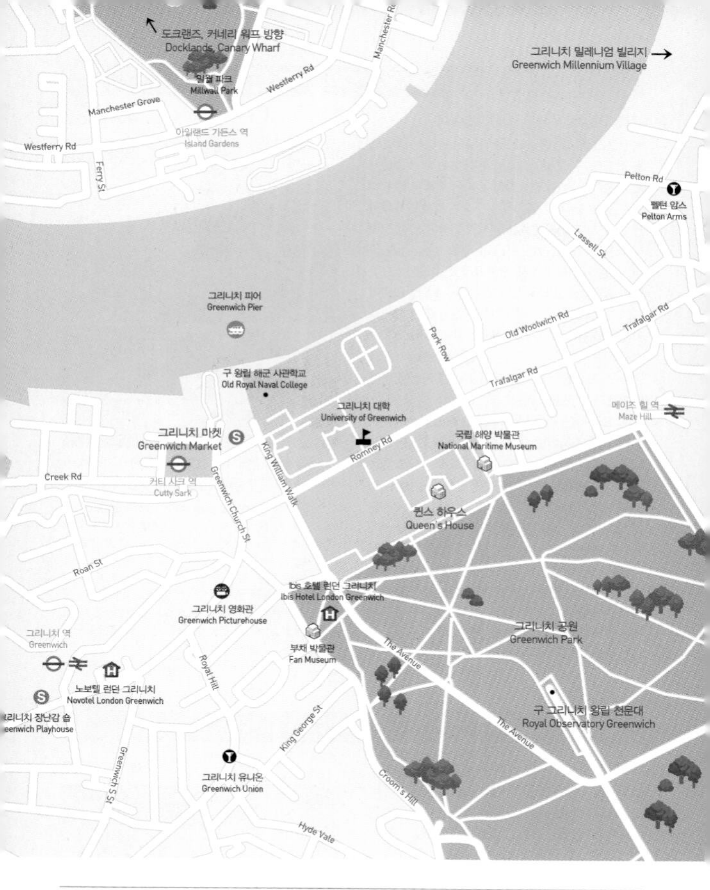

이동 방법 **지하철** 런던 시내에서 그리니치까지는 DLR 라인을 이용해서 가면 된다. DLR 라인은 도크랜드 라이트 철도(Docklands Light Railway)의 약자로 도크랜드 경전철(지하철과 버스의 단점을 보완한 대중교통 수단)이라고 불린다. 런던 시내에서는 Central, Northern, Waterloo & City 라인의 뱅크(Bank) 역이나 Circle, District 라인 타워 힐(Tower Hill) 역에서 도크랜드 경전철로 갈아탈 수 있으며 그리니치 역까지는 약 20분이 소요된다.

구 그리니치 왕립 천문대 Royal Observatory Greenwich

세계 표준시로 유명한 구 왕립 천문대

MAPECODE 20213

시간은 그리니치 천문대로부터 흘러간다는 말이 있을 정도로, 구 그리니치 왕립 천문대는 세계 표준시로 유명하다. 1675년 그리니치 공원에 세워진 이곳은 찰스 2세가 항해술을 연구하기 위해 만들도록 한 천문대로 처음 세워질 당시의 이름은 왕립 그리니치 천문대(Royal Greenwich Observatory)였다. 본관은 건축가이자 천문학자였던 크리스토퍼 렌이 설계했으며 남쪽 정면에는 해시계가 설치되어 있다. 참고로 영국 천문학자들은 오랫동안 그리니치 천문대를 위치 측정의 기준으로 삼아 왔으며 네 개의 자오선이 그리니치 천문대를 기준으로 1851년 본초 자오선이 정해진 뒤 1884년 워싱턴 국제회의를 거쳐 경도의 기준이 되었다.

세계 표준시인 'GMT'는 바로 'Greenwich Mean Time'의 약자이기도 하다. 그래서 이 자오선은 그리니치 공원에 스테인리스와 레이저로 표시되고 있는데 현재 사용 중인 본초 자오선은 동쪽으로 100m 정도 떨어진 지오이드를 기준으로 한 새로운 자오선으로 대체되었다. 하지만 여전히 GMT라는 말을 세계 표준시로 쓰는 것은 새로운 자오선으로 맞춰진 협정 세계시와의 차이가 거의 없기 때문이다. 1930년 이후로 천문대는 런던의 스모그와 먼지, 고층 빌딩 등으로 인해 관측이 어려워지자 1949년 천문대를 서섹스 주로 이전했다. 지금의 그리니치 천문대는 구 왕립 천문대라는 이름으로 오직 전시관으로만 쓰이고 있다. 전시관에서는 경도를 정확하게 계산하기 위해 사용한 시계 등의 전시물을 관람할 수 있다.

주소 Blackheath Ave, Greenwich, London, SE10 8XJ 전화 020 8312 6565 위치 지하철 DLR 라인 커티 사크(Cutty Sark) 역에서 도보 18~20분, DLR 라인 그리니치(Greenwich) 역에서 도보 20분 버스 53, 129, 177, 180, 188, 199, 286, 386, N1, N199번 시간 10:00~17:30 휴무 12월 24~26일 요금 왕립 천문대 성인 £15, 어린이(4~15세) £6.50 왕립 천문대+커티 사크호 성인 £24,25, 어린이 £11.50 / 인터넷으로 구매 시 저렴 홈페이지 www.rmg.co.uk

그리니치 공원 Greenwich Park

런던 시내에서 가까운 왕립 공원

MAPECODE 20214

그리니치 천문대를 둘러싸고 있는 넓은 공원이 바로 그리니치 공원이다. 그리니치 천문대에 가려면 반드시 거쳐 가는 곳으로 1433년 개장해 그리니치 세계 유산으로 등록되었다. 넓은 잔디밭은 물론 아주 큰 밤나무들도 많아 공원 특유의 여유로움이 느껴진다. 또한 공원에서 템스강을 바라보면 마음이 절로 편안해진다. 특별히 6월은 활짝 핀 장미를 보기 위해 많은 이들이 이곳을 찾는다.

주소 Great Cross Ave, Greenwich, Greater London, SE10 8 전화 020 8858 2608 시간 11~2월 06:00~18:00, 3월 · 10월 06:00~19:00, 4월 · 9월 06:00~20:00, 5월 · 8월 06:00~21:00, 6~7월 06:00~21:30

퀸스 하우스 Queen's House

앤 왕비를 위해 지은 영국 최초의 고전주의 건물

MAPECODE 20215

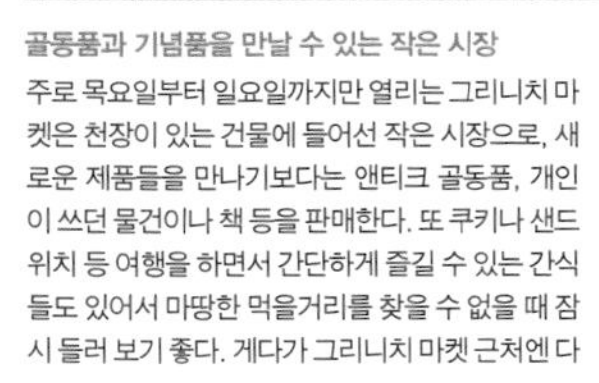

1614~1617년까지 건설된 퀸스 하우스는 제임스 1세의 아내인 덴마크 출신의 앤 왕비를 위해 지은 건축물로, 건축가 이니고 존스(Inigo Jones)가 이탈리아에서 돌아온 직후 팔라디오 양식으로 설계한 걸작이다. 영국 건축사에서 최초의 고전주의 건물로 지어져 더욱 유명한 퀸스 하우스의 내부에는 영국 왕실 인물들의 초상화를 전시하고 있다.

주소 Romney Rd, Greenwich, London SE10 9NF 전화 020 8858 4422 위치 지하철 DLR 라인 커티 사크(Cutty Sark) 역에서 도보 10분, DLR 라인 그리니치(Greenwich) 역에서 도보 15분 버스 53, 54, 177, 180, 188, 199, 202, 286, 380, 386, 943번 시간 10:00~17:00 요금 무료 홈페이지 www.rmg.co.uk

그리니치 마켓 Greenwich Market

골동품과 기념품을 만날 수 있는 작은 시장

MAPECODE 20216

주로 목요일부터 일요일까지만 열리는 그리니치 마켓은 천장이 있는 건물에 들어선 작은 시장으로, 새로운 제품들을 만나기보다는 앤티크 골동품, 개인이 쓰던 물건이나 책 등을 판매한다. 또 쿠키나 샌드위치 등 여행을 하면서 간단하게 즐길 수 있는 간식들도 있어서 마땅한 먹을거리를 찾을 수 없을 때 잠시 들러 보기 좋다. 게다가 그리니치 마켓 근처엔 다양한 상점들이 모여 있어서 이곳 주변을 둘러보는 것 또한 여행의 즐거움일 것이다. 단, 주말이 아닌 주중(월~수요일)에는 시장이 작게 열린다.

주소 Greenwich Market, Greenwich, London, SE10 9HZ 시간 목~일 10:00~17:30 / 월요일~수요일은 비정기적으로 열리니 주의할 것 홈페이지 www.greenwichmarket.london

도크랜즈 Docklands

정부 주도로 도시 기능을 회복한 재개발 구역

MAPECODE 20217

그리니치로 향하는 동안 보이는 신시가지가 바로 도크랜즈다. 도크랜즈가 생긴 곳은 원래 1880년대 런던 항구가 개발되었던 곳으로 항구는 1960년까지 번성했으나 산업 환경이 변하면서 항구를 폐쇄하게 되었고 그 결과 이 지역 경제도 함께 쇠퇴하게 되었다. 1981년부터 2001년까지 지역 경제 활성화를 위해 도크랜즈를 신도시로 개발하면서부터 도로 정비와 경전철이 생기는 등 교통시설이 발전했고, 동시에 많은 회사들이 이곳으로 옮겨와 '커네리 워프'라는 복합 지구와 함께 '그리니치 밀레니엄 빌리지'라는 주택가가 조성되었다. 정부 주도로 도시 기능을 회복한 재개발의 대표적인 사례로 꼽히는 도크랜즈는 현대적인 고층 건물들이 즐비해 있어 런던의 새로운 모습을 볼 수 있는 곳이다.

주소 Upper Bank St, Poplar, Greater London, E14 5 위치 지하철 Jubilee 라인 커네리 워프(Canary Wharf) 역에서 도보 5분

커네리 워프 Canary Wharf

40~50층에 달하는 초고층 빌딩 숲인 커네리 워프는 거대한 금융 상업 시설 건물들이 빼곡히 들어서 있는 금융 지구이지만 보기에는 전혀 답답하지 않게 느껴진다. 가장 높은 건물인 캐나다 스퀘어 빌딩(Canada Square Building)은 세자 펠리스가 설계해 1991년에 완공했으며 높이는 235m, 50층이다. 이곳은 런던에서 가장 높은 건물이자, 사람이 사는 건물로는 영국에서 가장 높은 빌딩으로 유명하다. 빌딩 숲을 구경한 뒤에는 커네리 워프 근처의 강가를 거닐다 가까운 레스토랑에서 근사한 저녁 식사나 맥주를 한잔하는 것도 좋다.

그리니치 밀레니엄 빌리지 Greenwich Millennium Village

현대식 주상 복합 아파트촌인 그리니치 밀레니엄 빌리지는 100년 가까이 가스 공장이 있던 부지를 친환경 단지로 조성하면서 만든 주택 단지다. 2000년부터 재개발이 시작되었다. 버려진 땅이었던 과거가 무색할 정도로 현재는 다채로운 건물들을 비롯해 운동을 즐기는 젊은이들과 주민들로 활기가 넘친다.

커티 사크(Cutty Sark)호

1869년 건조된 커티 사크호는 중국에서 영국으로 차를 수송했던 쾌속 범선으로 영국의 유명한 위스키 커티 삭이 이 배의 이름에서 따온 것이다. 커티 사크호는 1869년 스코틀랜드 남부 클라이드강 연안의 덤버튼에서 건조되었는데, 무려 963톤, 전체 길이 85m, 너비 11m, 최고 시속 31.4km 규모의 대형 배다.

커티 사크호가 만들어질 당시에는 중국에서 영국으로 차를 수송하는 주요한 교통수단이 범선이었는데, 영국의 상인들은 차 수송 기간을 단축하기 위해 많은 노력을 했고 그때 만들어진 것이 커티 사크호다. 하지만 당시 증기선이 범선을 대체해 가던 시기라 커티 사크호가 실제로 사용된 것은 단 여덟 차례에 그친다. 그 후 오스트레일리아의 양모 실어 나르기 시합에서 우승한 후 양모 운반선으로 쓰이다가 1895년 포르투갈의 해운업자에게 팔려 포르투갈로 넘어가게 되었는데, 미국 뉴올리언스 항에서 이 배가 발견되어 1922년 영국으로 되돌아오게 되었다. 그리고 1953년 커티 사크 보존 협회에 기증되어 박물관으로 활용되게 되었다. 하지만, 안타깝게도 2007년 5월 21일 새벽 5시에 일어난 화재로 커티 사크호는 불길 속으로 사라졌다. 만취한 사람이 불을 질렀다고 하는데, 2012년 보수 공사를 마치고 일반인에게 개방되었다.

햄스테드 히스

Hampstead Heath

런더너들의 평화로운 쉼터

런던 북서부의 한적한 마을에 자리한 햄스테드 히스는 부유한 지역에 위치한 넓은 공원으로 런던 시내의 하이드 파크나 리전트 파크와는 또 다른 분위기를 선사한다. 관광객들로 북적거리는 시내의 공원이 아닌, 개와 함께 산책하는 노인들이나 아이들과 즐거운 시간을 보내고 있는 젊은 부부의 모습을 쉽게 볼 수 있는 평화로운 쉼터이다. 덕분에 공원을 보러 왔다는 느낌보다 공원 속에 자연스럽게 녹아 들어가 어느덧 평화로운 오후 한때를 즐기는 런더너가 된 듯한 착각에 빠지게 된다.

햄스테드 히스는 특히 영화 〈노팅힐〉로 더 유명해진 장소로 역사극을 찍던 줄리아 로버츠의 촬영 현장에 찾아온 휴 그랜트가 등장하는 곳이 바로 햄스테드 히스의 켄우드 하우스다. 또한 런던에서 가장 높은 언덕이기도 한 팔리아먼트 힐 주변에는 고층 건물이 없는 까닭에 이곳에서 아름다운 런던의 야경을 바라볼 수 있다. 더불어 공원 안에는 수영장과 낚시터까지 마련되어 있어서 저렴한 비용으로 레저까지 즐길 수 있다.

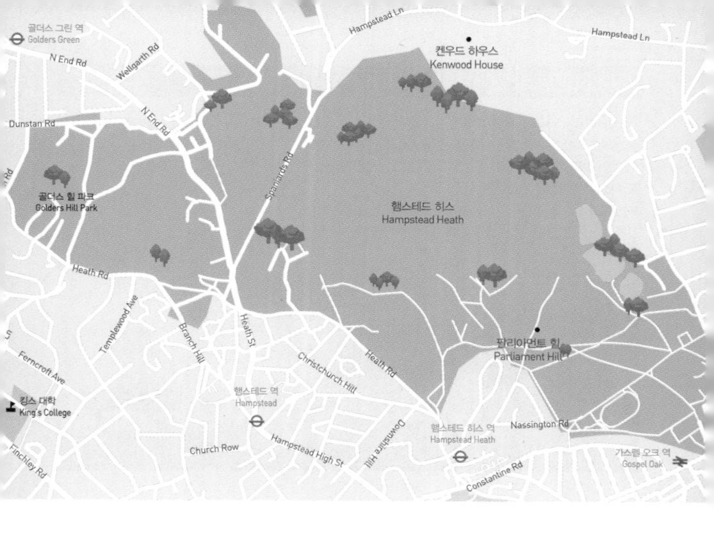

여유롭게 햄스테드 히스 즐기기

햄스테드 히스 역이나 가스펠 오크 역에서 걸어가도 좋지만, 표지판이 제대로 되어 있지 않아 자칫 헤맬 수 있다. 더구나 현지인들에게 길을 물어봐도 잘 모르거나 오히려 길을 물어보는 타국 관광객들도 많아 고생하기 쉽다. 하지만 가끔 헤매더라도 켄우드 하우스까지 걸어가 보는 건 어떨까? 천천히 숲길을 걸어 보는 것만으로도 기분이 좋아지는 것을 느낄 수 있을 것이다.

이동 방법 **지하철** Northern 라인 골더스 그린(Golders Green) 역이나 햄스테드(Hamstead) 역에서 하차 후 도보로 약 5분 정도 걸린다. **기차** 내셔널 레일(National Rail)의 햄스테드 히스(Hamstead Heath) 역 또는 가스펠 오크(Gospel Oak) 역에서 하차 **버스** 런던 시내에서 24번 버스로 북쪽 방향의 종점에서 하차

팔리아먼트 힐 Parliament Hill

런던을 한눈에 조망할 수 있는 언덕

MAPECODE 20218

햄스테드 히스에서 가장 전망이 좋은 곳으로 주변에 높은 건물이 없어 런던 전체를 한눈에 감상하기 좋다. 그래서인지 햄스테드 히스에서 가장 인기가 많은 장소이다.

주소 Gordon House Road, Hampstead Heath, London, NW5 1LP 전화 020 7485 5757 위치 기차 가스펠 오크(Gospel Oak) 역에서 도보 2~3분

켄우드 하우스 Kenwood House

유명 화가들의 작품을 볼 수 있는 미술관

MAPECODE 20219

햄스테드 히스의 북쪽 경계 부분에 있는 켄우드 하우스는 17세기 초반에 스코틀랜드 출신의 건축가 로버트 아담(Robert Adam)이 맨스필드 공을 위해 기존의 오렌지 온실을 재건축한 후, 1925년 맥주 회사인 기네스 사장에게 소유권이 넘어갔다. 1928년 미술관으로 개방된 이곳의 내부는 렘브란트 자화상과 베르메르, 할스, 터너, 반다이크 등 유명 화가들의 작품을 전시하고 있다. 건물 뒤쪽의 정원은 영화 〈노팅힐〉의 배경지로 등장했다.

주소 36 Hampstead Ln, Tottenham, Greater London, N6 4 전화 020 8348 1286 위치 지하철 Northern 라인 골더스 그린(Golders Green) 역에서 도보 15분 기차 가스펠 오크 역(Gospel Oak)에서 팔리아먼트 힐을 지나 도보 10분 버스 210번 시간 10:00~17:00 요금 무료 홈페이지 www.english-heritage.org.uk/visit/places/kenwood

리치먼드와 큐 가든

Richmond, kew Gardens

세계에서 가장 큰 식물원이 있는 왕의 여름 별장

런던의 남서쪽에 위치한 리치먼드는 왕의 여름 별장이 있던 곳으로, 전 세계에서 가장 큰 식물원인 큐 가든과 넓은 리치먼드 공원이 자리하고 있다. 런던에서 30분 정도면 도착할 수 있는 곳으로 잠시 시간을 내어 근교 여행으로 다녀오기 좋다. 아름답고 평화로운 녹색 대지를 만날 수 있으니 여행 중 잠시 쉬어 가도 좋을 듯하다.

이동 방법 지하철 District 라인의 큐 가든(kew Gardens) 역이나 리치먼드(Richmond) 역에서 도보 30분

브랜드퍼드 역
Brentford
뮤지컬 박물관
Musical Museum
High St
워터먼스 아트 센터
Watermans Arts Centre
Boston Manor Rd
High St
High St
홀리데이 인 런던
Holiday Inn London
Kew Rd
오린저리
Orangery
Mortlake Rd
다이애나 황태자비 온실
The Princess of Wales Conservatory
팜 하우스
Palm House
Kew Rd
쇤 파크
Syon Park
큐 가든 역
Kew Gardens
템퍼러트 하우스
Temperate House
Ennerdale Rd
Kew Rd
Sandycombe Rd
큐 가든
Kew Gardens
Lower Mortlake Rd
Kew Rd
Lower Mortlake Rd
Manor Rd
노스 신 역
North Sheen
Lower Mortlake Rd
Upper Richmond R
리치먼드 극장
Richmond Theatre
리치먼드 역
Richmond
Red Lion St
Sheen Rd
Red Lion St
펨브로크 로지 방향
Pembroke Lodge
Kings Rd
Hill St
Richmond Rd
Friars Stile Rd
Queen's Rd
Richmond Hill
리치먼드 공원
Richmond Park

리치먼드 공원 Richmond Park

영국에서 가장 넓은 왕립 공원

MAPECODE 20220

리치먼드 공원은 런던에 있는 왕립 공원으로 면적이 무려 약 10km²에 이르는 영국에서 가장 넓은 도심 공원이다. 이곳은 13세기 에드워드 왕이 야생 생태 공원으로 만들어 여우, 오소리, 붉은 사슴 등 온갖 종류의 야생 동물들이 살고 있으며 지금도 이들을 쉽게 만날 수 있다. 게다가 아름다운 템스 강변과 호화로운 대저택들도 있어 런던 및 근교를 포함해 가장 럭셔리한 동네라고 한다. 특히나 아름다운 저택으로 유명한 펌브로크 로지(Pembroke Lodge)는 템스강이 잘 보이는 곳에 자리하고 있는 호화 저택이다.

주소 Roehampton Gate, Priory Lane, London, SW15 5JR 위치 지하철 District 라인 리치먼드(Richmond) 역에서 도보 15분 기차 리치먼드(Richmond) 역에서 도보 15분 시간 (펌브로크 로지) 10:00~17:30

큐 가든 Kew Gardens

250년의 역사를 지닌 세계에서 가장 유명한 식물원

MAPECODE 20221

1759년 조지 3세의 어머니, 오거스터스가 궁전의 정원을 조성하기 위해 그녀의 사유지 35,000m²를 식물원으로 지정하면서부터 큐 가든이 만들어졌고, 그 후 1772년 식물학자 조지프 뱅크가 세계 각지에서 수집한 컬렉션을 추가하면서 1840년 일반인들에게 공개되었다.

런던의 식물원 중 가장 많이 알려져 있으며 인기가 가장 많은 큐 가든은 2003년 유네스코에서 세계 문화유산으로 지정되면서 많은 관광객들에게 더욱 사랑받고 있다. 아무래도 식물원이다 보니 봄이 가장 방문하기 좋은 계절이기는 하지만 사계절 중 여름에 가장 붐비며 넓은 잔디밭과 함께 온실이 잘 가꿔져 있기 때문에 계절에 크게 구애받지 않는다.

주소 Kew Green, Richmond, TW9 3AB 전화 020 8332 5000, 020 8940 1171 위치 지하철 District 라인 큐 가든(Kew Gardens) 역에서 도보 5~7분 기차 큐 가든(Kew Gardens) 역에서 도보 5~7분 버스 65, 391번 입구에서 하차 / 237, 267번 큐 가든(kew Bridge) 역에서 도보 10분 시간 10:00~19:00 휴무 12월 24~25일 요금 성인 £17.50(기부 포함), 일반 요금£16 / 학생 £15.50(기부 포함), 일반 요금 £14 / 16세 이하 무료 홈페이지 www.kew.org

오린저리 Orangery

큐 가든의 역사를 관람할 수 있는 전시관이다.

템퍼러트 하우스 Temperate House

빅토리아 유리 건축 양식의 이 온실은 과거 세계에서 가장 큰 온실 식물원이었던 곳으로 4,000m²에 달하는 크기다. 내부에 들어가면 전 세계의 온대성 식물들을 볼 수 있으며 세상에서 가장 큰 실내 식물은 물론, 유일하게 이곳에서만 볼 수 있는 희귀 식물도 있다.

다이애나 황태자비 온실
The Princess of Wales Conservatory

컴퓨터로 제어하는 10가지의 기후대에서 다양한 식물들이 자라고 있는데, 주로 자이언트 아마존 수련, 알로에 베라 등의 육식 식물을 만날 수 있는 온실이다.

팜 하우스 Palm House

큐 가든에서 가장 유명한 팜 하우스는 세계에서 가장 큰 온실이다. 1844년에 빅토리아 유리 건축 양식으로 110m 길이의 유리와 철골로 지어졌다. 내부에는 열대우림의 야자들이 모여 있는데 실제 열대우림과 비슷한 기온으로 되어 있어서 온도와 습도가 상당히 높다. 열대야자 중에는 멸종 위기 종의 1/4이 이곳에서 잘 관리되고 있다고 한다. 또한 지하에 있는 해양관에서는 해양 식물과 산호, 물고기까지 만날 수 있다.

RESTAURANT

런던의 맛있는 날들

과거 영국의 음식은 맛이 없고 가격까지 비싼 편이라 여행객들에게 먹는 즐거움을 주지 못한다는 평가를 받아 왔다. 하지만 고든 램지나 제이미 올리버 같은 영국 출신의 유명 스타급 요리사들이 등장하고, '영국 음식은 맛이 없다'라는 선입견이 점차 사라지고 있다. 런던은 이민자가 많은 도시답게 다양한 세계 각국의 음식점을 쉽게 찾을 수 있고, 최근 뜨고 있는 참신한 퓨전 요리는 먹는 즐거움을 더해 준다. 대개 음식점의 영업시간은 아침, 점심, 저녁으로 나뉘고, 보통 아침은 9시~11시, 점심은 12~16시, 저녁은 18시부터다.

고급 레스토랑

런던의 유명 셰프가 운영하는 레스토랑부터 전통있는 레스토랑까지 한 끼를 식사 이상으로 제대로 즐기고 싶거나 런던으로 신혼여행을 떠난 여행객에게 추천할 수 있는 레스토랑을 소개한다.

고든 램지 레스토랑 Gordon Ramsay

MAPECODE 20301 20302 20303

스타 셰프 고든 램지의 최고급 레스토랑

런던에서 럭셔리하고 스페셜한 식사를 꿈꾼다면 세계적으로 유명한 '고든 램지'의 레스토랑을 추천한다. 이곳을 단 한 번이라도 경험한 사람들이라면 한결같이 '의심할 것 없이 이곳은 최고의 레스토랑임이 틀림없다'라고 말할 정도로 모든 것이 완벽한 최고급 레스토랑이다.

전 세계 레스토랑 순위와 런던 레스토랑 순위에서 꾸준히 상위 자리를 고수하고 있는 고든 램지 레스토랑은 런던을 포함한 전 세계에 수십 개의 매장을 가지고 있을 만큼 영국을 넘어 전 세계인의 입맛까지 사로잡고 있다. 레스토랑이 늘어나기 전에는 최소 몇 년 전에 예약을 해야 비로소 음식을 맛볼 수 있었을 정도로 예약 자체가 힘든 곳이었다.

지금은 런던 곳곳에 레스토랑이 늘어나면서 예약이 과거에 비해 수월해졌다고 한다. 그래도 여전히 본점은 몇 달 전에 예약해야 하고, 다른 지점들도 예약한 뒤 방문하는 것이 좋다. 홈페이지에서 예약이 가능하다. 또 이곳은 스포츠웨어나 트레이닝 복장은 입장할 수 없으므로, 너무 편한 복장은 피하도록 하자. 모든 메뉴는 코스로만 주문할 수 있으며, 코스는 기본 3코스부터 시작한다. 2코스부터 시작하는 매장도 있다.

홈페이지 www.gordonramsay.com

Petrus점

주소 1 Kinnerton Street, London, SW1X 8EA **전화** 020 7592 1609 **위치** 지하철 Piccadilly 라인 나이츠브리지(Knightsbridge) 역에서 도보 7분 **시간** 런치 월~토 12:00~14:30 / 디너 월~토 18:30~22:30 **휴무** 일요일 **가격** 런치 코스 £45~, 디너 코스 £105~

York & Albany점

주소 127-129 Parkway, London, NW1 7PS **전화** 020 7387 5700 **위치** 지하철 Northern 라인 캠던 타운(Camden Town) 역에서 도보 7분 **시간** 월~목 07:00~24:00, 금~토 07:00~01:00, 일 07:00~23:00 **가격** 브랙퍼스트 (에그베네딕트) £8.5, (정식) £14, 애프터눈 티 £24, 런치 코스 £10, 파스타 £9~18, 버거 £17, 스테이크 £22

Maze점

주소 10-13 Grosvenor Square, London, W1K 6JP **전화** 020 7495 2211 **위치** 지하철 Central, Jubilee 라인 본드 스트리트(Bond Street) 역에서 도보 3분 **시간** 06:45~01:00 / 단, 저녁은 예약자에 한해서만 가능 **가격** 참치 타타키 £17, 소바 £15, 이베리코 포크 £26

피프틴 Fifteen

MAPECODE 20304

제이미 올리버의 레스토랑

피프틴은 영국의 천재 요리사 '제이미 올리버'가 운영하는 음식점이자, 어려운 환경에서 살고 있는 청소년들이 희망을 가질 수 있도록 도와주는 꿈의 레스토랑이다. 이곳은 한 건물에 두 가지 콘셉트로 운영되고 있는데, 가볍게 식사할 수 있는 이탈리안 레스토랑 '트라토리아'와 제이미 올리버의 레시피 요리를 맛볼 수 있는 '다이닝 룸'으로 나뉜다. 입구는 같으니 들어가서 원하는 곳을 이야기하면 자리를 안내받을 수 있다. 트라토리아는 0층(우리나라 1층), 다이닝 룸은 지하에 있는데 두 곳의 분위기는 전혀 다르다. 예약은 홈페이지를 통해서 할 수 있으며, 예약하지 않고 찾아갔을 경우 오래 기다려야 할 수 있으니 주의하자. 드레스 코드는 따로 없으며 편안한 복장으로도 식사할 수 있다.

주소 15 Westland Place, London, N1 7LP **전화** 020 3375 1515 **위치 지하철** Northern 라인 올드 스트리트(Old Street) 역에서 도보 6분 **시간 런치** 월~일 12:00~15:00 / **디너** 월~목 18:00~22:30, 금~토 17:30~22:30 일 18:00~21:30 **가격** 셰프의 5코스 메뉴 £60~, 메인 £14~25 **홈페이지** www.fifteen.net

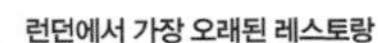

룰스 Rules

MAPECODE 20305

런던에서 가장 오래된 레스토랑

1789년에 문을 연 런던에서 가장 오래된 레스토랑이다. 이곳은 토마스 룰(Thomas Rules)에 의해 창립된 이후 200년이 넘는 시간 동안 3번밖에 주인이 바뀌지 않았으며, 지금까지 전통을 유지하고 있다. 역사와 고풍스러운 인테리어만큼 맛과 서비스도 보장된 곳이다. 런던에서 전통 요리를 맛볼 수 있는 고급 레스토랑을 찾는다면 추천한다.

주소 35 Maiden Lane, Covent Garden, WC2E 7LB **전화** 020 7836 5314 **위치 지하철** Piccadilly 라인 코번트 가든(Covent Garden) 역에서 도보 5분 **시간** 월~토 12:00~24:00, 일 12:00~23:00 **가격** 전식 약 £9~, 본식 약 £24~, 후식 약 £8.50~ **홈페이지** rules.co.uk

영국 최고의 셰프

고든 램지(Gordon Ramsay)

미국 리얼리티 쇼 〈헬스 키친, Hell's Kitchen〉이 방송되면서 순식간에 세상에서 가장 유명한 요리사가 된 '고든 램지'. 인정사정 볼 것 없이 독설을 퍼부으며 단 1명의 요리사를 뽑는 〈마스터 셰프, Master Chef〉 프로그램을 이끌고 있는 셰프이자 진행자다. 우리나라에서도 그의 프로그램이 방송되면서 큰 사랑을 받고 있다.

1966년 11월 8일 스코틀랜드에서 태어난 고든 램지는 처음부터 셰프의 꿈을 꾸었던 것은 아니다. 축구 선수로 활동하다가 부상으로 인해 축구 선수의 꿈을 접고 런던 뒷골목을 전전하다가 우연히 시작하게 된 것이 바로 요리였다. 요리의 대가였던 스승 밑에서 요리사의 꿈을 키우게 된 그가 이제는 미국과 영국을 오가며 방송 활동을 하는 동시에 미슐랭 별 세 개를 받은 레스토랑을 포함하여 수십 개에 달하는 지점을 운영하고 있다. 현재는 호텔 사업에도 뛰어들어 세상에서 가장 바쁜 요리사 겸 오너이다.

제이미 올리버(Jamie Oliver)

작은 식당을 운영 중인 부모님 밑에서 태어난 그는 어릴 적부터 부모님을 도우면서 자연스럽게 요리를 배우게 되었다. 16세에는 일반 학교를 그만두고 명문 요리 학교에 입학했으며, 이후 프랑스 유명 레스토랑의 수석 요리사가 되었다. 1997년 크리스마스 준비 과정을 담은 다큐멘터리 촬영팀이 리버 카페를 촬영하다가 담당 프로듀서가 제이미 올리버의 끼를 알아보고 요리 프로그램을 제안했는데 이것이 바로 〈네이키드 셰프, Naked Chef〉이다. 신선한 재료로 쉽고 간편하게 음식을 만들어서 많은 사람과 나누는 훈훈한 프로그램인 〈네이키드 셰프, Naked Chef〉는 천재 요리사 제이미 올리버를 알리는 데 결정적인 역할을 했다. 이 프로그램이 영국 BBC를 통해 전파를 타면서 제이미 올리버는 엄청난 인기를 누리게 되었으며, 이후 미국에서까지 방송되어 순식간에 스타 요리사가 되었다.

또한 2002년 어려운 환경에서 살고 있는 15명의 청소년을 모아 그들이 요리사로 성장할 수 있도록 피프틴 레스토랑을 열었고, 그들과 함께 식당을 만들어가는 과정이 담긴 프로그램 〈제이미스 키친, Jamie's Kitchen〉이 40개국에 방송된 한편, 그가 쓴 요리책과 주방용품은 TV에 나오는 즉시 베스트셀러가 되거나 심지어 품절 현상이 일어나기도 했다. 영국을 전 세계에 알린 그는 2003년 국위 선양한 것을 공로로 엘리자베스 2세 여왕에게 대영 제국 훈장을 받기도 했다.

일반 레스토랑

런던에는 크고 작은 레스토랑이 많이 있어 여행을 하며 쉽게 레스토랑을 찾을 수 있다. 런던 여행을 하며 가볼 만한 중저가 레스토랑을 소개한다.

버거 앤 랍스터 Burger & Lobster

MAPECODE 20306 20307

저렴한 가격으로 랍스터를 먹을 수 있는 곳

세계적으로 체인을 두고 있는 레스토랑으로 저렴한 가격에 랍스터를 먹을 수 있어 현지인들은 물론이고 여행객들 사이에서 입소문이 나면서 유명해졌다. 랍스터를 메인으로 롤, 버거, 샌드위치, 그릴, 찜 등의 다양한 요리를 맛볼 수 있다. 런던에도 여러 지점이 있는데, 가격대가 지점별로 차이가 있으니 참고하자.

가격 버거 £16~, 랍스터(요리 방법과 무게에 따라 다름) £27~ / 가격은 지점마다 동일
홈페이지 www.burgerandlobster.com

소호점 SOHO

주소 36-38 Dean St, Soho, London W1D 4PS **전화** 020 7432 4800 **위치** 지하철 Central, Northern 라인 토트넘 코트 로드(Tottenham Court Road) 역에서 도보 6분 **시간** 월~목 12:00~22:30, 금~토 12:00~23:00, 일 12:00~22:00

메이페어점 Mayfair

주소 29 Clarges St, London W1J 7EF **전화** 020 3205 8960 **위치** 지하철 Jubilee, Piccadilly, Victoria 라인 그린 파크(Green Park) 역에서 도보 3분 **시간** 월~토 12:00~22:30, 일 12:00~20:00

어바웃 타임 About Thyme

MAPECODE **20308**

와인과 현대 유럽 스타일의 음식을 맛볼 수 있는 곳

크지 않은 공간이지만 아늑한 분위기의 인테리어가 인상적인 이곳은 젊은 런더너들에게도 인기가 많다. 더구나 빅토리아 역과 핌리코 역을 이어주는 윌턴 로드(Wilton Rd.)에 있어 관광객의 발길 또한 끊이지 않으며 직원도 친절하기로 소문난 레스토랑 중 하나이다. 1층은 세계 각국의 엄선된 와인을 마실 수 있는 공간이고, 식사는 대부분 2층 레스토랑에서 즐긴다. 현대적인 스타일의 유럽 요리와 송아지고기, 버섯 요리 등이 인기 메뉴이며 디저트도 훌륭한 편이다.

주소 82 Wilton Road, Pimlico, London, SW1V 1DL **위치** **지하철** Victoria 라인 핌리코(Pimlico) 역에서 도보 8분 **전화** 020 7821 7504 **시간** 월~토 12:00~14:00, 17:30~22:00 **휴무** 일요일 **가격** 메인 메뉴 £16.50~29.50(세금 12.5%는 요금 청구서에 추가됨) **홈페이지** www.aboutthyme.co.uk

제이미's 이탈리안 Jamie's Italian

MAPECODE **20309**

부담없이 즐길 수 있는 제이미 올리버 레스토랑

제이미 올리버의 많은 레스토랑 중에서 가볍게 이탈리아 요리를 즐길 수 있는 곳이 제이미's 이탈리안이다. 위치도 코번트 가든과 레스터 스퀘어 부근에 있어 여행객들이 쉽게 찾을 수 있다. 주로 파스타 등을 판매한다.

주소 11 Upper St Martin's Lane London WC2H 9FB **전화** 020 3326 6390 **위치** **지하철** Circle, District, Victoria 라인 빅토리아(Victoria) 역에서 도보 8분 **시간** 일~목 11:30~22:30, 금~토 11:30~23:00 **가격** 파스타 £7~, 메인 £15.80~ **홈페이지** www.jamieoliver.com

피에리노 Pierino

MAPECODE 20310

켄싱턴 지역의 이탈리안 요리 맛집

켄싱턴 지역에서 인기 있는 레스토랑으로 다양한 이탈리안 요리를 맛볼 수 있는 곳이다. 규모가 크지 않은 레스토랑으로 항상 붐비기 때문에 주말은 예약이 필수다. 피자, 파스타, 리조또 등을 판매하는데, 한국인의 입맛에도 잘 맞는 편이다.

주소 37 Thurloe Pl, Kensington, London, SW7 2HP **위치** 지하철 Circle, District, Piccadilly 라인 사우스 켄싱턴(South Kensington) 역에서 도보 2분 **전화** 020 7581 3770 **시간** 월~금 12:00~15:00, 17:30~23:00 / 토 12:00~23:30 / 일 12:00~23:00 **가격** 피자 £7.90~, 파스타 £9.90~ **홈페이지** pierino.has.restaurant

피오나 레스토랑 Ffiona's Restaurant

MAPECODE 20311

켄싱턴에서 다양한 요리를 맛볼 수 있는 곳

바비큐 립이나 치킨, 스테이크 등 다양한 요리를 맛볼 수 있다.

주소 51 Kensington Church Street, London, W8 4BA **전화** 020 7937 4152 **위치** 지하철 Circle, District 하이 스트리트 켄싱턴(High Street Kensington) 역에서 도보 약 5분 **시간** 화~금 18:00~23:00 / 토 09:00~15:00, 18:30~23:00 / 일 10:00~15:00, 19:00~22:00 **휴무** 월요일 **가격** 브런치 메뉴(주말) 프렌치토스트 £8, 에그 베네딕트 £10.95 / 디너 메뉴 스테이크 £22.50~ **홈페이지** www.ffionas.com

브렉퍼스트 클럽 Breakfast Club

MAPECODE 20312

영국식 브런치를 즐길 수 있는 곳

런던에서 핫하게 떠오르고 있는 브런치를 전문으로 하는 체인 카페 겸 레스토랑이다. 빈티지한 느낌의 소호점은 영화 촬영지로 알려져 줄 서는 건 기본이다. 런던에서 영국식 브런치를 즐기고 싶다면 이곳을 추천한다.

주소 33 D'Arblay Street, London, W1F 8EU **전화** 020 7434 2571 **위치** 지하철 Central, Northern 라인 토튼넘 코트 로드(Tottenham Court Road) 역에서 도보 6분 **시간** 월~금 07:30~22:00, 토 08:00~22:00, 일 08:00~19:00 **가격** 버거(브런치) £10~ **홈페이지** www.thebreakfastclubcafes.com/locations/soho

블루프린트 카페 Blueprint Café

MAPECODE 20313

멋진 강변 풍경이 보이는 레스토랑

타워 브리지 근처에 위치한 이곳은 분위기 좋은 강변에서 멋진 풍경을 바라보며 식사를 즐길 수 있다. 또한 디저트가 맛있기로 유명하다.

주소 Butlers Wharf, 28 Shad Thames, City of London, Greater London, SE1 2YD **전화** 020 7378 7031 **위치** 타워 브리지에서 도보 5분 **시간** 화~금 12:00~14:45, 17:30~22:00 / 토 11:00~14:45, 17:30~22:00 / 일 12:00~15:45 **휴무** 월요일 **가격** 메인 메뉴 £14~26 **홈페이지** www.blueprintcafe.co.uk

보딘스 비비큐 Bodean's BBQ

MAPECODE 20314

현지인들이 즐겨 찾는 바비큐 요리 전문점

미국 텍사스 스타일의 바비큐 요리 전문점으로 관광객보다 현지인이 즐겨 찾는 레스토랑 겸 비스트로다. 누구나 쉽게 선택할 수 있는 바비큐 샌드위치는 인기 메뉴 중 하나이며 많은 사람과 함께 비비큐를 즐기고 싶다면 찾기 좋은 대형 레스토랑이다.

주소 16 Byward St, City of London, Greater London, EC3R 5BA **전화** 020 7488 3883 **위치** 지하철 Circle, District 라인 타워 힐(Tower Hill) 역에서 도보 2분 **시간** 월~토 12:00~23:00, 일 12:00~22:30 **가격** 샌드위치 £7~8, 햄버거&핫도그 £7~10, 바비큐 £10~20 **홈페이지** www.bodeansbbq.com

벨고 Belgo

MAPECODE 20315

벨기에 홍합 요리 전문점

영국 현지 젊은이들에게 인기가 많은 벨기에 홍합 요리 전문점이다. 벨기에 맥주도 빼놓을 수 없는데 맥주의 종류가 워낙 많아 맥주를 고르는 게 메뉴 선택보다 어려울 수 있다. 여러 명이 함께 나눠 먹을 수 있는 메뉴도 있어 인기가 많아 가족 단위의 손님도 많으므로 주말에 이곳에서 식사를 하려면 예약은 필수이다.

주소 50 Earlham St, City of London, Greater London, WC2H 9HP **전화** 020 7813 2233 **위치** 지하철 Piccadilly 라인 코번트 가든(Covent Graden) 역에서 도보 2분 **시간** 월~목 12:00~23:00, 금~토 12:00~23:30, 일 12:00~22:30 **가격** 홍합 요리 £12~13.50, 메인 코스 £12~45 **홈페이지** www.belgo.com/locations/centraal

가벼운 한 끼 식사

레스토랑에서 여유로운 식사를 하기 어려울 경우, 가벼운 패스트푸드나 조리되어 있는 식품을 판매하고 있는 곳을 찾을 수 있다. 물가가 비싼 편인 런던에서 비교적 저렴하면서도 맛이 좋은 곳을 소개한다.

잇. EAT.

MAPECODE 20316

다양한 샌드위치를 맛볼 수 있는 곳

'잇.'은 영국에서 프레타 망제와 양대 산맥을 이루고 있는 샌드위치 전문점이다. 런던에만 수십 개 이상의 매장을 오픈했으나, 런던에만 집중하지 않고 영국 전역의 틈새시장을 노리며 체인을 오픈하고 있다. 다양한 샌드위치 외에도 각종 빵과 머핀, 빵 속에 치즈와 햄을 넣어 기계에 넣고 구운 파니니(Panini)도 런더너들에게 사랑받는 메뉴이다.

주소 71, high holborn **위치** 지하철 Central, Piccadilly 라인 홀본(Holborn) 역에서 도보 1분 **시간** 월~금 07:00~20:00, 토 09:00~17:00 **휴무** 일요일 **가격** 샌드위치 £2~4, 크루아상 £1~3 **홈페이지** www.eat.co.uk

고멧 버거 키친 Gourmet Burger Kitchen(GBK)

MAPECODE 20317

런던의 고급 수제 버거 맛집

고멧 버거 키친은 줄여서 'GBK'라고도 불리는데, 런던에만 수십 개의 체인점이 있을 만큼 웬만한 관광지에서 쉽게 찾을 수 있다. 이곳은 즉석에서 미디움으로 구운 스테이크에 신선한 야채를 넣고, 홈메이드 소스를 듬뿍 얹은 고급 수제 버거로 유명하다. 감자튀김을 찍어 먹을 수 있는 소스로 케첩과 마요네즈는 기본으로 제공되며 여타 특별한 소스는 별도로 주문해야 한다. 우선 자리를 안내받고 테이블 번호를 확인한 후 계산하면 주문한 버거를 테이블로 가져다준다. 햄버거는 모두 맛있지만 특히 바비큐 버거가 인기가 많다. 고멧 버거 맛에 한 번 빠지면 다른 음식은 생각할 수 없다고 할 만큼 영국에서 인기 있는 체인 레스토랑이다. 또한 셰이크 맛도 일품이다.

주소 102A Baker Street, London, W1U 6TW **전화** 020 7486 8516 **위치** 지하철 Bakerloo, Circle, Jubilee, Metropolitan, Hammersmith & City 라인 베이커 스트리트(Baker Street) 역에서 도보 3분 **시간** 월~토 11:30~23:00, 일 11:30~22:00 **가격** 버거 £7~, 샐러드 £6~, 소스 £1.15~, 콜라 £2.05, 셰이크 £3.75 **홈페이지** www.gbk.co.uk

쉑쉑버거 Shake Shack

MAPECODE 20318

미국의 유명 햄버거 전문점

우리나라에 열풍을 몰고 온 미국의 유명 햄버거 전문점으로 코번트 가든 내에 있다. 한국이나 미국에서 쉑쉑버거의 맛을 못 봤다면 이곳에서 먹어 보자.

주소 Covent Garden, 24 Market Building, The Piazza, WC2E 8RD **전화** 019 2355 5129 **위치** 지하철 Piccadilly 라인 코번트 가든(Covent Graden)역에서 도보 4분, 코번트 가든 내 **시간** 월~토 10:00~23:00, 일 10:00~22:30 **가격** 싱글 버거 £5.50~, 더블 버거 £8.75~ **홈페이지** www.shakeshack.com/location/london-covent-garden

프레타 망제 Pret A Manger

MAPECODE 20319

런전에서 쉽게 찾을 수 있는 샌드위치 체인점

프레타 망제는 런던에만 190개 이상의 매장을 가지고 있을 정도로 어디서든 쉽게 만날 수 있는 샌드위치 전문점이다. '품질 좋은 재료로 만든 샌드위치'를 모토로 한 이곳은 샌드위치라고 값싼 재료를 써서 저렴한 가격에 판매하는 기존의 시장 원리를 과감히 깨고, 품질 좋은 재료를 사용해 제대로 된 먹을거리를 제공하고, 제값에 판매하고 있다. 영국 젊은층으로부터 상당한 인기를 누리며 '패스트푸드 레스토랑의 품격을 높였다'는 평가를 받고 있다. 프레타 망제는 영국을 넘어 미국과 홍콩에서도 자리를 잡았다.

주소 173 Victoria Street, London, London, SW1E 5NA **전화** 020 7932 5224 **위치** 지하철 Circle, District, Victoria 라인 빅토리아(Victoria) 역에서 도보 5분 **시간** 월~금 06:45~23:00, 토 08:00~20:30, 일 08:30~18:00 **가격** 샌드위치 £2~4, 크루아상 £1~3 **홈페이지** www.pret.com

TIP

샌드위치의 유래

18세기 중반 샌드위치 백작이 카드놀이에 빠져 있을 당시, 밥 먹는 시간도 아까워 빵 속에 고기를 끼워 넣은 후 먹은 것에서 유래된 샌드위치는 영국이 낳은 세계적인 음식이라고 할 수 있다. 18세기 말 샌드위치가 미국에 전파되면서 미국인들의 식사로 자리 잡게 되었다. 흔히 샌드위치는 미국의 대표 음식이라고 알고 있지만 원래 샌드위치는 영국 음식이다. 영국은 레스토랑의 수만큼 샌드위치 가게들이 있어 언제 어디서든 쉽고 빠르게 먹을 수 있으며, 샌드위치를 골라 먹는 재미까지 더해 주고 있다.

웍 투 워크 Wok To Walk

MAPECODE 20320

신속하고 저렴한 프렌차이즈 식당

2004년 네덜란드 암스테르담에서 처음 오픈한 웍 투 워크는 신속하면서도 가격이 저렴한 뜨거운 음식이라는 점을 내세워 바쁜 현대인의 입맛을 사로잡은 프랜차이즈 레스토랑이다. 2008년 런던 소호에 자리 잡은 이곳은 런더너들에게 굉장히 사랑받는 곳으로, 줄을 서서 기다려야 음식 맛을 볼 수 있지만 그렇다고 음식이 나오기까지 오랜 시간이 걸리진 않는다. 제일 먼저 면 또는 밥 종류를 선택한 뒤 원하는 재료(고기, 채소, 과일 등 여러 종류로 선택 가능)를 고른다. 마지막으로 자신의 입맛에 맞는 소스를 선택하고, 계산하면 된다. 번호표를 받고 나중에 번호를 부르면 음식을 가져가면 된다.

주소 39 Great Windmill St, Soho, London W1D 7LX **전화** 020 7287 8464 **위치** 지하철 Bakerloo, Piccadilly 라인 피커딜리 서커스(Piccadilly Circus) 역에서 도보 2분 **시간** 월~토 11:00~01:00 / 일 11:00~24:00 **가격** 밥 또는 면 £3.95, 재료 £0.90~£2.05, 음료는 탄산 £1.20, 주스 £1.70 **홈페이지** www.woktowalk.com

차이나타운

피커딜리 서커스에서 레스터 스퀘어로 이어지는 차이나타운에 가면 저렴한 중국 음식점들이 줄지어 서 있다. 이곳은 자유 여행객뿐만 아니라 패키지 여행객들도 식사를 하러 오기 때문에 항상 수많은 사람들로 붐빈다. 저렴한 가격에 많은 양을 먹고 싶을 때 찾으면 좋지만, 친절한 서비스를 기대하지 않는 것이 좋다.

펍

영국은 펍 문화가 발달되어 온 곳이라 런던에서 펍은 무척 대중적이다. 보통 펍이라 하면 술집을 떠올리기 쉽지만 펍이 'Public House'의 약자인 것을 생각하면 런던에서 펍은 단순한 술집 이상의 의미를 갖는다. 커피를 마시거나 식사를 하는 사람, 술을 마시는 사람까지 런던의 펍은 일상생활에서 쉽게 찾아갈 수 있다. 때로는 식사를 위해 레스토랑보다 펍을 찾는 것이 대중적인 요리와 맛을 보장해 주기도 한다.

도그 앤 덕 The Dog & Duck

MAPECODE 20321

오랜 전통이 있는 런던의 유명 펍

런던 펍 중에서도 인기가 높은 곳이다. 존 콘스타블, 조지 오웰과 마돈나의 단골 펍으로도 잘 알려져 있는데, 1873년 처음 영업을 시작해 지금까지 전통을 유지하며 운영되고 있는 곳이다. 1층은 일반 펍이고, 2층은 레스토랑으로 운영된다.

주소 18 Bateman Street, London, Greater London, W1D 3AJ **전화** 020 7494 0697 **위치** 지하철 Central, Northern 라인 토튼넘 코트 로드(Tottenham Court Road) 역에서 도보 4분 **시간** 월~목 11:30~23:00, 금 11:30~23:30, 토 11:00~23:30, 일 12:00~20:30

램 앤 플래그 LAMB AND FLAG

MAPECODE 20322

찰스 디킨스가 자주 찾았던 역사적인 펍

1623년에 생겨 지금까지 운영되고 있는 역사적인 펍이다. 코번트 가든 근처에 있어서 런던 여행 중에 쉽게 찾을 수 있는 곳이라 언제나 많은 사람들로 붐빈다. 찰스 디킨스가 자주 가던 곳으로 알려져 있다.

주소 33 Rose Street, Covent Garden, London, WC2E 9EB **전화** 020 7497 9504 **위치** 지하철 Nothern, Piccadilly 라인 레스터 스퀘어(Leicester Square) 역에서 도보 3분 **시간** 11:00~23:00(일요일은 22:30까지)

조지 인 George Inn

MAPECODE 20323

셰익스피어와 찰스 디킨스의 단골집

16세기 후반부터 운영되어 온 런던에서 꽤 역사 깊은 펍으로, 연극 공연을 하던 곳이기도 하다. 특히 셰익스피어와 찰스 디킨스의 단골집으로도 알려져 있다. 역사적인 가치가 있어서 문화재를 보호하는 곳에서 특별 관리를 하고 있으며 1층과 야외 홀이 있고, 2~3층은 레스토랑 및 갤러리로 구성되어 있다.

주소 The George Inn Yard, 77 Borough High St, London SE1 1NH **전화** 020 7407 2056 **위치** 지하철 Jubillee, Northern 라인 런던 브리지(London Bridge) 역에서 도보 2분 **시간** 월~목 11:00~23:00, 금~토 11:00~24:00, 일 12:00~22:30

프로스펙 오브 위트비 Prospect of Whitby

MAPECODE 20324

런던 최초의 펍

1520년부터 운영된 런던 최초의 펍이다. 런던 시내 중심이 아니라 와핑 지역 안쪽 외곽에 있지만, 런던 펍을 좋아하는 사람들에게 꽤나 인기가 있다. 언제 가도 늘 사람들로 북적이고, 강변에 있어 테라스석에서 맥주 한잔을 즐기기에 좋다.

주소 57 Wapping Wall, St Katharine's & Wapping, London E1W 3SH **전화** 020 7481 1095 **위치** 지하철 East London 라인 와핑(Wapping) 역에서 도보 7분 **시간** 월~목 12:00~23:00, 금~토12:00~24:00, 일 12:00~22:30

셜록 홈스 펍 Sherlock Holmes

MAPECODE 20325

셜록 홈스 테마 펍

셜록 홈스의 팬이라면 런던 여행에서 빼놓을 수 없는 곳이다. 영화나 드라마 속에 등장했던 곳은 아니지만, 셜록 홈스의 다양한 기념품과 소품을 모아 놓아 인기가 있다. 1층은 펍이고, 2층은 식사를 곁들일 수 있으며, 영국 전통 요리를 맛볼 수 있다.

주소 10 Northumberland St, London WC2N 5DB **전화** 020 7930 2644 **위치** 지하철 Bakerloo, Northern 라인 차링 크로스(Charing Cross) 역에서 도보 3분 **시간** 일~목 10:00~23:00, 금~토 10:00~24:00

살롱 드 떼 & 카페

홍차 하면 영국과 런던을 떠올릴 정도로 런던은 홍차의 도시이기도 하다. 그만큼 살롱 드 떼가 많이 있고, 최근엔 맛좋은 카페도 많이 등장해 커피를 좋아하는 여행객들의 발길을 이끈다.

포트넘 앤 메이슨 Fotnum & Mason

MAPECODE 20326

영국의 대표적인 홍차로 즐기는 애프터눈 티

영국의 대표적인 홍차 브랜드로 포트넘 앤 메이슨을 손꼽는다. 피커딜리 서커스 근처에 매장이 있고, 건물 내 4층에는 애프터눈 티를 즐길 수 있는 전통 살롱 '다이아몬드 주빌리 티 살롱'이 있다. 인기가 워낙 많은 곳이므로 여행을 출발하기 전에 미리 예약하는 것이 좋다.

다이아몬드 주빌리 티 살롱 아래층에 있는 The Parlour은 좀 더 캐주얼한 분위기로, 다양한 카페 메뉴 혹은 가벼운 식사를 즐길 수 있다.

주소 181 Piccadilly, St. James's, London W1A 1ER **전화** 020 7734 8040 **위치** 지하철 Bakerloo, Piccadilly 라인 피커딜리 서커스(Piccadilly Circus) 역에서 도보 5분 **시간** 월~토 10:00~21:00, 일 11:30~18:00

MAPECODE 20327

메종 베르토 Maison Bertaux

소호에서 맛보는 디저트와 향긋한 홍차

영국 최초의 베이커리. 케이크와 디저트, 홍차를 좋아한다면 런던 여행 중에 절대 빼놓을 수 없는 곳이다. 1871년부터 시작해 140년이 넘는 시간 동안 운영되어 왔다. 소호의 작은 골목 사이, 오래된 맛집에서 홍차와 디저트를 먹는 것만으로 런던 여행을 달콤하게 만들어 준다.

주소 28 Greek St, London W1D 5DQ **전화** 020 7437 6007 **위치** 레스터 스퀘어에서 도보 약 5분 **시간** 08:00~23:00

MAPECODE 20328 20329

몬머스 Monmouth

질 좋은 원두로 맛보는 다양한 커피

코번트 가든과 버러우 지역에 있는 몬머스 커피는 커피를 좋아하는 사람이라면 꼭 들러야 하는 곳이다. 공정무역을 통해 질 좋은 원두를 소량으로 받아오기 때문에 원두에 따라 다양한 맛의 커피를 즐길 수 있다는 것이 장점이다. 그래서 언제나 몬머스 커피를 맛보고 싶어 하는 사람들의 발길이 끊이지 않고, 줄을 서서 커피를 맛보는 커피 맛집이 되었다.

코번트 가든

주소 27 Monmouth Street Covent Garden London WC2H 9EU **전화** 020 7232 3010 **위치** 지하철 Piccadilly 라인 코번트 가든(Covent Garden) 역에서 도보 5분 **시간** 월~토 08:00~18:30 **휴무** 일요일

버러우

주소 2 Park Street The Borough London SE1 9AB **전화** 020 7232 3010 **위치** 지하철 Jubillee, Nothern 라인 런던 브리지(London Bridge) 역에서 도보 3분 **시간** 월~토 07:30~18:00 **휴무** 일요일

알아 두면 좋은 런던 레스토랑 상식

한국보다 더 비싼 '금 김치'

영국 대부분의 한식당에서는 김치 값을 별도로 받고 있다. 어떤 여행객들은 김치 값을 받는다고 기분이 상해 돌아가는데, 그건 영국의 살인적인 물가 때문이니, 가급적이면 이해하자. 한국에서 먹는 음식 가격과 비교하면 비싸다고 생각할지 몰라도 대부분의 영국 현지 레스토랑과 비교하면 한국 음식은 저렴한 편이다. 로마에 가면 로마의 법을 따르는 법! 여행지에서도 한국과 같기를 바란다면, 제대로 된 여행을 즐기기 어려울 것이다.

런던 스타일의 '레모네이드'

일반적으로 런던에서 음료를 주문할 때 '레모네이드'를 시키면 우리가 흔히 먹는 레모네이드가 아닌, 탄산수인 사이다에 레몬 한 조각을 넣은 것이 나온다. 그래서 이 레모네이드가 나오면 주문을 잘못한 줄 알고 착각하는 여행객들이 많다.

테이크 어웨이? 테이크 아웃?

'프레타 망제'도 '잇.'도 테이크 어웨이를 할 경우, 조금 더 저렴한 가격에 구입할 수 있다. 계산하면서 종업원이 '잇 인 오어 테이크 어웨이?(Eat In or Take Away?)' 라고 물어본다면 테이크 어웨이를 외쳐 주자. 물론 가게 안에서 편하게 먹고 싶다면 '잇 인(Eat In)' 또는 '인(In)'만 해도 된다. 우리가 흔히 쓰고 있는 '테이크 아웃(Take Out)'이라는 표현은 미국식이며 영국에서는 '테이크 어웨이(Take Away)'라고 표현한다.

여행을 준비할 때 가장 신중하게 선택해야 하는 것이 숙소다. 여행 스타일이나 취향, 누구와 함께 하는 여행인지에 따라 숙소의 종류를 선택한 후 교통이 편리한지, 내부 시설과 룸 상태가 괜찮은지, 가격 대비 여러 조건이 잘 갖추어져 있는지 세부 사항을 꼼꼼히 확인하고 선택해야 한다.

호텔

관광 도시답게 많은 호텔이 있지만 물가가 워낙 비싸다 보니 호텔 비용 역시 만만치 않다. 또한 다른 유럽 국가에 비해 호텔급이 낮아질수록 서비스와 청결에서 큰 차이를 보이기 때문에 사전에 꼼꼼히 알아 보고, 다양한 호텔을 비교·검색할 수 있는 사이트를 이용하면 편리하다. 호텔 가격은 비수기와 성수기에 따라 급격하게 차이가 있을 수 있다. 런던 호텔 체인 중엔 파크 프라자 호텔이 4성급으로 신혼 여행객부터 일반 여행자에게 인기가 높다. 여러 지역에 있기 때문에 선호하는 지역에서 선택해도 좋다. 또한 홀리데이 인 런던 역시 4성급 호텔로 메이페이를 비롯한 여러 지역에서 찾을 수 있다.

파크 프라자 호텔

MAPECODE 20330 20331

런던의 4성급 체인 호텔로 빅토리아 역 부근과 웨스트민스터 부근 등 런던 여행의 위치 좋은 곳에 있어 여행객들에게 인기가 높은 호텔이다.

파크 프라자 웨스트민스터 브리지

Park Plaza Westminster Bridge London

주소 200 Westminster Bridge Rd, South Bank, London SE1 7UT **전화** 0333 400 6112 **위치** 지하철 Bakerloo, Jubilee, Northen, Waterloo & City 라인 워털루(Waterloo) 역 부근 **가격** 1박 약 22만 원~

파크 프라자 빅토리아

Park Plaza Victoria London

주소 239 Vauxhall Bridge Rd, Pimlico, London SW1V 1EQ **전화** 0333 400 6140 **위치** 지하철 Circle, District, Victoria 라인 빅토리아(Victoria) 역 부근 **가격** 1박 약 20만 원~ **홈페이지** www.parkplaza.com

홀리데이 인 런던

MAPECODE 20332 20333

런던의 4성급 체인 호텔로 런던 시내 중심부터 여러 곳에 있어 위치 좋은 곳에 숙박을 하고 싶은 여행객들에게 인기가 높다.

홀리데이 인 런던 리젠트 파크

Holiday Inn London - Regent's Park

주소 Carburton St, Fitzrovia, London W1W 5EE **전화** 0871 942 9111 **위치** 지하철 Bakerloo 라인 리젠트 파크(Regent's Park) 역에서 도보 약 5분 **가격** 1박 약 20만 원~

홀리데인 인 런던 블룸스버리

Holiday Inn London Bloomsbury

주소 Coram St, Bloomsbury, London WC1N 1HT **전화** 0871 942 9222 **위치** 지하철 Piccadilly 라인 러셀 스퀘어(Russell Square) 역 부근 **가격** 1박 약 17만 원~

파크 그랜드 런던

MAPECODE 20334 20335

패딩턴 부근의 4성급 호텔

런던의 4성급 체인 호텔로 주로 패딩턴 역 부근에 여러 호텔이 있다. 시내 중심에 위치한 다른 4성급 호텔에 비해 저렴한 편인데, 룸 컨디션도 괜찮아서 인기가 높다.

파크 그랜드 패딩턴 코트 런던

Park Grand Paddington Court London

주소 27 Devonshire Terrace, London W2 3DP **전화** 020 7745 1200 **위치** 지하철 Circle, District, Bakerloo 라인 패딩턴(Paddington) 역에서 도보 7분 **가격** 1박 약 12만 원~

파크 그랜드 런던 하이드 파크

Park Grand London Hyde Park

주소 78-82 Westbourne Terrace, Paddington, London W2 6QA **전화** 020 7262 4521 **위치** 지하철 Circle, District, Bakerloo 라인 패딩턴(Paddington) 역에서 도보 5분 **가격** 1박 약 13만 원~

버클리 The Berkeley

MAPECODE 20336

고급스러운 인테리어의 5성급 호텔

런던에서도 가장 부유한 지역인 나이츠 브리지에 있는 100년이 넘은 5성급 호텔이다. 이탈리아산 대리석 욕실과 고급스러운 패브릭으로 꾸민 침실이 특징이다. 호텔 내 수영장과 헬스 클럽을 무료로 사용할 수 있고, 주변에는 고급 쇼핑 지구와 해러즈 백화점, 하이드 파크, 버킹엄 궁전도 가까이에 있다. 체크인 시간은 오후 14:00부터이며 체크아웃은 정오 12:00까지다.

주소 Wilton Pl, London, SW1X 7RL **전화** 020 7235 6000 **위치** 지하철 Piccadilly 라인 하이드 파크 코너(Hyde Park Corner) 역과 나이츠 브리지(Knights bridge) 역 사이로 도보 5분 **가격** 1박 약 80만 원~ **홈페이지** www.the-berkeley.co.uk

이비스 스타일 런던 서더크 Ibis Styles London Southwark

MAPECODE 20337

유명 관광지와 접근성이 좋은 호텔

템스강과 테이트 모던, 셰익스피어 글로브 근처에 위치한 현대식 호텔이다. 체크인과 체크아웃 시간은 모두 낮 열두 시이다. 타워 브리지, 세인트 폴 대성당 등 유명 관광지 또한 도보로 이용 가능할 만큼 접근성이 좋다.

주소 43-47 Southwark Bridge Road, London, SE1 9HH **전화** 020 7015 1480 **위치** 지하철 Jubilee 라인 서더크(Southwark) 역과 Jubilee, Northern 라인 런던 브리지(London Bridge) 역 사이로 도보 5~10분 도보 서더크 브리지에서 서더크 지역 방향으로 직진 후 서더크 브리지 로드에 위치 **가격** 1박 약 23만 원~ **홈페이지** www.southwarkrosehotellondon.co.uk

달링턴 하이드 파크 Darlington Hyde Park

MAPECODE 20338

빅토리아풍의 타운 하우스 호텔

하이드 파크 방향으로 북쪽에 위치한 달링턴 하이드 파크 호텔은 빅토리아풍의 타운 하우스 호텔이다. 공공장소에서 무료 와이파이를 사용할 수 있으며 조식은 유럽식과 영국식 중 선택할 수 있다. 주변으로 옥스퍼드 스트리트가 있으며 체크인은 오후 14:00부터, 체크아웃은 오전 11:00까지다.

주소 111 - 117 Sussex Gardens, London, W2 2RU **전화** 020 7460 8800 **위치** 지하철 Circle, District, Bakerloo 라인 패딩턴(Paddington) 역과 Central 라인 라세스터 게이트(Lancaster Gate) 역 사이로 도보 10분 **가격** 1박 약 22만 원~ **홈페이지** www.darlingtonhotel.com

호스텔 & 민박

런던 대부분의 호스텔은 공식 유스 호스텔과 사설 호스텔을 포함해 100여 개가 있다. 이는 젊은 여행객이 런던을 많이 찾는다는 증거다. 유럽의 호스텔은 특별히 성별을 구분해서 방 배정을 하지 않는 경우가 많기 때문에 남녀 구분 또는 여성 전용을 원한다면 전용 룸이 있는 호스텔을 찾아야 한다. 호스텔은 다양한 국적의 여행객이 함께 모여 있어 외국인들과 소통하며 어울릴 수 있고 음식을 해먹을 수 있다는 것이 장점이지만, 소지품 관리에 각별히 신경 써야 한다는 단점도 있다.
외국인과의 생활이 불편하거나 한국인의 도움이 필요하다면 한인 민박을 이용할 수 있다. 런던은 한인 민박이 꽤 많은 편이지만, 유럽의 다른 민박에 비해 부침이 심해 좋은 곳을 찾기란 쉽지 않다. 그리고 런던의 가정집이 워낙 작아 화장실, 샤워실, 휴게실 등의 공간이 협소해 시설적인 면에서 실망하기 쉽다. 하지만 한식을 제공하거나 인터넷 사용이 자유롭고, 여행 정보를 얻기 쉽다는 점에서 인기가 많다.

YHA 런던 센트럴점 YHA London Central

MAPECODE 20339

접근성 좋은 영국의 공식 유스 호스텔

영국 공식 유스 호스텔 중 하나인 YHA 런던 센트럴점은 영국의 YHA 호스텔 가운데 가장 최근에 지은 호스텔이다. 현대식 구조에 젊은 층이 선호하는 원색의 인테리어로 꾸며져 있으며 개인용 로커 이용 시 별도의 자물쇠가 필요하다. 지하철역이 가까워 이동이 편리하고, 소호 등의 번화가가 인접해 있어 인기가 좋다.

주소 104 Bolsover St, London, W1W 5NU 전화 0845 371 9154 위치 지하철 Hammersmith & City, Circle, Metropolitan 라인 그레이트 포틀랜드 스트리트(Great Portland Street) 역에서 하차 5분 도보 테스코(tesco)와 포틀랜드 푸드 앤 와인(Portland Food & Wine) 사잇길로 내려가다 보면 오른편 가격 도미토리 1박 약 £18 홈페이지 www.yha.org.uk

런던 빅토리아 지베 London Victoria Zibe

MAPECODE 20340

시내 관광지와 가까운 한인 민박

빅토리아 역과 핌리코 역 부근에 있는 런던 빅토리아 지베는 프리미엄 민박으로 1인실, 2인실, 가족실로만 운영하고 있다. 런던 시내 관광지를 대부분 30분 이내에 갈 수 있으며 빅토리아 코치 스테이션도 가까워 근교 여행지로의 이동도 편리하다. 또한 아침저녁으로 푸짐한 한식을 제공해 한국 음식이 그리운 여행객이라면 이곳을 추천한다.

전화 (한국에서) +44 747 5939 599, (영국에서) 0791 2649 953 위치 지하철 Circle, District, Victoria 라인 빅토리아(Victoria) 역 부근 예약 cafe.naver.com/victoriazibe 카카오톡 londonsopung1 가격 1인실 £50, 성수기 £60 / 2인실(더블룸) £60, 성수기 £80 / 2인실(트윈룸) £70, 성수기 £90 / 가족룸 2인 기준 £100, 성수기 £120, 1인 추가 시 £25

고고씽 Gogoxing London

MAPECODE 20341 20342

다양한 룸이 있는 민박

도미토리부터 개인실까지 다양한 룸이 있고 1, 2호점을 운영한다. 두 곳 모두 엘리펀트 캐슬 역과 가까워 런던 1존에 위치한 민박을 찾는다면 추천한다. 특히, 숙박비에 식사 비용까지 포함되어 있어 3식이 제공되므로 돈을 아껴야 하는 배낭여행객에게 추천하는 곳이다.

주소 1호점 Perronet House Princess Street London SE1 6JR 2호점 Edison House New Kent Road London SE16UA 전화 (한국에서) +44 791 075 1440, (영국에서) 0791 075 1440 위치 지하철 Bakerloo, Northen 라인 엘리펀트 캐슬(Elephant & Castle) 역에서 1호점은 도보 3분, 2호점은 도보 8분 예약 cafe.naver.com/gogoxinglondon 카카오톡 gogoxinglondon 가격 1호점 도미토리 £27, 2인실(2층 침대) £65, 2인실(트윈 침대) £75, 3인실(2층 침대 2개) £100, 4인실(2층 침대 2개) £120 2호점 도미토리 £25, 2인실(2층 침대) £65, 3인실(2층 침대 2개) £90, 4인실(2층 침대 2개) £110 / 성수기와 극성수기 기간은 요금 인상

근교 여행

해리포터 스튜디오 / 윈저 성 / 옥스퍼드
코츠월즈 / 배스 / 스트랫퍼드 어폰 에이번
케임브리지 / 리즈 성 / 캔터베리
라이 / 헤이스팅스 / 이스트본
레이크 디스트릭트

Suburban Town

런던 근교 도시

이스트본 Eastbourne

영국 노인들이 남은 생을 보내고 싶어 하는 실버타운과 외국인들에게 인기가 많은 어학교가 위치한 이곳은 잘 보존된 항구 마을로, 특별히 해수욕이 가능하기 때문에 여름에 방문하기 좋다.

케임브리지 Cambridge

옥스퍼드와 더불어 전 세계에서도 손꼽히는 영국의 대학 도시로 런던에서 남동쪽으로 약 90km 떨어져 있다.

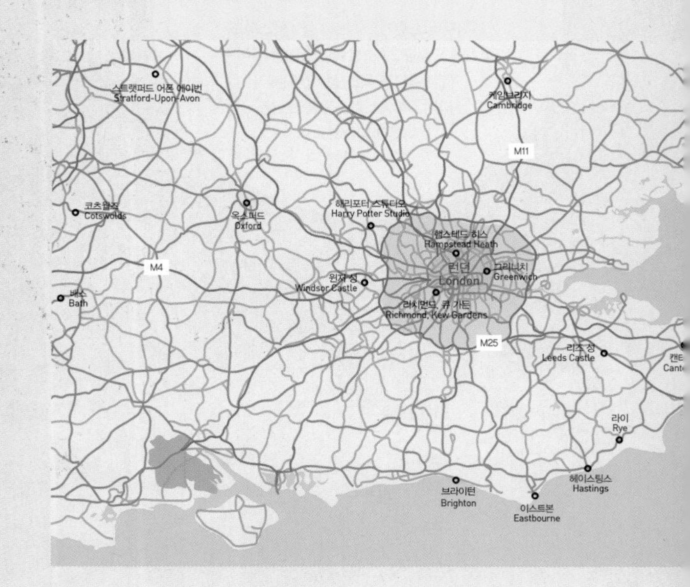

옥스퍼드 Oxford

영화 〈해리포터〉의 배경지로 등장해 대학 도시라는 타이틀과 함께 영화 촬영지라는 명성까지 더해지면서 학문뿐만이 아니라 문화적으로도 친숙해진 관광지가 되었다.

코츠월즈 Cotswolds

영국 사람들이 은퇴 후 가장 살고 싶은 곳으로 뽑은 코츠월즈는 전원의 풍경과 어울리는 벌꿀 색의 돌집들이 마치 동화에서나 나올 법한 아름다움을 간직한 마을이다.

배스 Bath

현재까지도 로마 시대 유적과 함께 조지 시대의 양식이 잘 보존되어 있어, 1987년 도시 전체가 유네스코 세계 문화유산으로 지정되었으며 매년 관광객들로 도시 전체가 붐빈다.

리즈 성 Leeds Castle
런던 남동쪽 캔트에 있는 리즈 성은 세상에서 가장 사랑받는 성 중의 하나이다. 런던에서 그리 멀지 않아서 하루 당일치기 여행으로 제격이다.

윈저 성 Windsor Castle
런던에서 서쪽으로 약 37km에 위치한 윈저 성은 런던에서 가장 사랑받는 근교지이며, 윈저 성의 맞은편 템스강 건너에는 상류층 자제들이 다니는 이튼 학교가 있다.

해리포터 스튜디오 Harry Potter Studio
해리포터 영화 시리즈를 제작한 워너 브라더스 스튜디오에서 만든 해리포터 테마파크로, 런던에서 약 30km 정도 떨어져 있다.

레이크 디스트릭트 Lake District
영국에서 가장 큰 호수인 윈더미어호를 중심으로 트레킹의 성지이자 영국인들이 은퇴 후 가장 머물고 싶어 하는 곳이다.

라이 Rye

고대와 중세의 모습이 조화롭게 어우러진 아름다운 마을로, 런던에서 남동쪽으로 약 110km 떨어져 있다.

스트랫퍼드 어폰 에이번 Stratford-Upon-Avon

중세 튜더 양식이 가장 잘 보존되어 있는 곳으로 영국이 낳은 세계적인 대문호 셰익스피어의 고향이다. 곳곳에 셰익스피어의 발자취가 남아 있다.

캔터베리 Canterbury

런던에서 남동쪽으로 약 85km 떨어진 곳에 위치한 캔터베리는 영국 최초 시인 제프리 초서가 저술한 운문 설화집인 〈캔터베리 이야기〉의 실제 배경인 도시로 거대하고 화려한 캔터베리 대성당을 만날 수 있다.

헤이스팅스 Hastings

역사적인 헤이스팅스 전투가 벌어졌던 장소로, 19세기에 들어와 휴양지로 새롭게 정비되었다. 현재는 런던 사람들이 휴식을 위해 즐겨 찾는 휴양지로 사랑받고 있다.

근교 여행지로 이동하기

근교 여행을 떠날 때 가장 많이 이용하는 교통편은 코치(장거리 버스)와 기차다. 목적지에 따라 적절한 교통수단을 선택하자.

장거리 버스 Coach

도시	출발지	버스 회사	도착지	소요 시간
윈저 성	그린 라인 코치 역 Green Line Coach Station	그린 라인 702번	윈저 페리쉬 처치 Winsor Parish Church	약 40분
옥스퍼드	빅토리아 코치 역 Victoria Coach Station	내셔널 익스프레스	옥스퍼드 코치 스테이션 Oxford Coach Station	약 2시간
	그린 라인 코치 역 Green Line Coach Station	메가 버스		
코츠월즈	빅토리아 코치 역 Victoria Coach Station	내셔널 익스프레스	시런세스터 Cirencester	약 2시간 30분
			첼튼엄 스파 Cheltenham Spa	약 2시간 30분 ~3시간
배스	빅토리아 코치 역 Victoria Coach Station	내셔널 익스프레스	배스 스파 Bath Spa	약 3시간 30분
스트랫퍼드 어폰 에이번	빅토리아 코치 역 Victoria Coach Station	내셔널 익스프레스	스트랫퍼드 어폰 에이번 Stratford-upon-Avon	약 2시간 20분 ~4시간 40분
케임브리지	빅토리아 코치 역 Victoria Coach Station	내셔널 익스프레스	캐임브리지 파크사이드 Cambridge Parkside(CityCentre)	약 2시간 15분 ~3시간 40분
캔터베리	빅토리아 코치 역 Victoria Coach Station	내셔널 익스프레스	캔터베리 버스 스테이션 Canterbury Bus Station	약 2시간
헤이스팅스	빅토리아 코치 역 Victoria Coach Station	내셔널 익스프레스	헤이스팅스 타운 센터 Hastings Town Center	약 2시간 35분
이스트본	빅토리아 코치 역 Victoria Coach Station	내셔널 익스프레스	이스트본 Eastbourne	약 2시간 50분

그린 라인 코치 역 Green Line Coach Station

빅토리아 코치 역 대부분의 버스가 내셔널 익스프레스라면 그린 라인 코치 역은 작은 버스 회사들(그린 라인, 메가 버스 등)이 이용하는 버스 터미널로 빅토리아 역과 빅토리아 코치 역 사이에 있다. 그린 라인 코치 역에서 근교 여행 시 가장 많이 이용하게 되는 버스 회사는 메가 버스이며 미리 예약하려면 홈페이지를 이용하자. 단, 인터넷 예약 시 £1의 수수료가 포함된다.

위치 지하철 Victoria, Circle, District 라인 빅토리아(Victoria) 역에서 역 내부에 있는 빅토리아 플레이스 쇼핑센터를 지나면 그린 라인 코치 역(Green Line Coach Station) 방향으로 나오게 된다. / 만일 빅토리아 역에서 출구를 찾기 어렵다면 빅토리아 역 정문으로 나와서 역을 등지고 왼쪽으로 향하면 버킹엄 팰리스 로드(Buckingham Palace Road)가 보이는데 여기서 왼쪽으로 돌아 직진하다 보면 빅토리아 역을 지나서 그린 라인 코치 역이 보인다(버스 번호에 따라서 터미널 밖 버스 정류장에서 출발하는 경우도 있다.) 버스 11, 44, 170, 211, C10번 빅토리아 코치 역에서 하차 홈페이지 www.megabus.com (메가 버스)

빅토리아 코치 역 Victoria Coach Station

코치는 장거리 버스를 의미하는데, 대부분 근교 여행을 가기 위해선 빅토리아 역 근처에 있는 빅토리아 코치 역을 이용한다. 빅토리아 코치 역의 코치는 보통 내셔널 익스프레스 회사(National Express)의 코치이기 때문에 인터넷 예약 시 내셔널 익스프레스 사이트에서 예약해야 한다. 인터넷을 통해 미리 예약했다면 프린트를 해서 가져가고, 현장에서 직접 표를 구입할 땐 편도 티켓보다 왕복 티켓이 더 저렴하다. 인터넷 예약을 하지 않더라도 사이트를 통해서 가고자 하는 도시의 왕복 타임테이블을 미리 알고 있는 것이 현장에서 표를 구입하는 데 도움이 될 것이다. 대부분의 장거리 버스들이 좌석 번호가 없기 때문에 좋은 좌석을 선택하고 싶다면 다른 사람들보다 일찍 줄을 서야 한다. 빅토리아 코치 역에서 출발하는 도시는 주로 이스트본, 케임브리지, 캔터베리, 배스, 코츠월즈다.

위치 지하철 Victoria, Circle, District 라인 빅토리아(Victoria) 역에서 역 내부에 있는 빅토리아 플레이스 쇼핑센터를 지나면 그린 라인 코치(Green Line Coach Station) 역 방향으로 나오게 된다. 그럼 버킹엄 플레이스 로드(Buckingham Palace Road)가 나오는데 그린 라인 코치 역을 지나 시계탑이 보이는 방향으로 걷다 보면 오른쪽에 위치한다. / 빅토리아 역에서 출구 찾기가 어려울 때는 빅토리아 역 정문으로 나와서 역을 등지고 왼쪽으로 나오면 버킹엄 팰리스 로드가 나온다. 여기서 왼쪽으로 돌아 직진하다 보면 시계탑이 보이는데 시계탑 가기 바로 전인 오른쪽에 위치한다. 버스 11, 44, 170, 211, C10번 빅토리아 코치 역에서 하차 홈페이지 www.nationalexpress.com (내셔널 익스프레스)

경전철 DLR(Docklands Light Railway)

런던 북동쪽 새롭게 건설된 신도시 도크랜즈를 지나 그리니치까지 운행하는 무인 전철로 자동으로 움직이는 모습이 마치 놀이공원의 모노레일 같은 느낌을 주는 경전철이다. 이용 방법은 지하철과 동일한데 신도시이다 보니 개찰구가 없이 오이스터 카드 터치판만 세워진 곳이 있는데 미처 그것을 보지 못해 카드를 터치하지 않고 그냥 타는 경우가 많으니 주의하자.

근교 여행지로 이동하기

기차 Brit Rail

우리나라의 서울역처럼 런던을 대표하는 곳이 바로 빅토리아 역이다. 하지만 모든 근교 여행이 빅토리아 역에서 출발하는 것이 아니기 때문에 가려는 곳이 런던 어느 역에서 출발하는지를 미리 알아 두는 것이 좋다. 런던의 기차역은 지하철역 이름과 같으며, 도착할 시 기차역 방향 이정표가 잘 되어 있어서 기차역에 찾아가는 것도 어렵지 않다. 열차 시간표는 홈페이지(www.nationalrail.co.uk)에서 확인하자.

도시	런던 출발역	도착역	소요 시간
윈저 성	패딩턴 Paddington	윈저 & 이튼 센트럴 Windsor & Eton Central ※ 슬로 Slough역에서 1회 경유	약 25~45분
	워털루 Waterloo	윈저 & 이튼 리버사이드 Windsor & Eton Riverside	약 1시간
옥스퍼드	매릴번 Marylebone	옥스퍼드 Oxford	약 1시간
	패딩턴 Paddington		
코츠월즈	패딩턴 Paddington	모턴 인 매시 Moreton-in-Marsh	약 1시간 35분
배스	패딩턴 Paddington	배스 스파 Bath Spa	약 1시간 30분
스트랫퍼드 어폰 에이번	매릴번 Marylebone	스트랫퍼드 어폰 에이번 Stratford-upon-Avon ※1회 경유 (경유지는 기차에 따라 다름)	약 2시간
케임브리지	킹스 크로스 Kings Cross	케임브리지 Cambridge	약 45분 ~1시간 50분
	리버풀 스트리트 Liverpool Street		
리즈 성	빅토리아 Victoria	베어스테드 Bearsted ※ 리즈 성까지 역에서 버스 환승	약 1시간
캔터베리	빅토리아 Victoria	캔터베리 이스트 Canterbury East	약 1시간 30분 ~2시간
	빅토리아 Victoria	캔터베리 웨스트 Canterbury West	약 1시간~ 2시간
	차링 크로스 Charing Cross		
	세인트 판크라스 St Pancras		
라이	세인트 판크라스 St Pancras	라이 Rye (Sussex) ※ Ashford International에서 1회 환승	약 1시간 10분
헤이스팅스	런던 브리지 London Bridge	헤이스팅스 Hastings	약 1시간 30분 ~2시간
	차링 크로스 Charing Cross		
	빅토리아 Victoria		
이스트본	빅토리아 Victoria	이스트본 Eastbourne	약 1시간 30분
호수 지방 (윈더미어)	유스턴 Euston	윈더미어 Windermere ※1회 경유 (경유지는 기차에 따라 다름)	약 3시간 15분 ~4시간

열차의 종류

영국의 열차는 우리나라처럼 공기업인 코레일 한 곳에서 운영하는 게 아니라 20개 이상의 철도 회사가 있기 때문에 열차 노선이 만만치 않게 복잡하다. 하지만 영국의 국영 철도(British Rail)가 중앙 정보 시스템을 운영하므로 어렵지 않게 열차를 이용할 수 있다. 국영 철도를 중심으로 런던에서 남부와 서부를 이어 주는 퍼스트 그레이트 웨스턴(First Great Western), 런던에서 스코틀랜드까지 이어지는 북부에는 스코트 레일(Scot Rail), 서해 간선과 전국적으로 노선을 연결시켜 주는 버진 트레인(Virgin Trains)이 영국의 열차를 책임지고 있는 주요 철도 회사이다.

알아 두면 유용한 철도 홈페이지

국영 철도(British Rail): www.britishrail.com
퍼스트 그레이트 웨스턴(First Great Western): www.gwr.com
스코트 레일(Scot Rail): www.scotrail.co.uk
버진 트레인(Virgin Trains): www.virgintrains.co.uk

영국 철도 패스 구입하기

런던에서 근교 여행 시 열차를 이용하는 횟수가 1, 2회 정도라면 현지 역에 가서 티켓 창구 또는 자동 발매기를 통해 구입하면 된다. 만약 여행 중에 일정을 바꿀 일이 없다면 미리 인터넷을 통해 예약하자.

★티켓팅할 때 주의할 점

편도(Single)로 티켓을 끊을 것인지, 당일 왕복(Cheap Day Return) 티켓을 끊을 것인지 미리 결정해야 한다. 혹시 당일 돌아올 수 없다면 돌아오는 날을 지정하지 않고 사용할 수 있는 오픈 왕복(Saver Open Return) 티켓을 추천한다. 영국에서의 열차 티켓은 편도보다 당일 왕복 티켓이 저렴하며 오픈 왕복 티켓은 당일 왕복 티켓보다 조금 비싼 편이다. 그래도 편도로 티켓을 발매하는 것보다 저렴하다. 만약 일행이 3인 이상이라면 단체 티켓 할인을 받을 수 있는데 세 번째 사람부터 50% 할인이 적용된다.

★열차 좌석 구별하기

영국에서의 열차 티켓엔 1등석과 2등석으로 열차의 칸을 구별하고 있으며 별도의 좌석 번호가 지정되어 있지 않기 때문에 자신이 선택한 등석에서 자유롭게 좌석을 선택할 수 있다. 이때 좌석이 'Reserved'라는 예약 표시가 되어 있다면 좌석이 예약된 곳이니 이곳에만 앉지 않으면 된다. 주말 또는 뱅크홀리데이(공휴일), 성수기 기간에는 빈 좌석이 많지 않기 때문에 좌석 예약을 따로 하는 것이 좋지만 별도의 수수료를 내야 한다. 온라인으로 예약할 경우에는 홈페이지(www.thetrainline.com)를 이용하자.

근교 여행지로 이동하기

열차 타기

티켓을 구입했으면 티켓을 확인해야 한다. 열차 플랫폼 안내를 하고 있는 대형 전광판을 통해서 플랫폼 번호를 확인한 뒤, 해당되는 플랫폼에서 다시 한 번 목적지가 같은지를 확인하고 열차에 탄다. 혹시나 직통으로 가는 열차가 아니라 갈아타야 하는 열차라면 전광판에서 최종 목적지가 아닌 경유지를 확인한 후 열차에 오르도록 하자. 전광판을 보는 게 쉽지 않다면 역내 안내 센터에 들러 타임테이블을 뽑아 달라고 하는 것이 좋다. 탑승해야 하는 플랫폼 번호부터 경유지의 플랫폼 번호까지 쉽게 알 수 있다. 열차에 오를 땐 자신의 티켓이 1등석인지, 2등석인지 확인한 후 해당하는 칸에 탑승하면 된다.

TIP

패스 사용 시 주의 사항!

영국 철도 패스는 발권한 뒤 6개월 이내에 사용해야 하며, 처음 사용하기 전에는 티켓 창구나 역내 안내 센터에 가서 패스와 함께 여권을 보여 주면 티켓에 스탬프(티켓 오픈 도장)를 찍어 준다. 만약 패스에 스탬프를 받지 않으면 패스가 있어도 무임승차로 벌금을 낼 수 있으니 주의하도록 하자. 그리고 패스를 받으면 티켓을 감싸고 있는 커버는 패스를 마지막으로 사용할 때까지 절대 벗기지 말아야 한다. 커버를 벗기면 티켓이 있어도 패스로 인정받지 못한다.

또한 영국을 포함한 유럽 나라에서의 열차 티켓 검사 방법은 열차를 타기 전이 아니라 탄 후, 열차가 출발하면 검표원이 돌아다니며 검사를 한다. 검표원이 검사하기 전까지 열차를 탄 정확한 날짜를 본인이 패스에 직접 적어야 하는데 이때 날짜를 표기할 때 월/일이 아닌, 유럽 표기법인 일/월로 기입해야 한다. 예컨대 12월 3일의 경우 12/3이 아닌 3/12로 표기해야 한다. 날짜를 쓸 때는 지워지는 연필로 쓰면 이것 또한 위조가 가능하기에 티켓으로 인정받지 못할 수 있으니 반드시 지워지지 않는 볼펜이나 펜으로 쓰자. 펜의 색상은 상관없다.

영국 철도 패스(Brit Rail Pass) 이해하기

런던에서 근교 여행의 횟수가 많다면 열차를 이용하는 비용이 만만치 않을 것이다. 그런 여행자들을 위해 판매하고 있는 것이 영국 철도 패스(Brit Rail Pass)이다. 여행지에 따라 종류도 다양해 영국 철도 패스를 잘만 활용하면 열차 비용에 대한 부담을 조금 줄일 수 있다.
영국 철도 패스는 6가지 종류로 나뉘는데 잉글랜드, 스코틀랜드, 웨일스, 아일랜드 네 지역에 따라 패스 종류가 조금씩 달라진다. 그렇기 때문에 영국 여행을 준비하면서 열차를 이용하게 될 때 어떤 지역에서 열차를 타는지 파악해야 해당하는 패스를 구입할 수 있다. 지역을 이해해야만 좀 더 저렴한 패스 구입이 가능한 것이다. 영국 철도 패스는 영국에서는 구입할 수 없으니 우리나라에서 구입해서 여행을 떠나자. 열차 패스는 열차를 이용할 수 있는 티켓이지, 좌석이 지정되어 있지 않기 때문에 성수기나 주말, 공휴일에는 티켓 창구에서 추가 요금을 내고 좌석을 지정받는 것이 안전하다.

① 영국 철도 런던 플러스 패스 Brit Rail London Plus Pass

영국 철도 런던 플러스 패스는 말 그대로 런던 플러스 패스이기 때문에 영국(잉글랜드, 아일랜드, 스코틀랜드, 웨일스) 지역 거주자에게는 유효하지 않다. 런던에서 가까운 근교를 당일치기로 여행을 할 여행자들을 위해 특별히 만들어진 유용한 패스로 영국 남동부 지역 구간에 사용할 수 있다. 옥스퍼드, 캔터베리, 케임브리지, 솔즈베리, 브라이턴, 배스, 스트랫퍼드 어폰 에이번 여행 시 사용이 가능하며, 패스가 허용하는 구간은 배스, 브리스틀, 하리치, 킹스 린, 헌팅던, 베드퍼드, 롱 벅비, 스트랫퍼드 어폰 에이번, 우스터 포어게이트, 베드윈, 솔즈베리, 브리스톨 템플 메즈 , 웨이머스 역까지 가능하니 이 구간으로 이어지는 중간 기착지 역시 런던 플러스 패스로 이동할 수 있다. 패스를 구입하면 공항 왕복 익스프레스 쿠폰이 나오는데 이 쿠폰은 런던에 있는 모든 공항과 런던 시내를 이어 주는 익스프레스를 탈 수 있는 쿠폰으로, 사용 시 런던 플러스 패스에 날짜를 표시하지 않아도 된다. 단, 그레이트 웨스턴(Great Western) 기차편에서는 사용할 수 없다.

② 영국 잉글랜드 패스 Brit Rail England Pass

잉글랜드 패스는 런던을 포함한 잉글랜드 지역에서 자유롭게 사용할 수 있는 철도 패스로, 오픈한 날로부터 정해진 기간 동안 무제한 탑승할 수 있는 연속 패스와 오픈한 날부터 정해진 기간 동안 사용자가 탑승 날짜를 직접 선택해 사용할 수 있는 플렉시 패스가 있다. 이밖에도 가족 패스, 그룹 패스(3~9명까지), 게스트 패스 등 선택에 맞게 할인받을 수 있는 패스도 잉글랜드 패스로 구입할 수 있다. 패스를 구입하면 공항 왕복 익스프레스 쿠폰이 나온다.

③ 영국 철도 패스 Brit Rail Pass

영국 철도 패스는 런던을 포함한 잉글랜드 지역과 스코틀랜드 그리고 웨일스 지역의 철도를 자유롭게 사용할 수 있다. 잉글랜드 패스와 마찬가지로 연속 패스와 플렉시 패스가 있다. 이밖에도 가족 패스, 그룹 패스(3~9명까지), 게스트 패스 등 선택에 맞게 할인받을 수 있는 패스도 구입할 수 있다. 패스를 구입하면 공항 왕복 익스프레스 쿠폰이 나온다.

이 외에도 영국 철도 패스 & 아일랜드 패스, 스코틀랜드 센트럴 패스, 스코틀랜드 패스가 있다.

영국 철도 패스 구입 사이트
레일 유럽 : www.raileurope.co.kr / 유레일 패스 코리아 : www.eurailpasskorea.co.kr
* 배낭 여행 전문 여행사에서도 구입 가능.

해리포터 스튜디오

Harry Potter Studio

해리포터를 좋아한다면 꼭 찾아가야 하는 테마파크

런던에서 약 30km 정도 떨어져 있는 곳에 위치한 해리포터 스튜디오는 해리포터 영화 시리즈를 제작한 워너 브라더스 스튜디오에서 만든 해리포터 테마파크다. 원래 이곳은 10년이 넘는 영화 제작 기간 동안 영화에 사용된 소품과 의상 등을 보관해 놓았던 장소였다. 시리즈의 마지막 촬영을 마친 뒤 워너 브라더스 스튜디오는 해리포터 시리즈의 팬들을 위해 이곳을 재구성하여 공개했으며, 해리포터를 좋아하는 사람들에게는 필수 방문 코스가 되었다.

가는 방법

런던의 유스턴 역에서 왓포드 정션 역까지 기차로 이동한 후 기차역에서 스튜디오까지 셔틀버스로 이동한다. 기차 약 20분, 셔틀버스 약 15분이 소요된다(기차 편도 약 £14, 셔틀버스 왕복 £2.5).

해리포터 스튜디오 투어

해리포터 팬들을 위해 제작된 해리포터 테마파크

MAPECODE **20401**

해리포터 스튜디오는 여러 개의 관람 홀로 나눠져 있다. 실제 촬영된 세트장과 촬영 소품도 볼 수 있고, 어떻게 CG가 처리되었는지도 확인할 수 있어 영화의 비하인드 스토리를 보는 것과 같은 느낌이 든다. 더불어 해리포터 스튜디오에 들어가며 받은 여권으로 체험을 하고 도장도 찍는 등 단순히 구경만 하는 것이 아니라 참여할 수 있는 공간이다.

주소 Warner Bros. Studio Tour London 전화 0345 084 0900 시간 매일 오픈 시간이 달라 예약 시 시간을 확인하는 것이 좋다. 주로 10:00에 오픈하고 18:00~22:00에 문을 닫는다. 요금 어른 £41, 어린이 £33 홈페이지 www.wbstudiotour.co.uk

★ 예약 필수!

해리포터 스튜디오는 워낙 인기가 많아 방문하려면 반드시 미리 예약해야 한다. 예약 시 날짜와 시간을 함께 정하게 되고 바우처를 가지고 방문 후, 티켓 창구에서 티켓으로 교환해서 사용한다. 예약 시간보다 일찍 도착해도 티켓을 교환할 수 있으나 입장은 시간에 맞춰 하게 된다. 하지만 앞 시간대에 인원이 비교적 적다면 시간과 상관없이 입장이 가능한 경우도 있다.

그레이트 홀

처음 만나게 되는 그레이트 홀은 성탄절과 호그와트 전투 등 영화 속 가장 상징적인 장면에서 등장했던 곳이다. 호그와트의 학생들이 모두 앉을 수 있는 대형 테이블과 홀의 천장과 벽의 소품들 그리고 방 꼭대기의 호그와트 선생님의 탁자까지 완벽하게 재현되어 있다.

인테리어 세트

그레이트 홀을 지나면 빅 룸에 인테리어 세트장이 있다. 영화 속에 등장한 다양한 방들을 테마별로 구성해 둔 곳인데, 실제 영화 속 배우들의 의상은 물론이고 사용한 작은 소품들까지 전시되어 있고, 어떻게 영화가 만들어졌는지 엿볼 수 있는 흥미로운 것들이 많다.

금지된 숲

〈해리포터와 마법사의 돌〉에서 볼 수 있는 금지된 숲을 산책하듯 둘러볼 수 있는데, 3m가 넘는 높은 나무 19그루가 있어 실제 숲 속을 걷는 기분을 느낄 수 있다. 영화 속에 나왔던 모습을 그대로 구현해 내어 영화를 볼 때의 으스스한 느낌이 잘 전해진다.

플랫폼 9 $\frac{3}{4}$

호그와트 익스프레스 기관차와 플랫폼 9 3/4을 만날 수 있는 곳이다. 실제 촬영은 런던 킹스 크로스 역에서 했지만, 이곳에 세트의 일부를 옮겨와 다시 제작되었다. 실제 탑승 가능한 기차와 플랫폼 9 3/4으로 들어가는 곳에서 기념 촬영을 하며 호그와트로 떠나는 상상의 나래를 펼쳐 보자. 한쪽에는 특수 세트장이 있어 실제 녹색 스크린 배경을 바탕으로 관람객들이 체험하고 영상으로 제작할 수 있는 체험 존도 있다.

더 백롯

버터 비어를 비롯해 각종 간식을 판매하는 곳으로 잠시 쉬어갈 수 있는 공간이다. 이곳에선 외부로 나가는 문이 있어 옥외 세트장을 함께 만날 수 있는데 거대한 버스부터 두들리네 집까지 흥미로운 것들이 있고 내부에 들어가 볼 수 있다는 것도 재미있다.

크리쳐 이펙트

해리포터 영화 속 배우들의 모습뿐 아니라 여러 모형들이 어떻게 만들어진 것인지 꾸며 놓은 곳이다. 영화 속 주인공들이 어떻게 탄생됐는지 엿볼 수 있다.

디아곤 앨리

디아곤 앨리는 해리포터 시리즈에서 학생들이 마법 학교의 용품을 사는 등 여러 상점이 밀집한 번화가로 등장한다. 실제 마을의 골목을 걷는 것처럼 관람할 수 있다. 상점 전선이 움직이고, 건물 전체가 약간 기울어져 있어 더욱 영화 속에 있는 듯한 기분이 든다. 디아곤 앨리 끝에는 지팡이를 파는 상점이 있다.

아트 디파트먼트

디아곤 앨리를 지나면 아트 디파트먼트가 나오는데 해리포터 속에 등장한 다양한 도면들이 벽면에 가득하다. 촬영 전 실제 설정 작업이 시작되기 전에 흰색 카드 모델을 만드는데, 이 카드 모델을 보며 디자이너가 카메라 각도 등을 결정한다고 한다. 이곳에 이런 하얀색 모형들도 함께 전시되어 있다.

호그와트 성

모델 룸 한가운데 있는 이 성은 첫 번째 영화인 〈해리포터와 마법사의 돌〉을 위해 만든 성을 실제 바위 자갈과 실제 식물을 사용해 거의 완벽하게 재현해 놓은 미니어처 성이다. 한 바퀴 도는 동안 조명도 많이 변화하고 사운드까지 더해져 거인이 되어 호그와트 성을 바라보고 있는 듯한 착각에 빠지게 한다.

윈저 성

Windsor Castle

런더너들에게 사랑받는 런던의 근교

런던에서 서쪽으로 약 37km 떨어진 윈저와 이튼 지역은 템스강을 사이에 두고 마주하고 있는 작은 도시들이다. 윈저는 10세기 동안 왕이 살던 곳으로 유명한 윈저 성이 있으며, 윈저 성을 곁에 둔 이튼에는 현재 상류 부유층 자제들이 다니고 있는 이튼 학교가 있다. 런던에서 가장 사랑받는 근교지인 이 지역은 주말이나 공휴일에는 영국인들과 관광객들로 붐빈다.

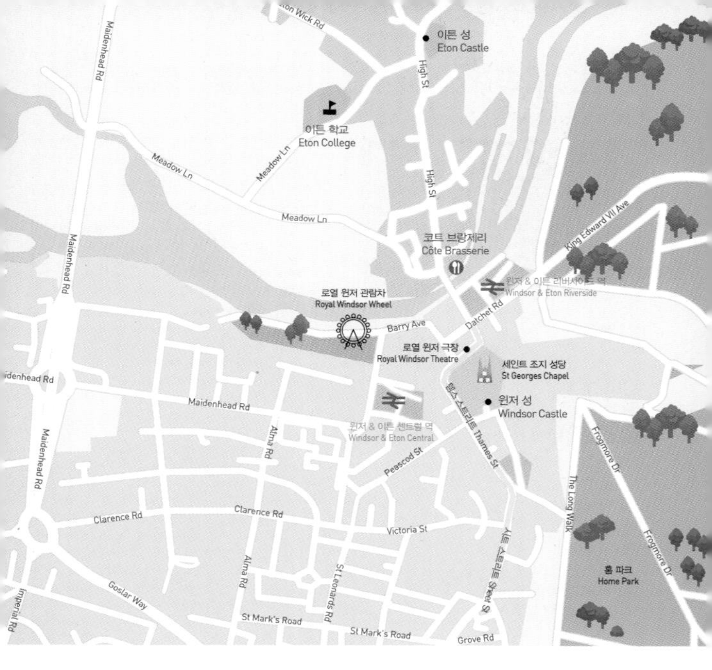

가는 방법

기차 ❶ **[패딩턴~슬로~윈저&이튼 센트럴]** Circle, Bakerloo, District 라인 패딩턴 역에서 기차를 타고, 슬로 역에서 내려 윈저(Windsor) 방향 이정표를 보고 기차를 갈아탄다. 슬로 역에서 윈저&이튼 센트럴 역까지 직통 열차가 한 시간당 3번씩 운행하고, 약 25~45분 정도 소요된다. ❷ **[워털루~윈저&이튼 리버사이드]** Jubilee, Northern, Bakerloo 라인 워털루(Waterloo) 역에서 기차를 타고 윈저 & 이튼 리버사이드(Windsor & Eton Riverside) 역까지 약 1시간 정도면 도착할 수 있다.

버스 **[그린 라인 코치~윈저 페리쉬 처치]** 런던의 빅토리아(Victoria) 역에 있는 그린 라인 코치 역에서 702번을 타면 윈저 페리쉬 처치(Winsor Parish Church)까지 약 40분이 소요된다(그린 라인 코치 역과 빅토리아 코치 역은 인접해 있지만 다른 곳이므로 잘 확인해야 한다. 편도보다 왕복이 훨씬 저렴하므로 출발할 때 왕복 티켓을 구입하는 것이 좋다).

기차로 이동한다면 패키지 티켓 구입!

기차 매표소에는 기차 티켓과 윈저 성 입장권을 함께 패키지로 판매하고 있으니 윈저 성까지가 방문 목적이라면 패키지로 끊는 것이 좋다. 다만 오고갈 때 모두 기차를 이용해야 한다.

윈저 성 Windsor Castle

영국에서 가장 오래된 성

MAPECODE 20402

영국의 고딕 양식 건축물의 훌륭한 예가 되고 있는 세인트 조지 성당이 들어서 있는 윈저 성은 영국에서 가장 오래된 성이자 왕가의 거처 중 하나이다. 현재는 버킹엄 궁전과 함께 엘리자베스 2세 여왕의 주요 거처지로 사용되고 있다. 주말이면 여왕은 가족과 함께 이곳에서 머무는데 그럴 때는 탑 위의 깃발이 영국기가 아닌 왕실기로 바뀐다.

11세기 정복자인 윌리엄이 목조로 세운 요새를 시작으로 10세기에 걸쳐 개축과 정비를 하면서 거대한 성으로 완성되었다. 1992년 테러로 화재가 났고 그로 인해 전 세계인들을 깜짝 놀라게 했지만 1997년 복구가 마무리되면서 1998년부터 다시 견학이 가능해졌다. 물론 까다로운 보안 검색을 통과한 후에나 성안으로 입장이 가능하다.

성벽 안은 세 구역으로 나뉘는데 로어 구역(Lower Ward), 미들 구역(Middle Ward), 어퍼 구역(Upper Ward)으로 구분된다. 성 밖의 매표소에서 티켓을 끊고 들어가면 가장 먼저 도착하는 곳이 중앙 구역인 라운드 타워이며 이 구역을 지나 윈저 성에서 가장 볼거리가 많은 어퍼 구역에 위치한 스테이트 아파트먼트로 입장하는 것이 좋다. 스테이트 아파트먼트는 여왕이 거주하는 곳으로 부재중에는 내부 견학이 가능하다. 그런 후 다시 미들 구역을 지나 세인트 조지 성당과 출구가 있는 로어 구역을 관광하도록 한다.

주소 Windsor Castle, Windsor, SL4 1NJ 전화 020 7766 7304 시간 3~10월 10:00~17:15, 11~2월 10:00~16:15 휴무 윈저 성 12월 25~26일 스테이트 아파트먼트 해마다 문을 닫는 날이 조금씩 다르므로 홈페이지에서 확인할 것 요금 윈저 성 성인 £21.20, 학생(학생증 소지자) £19.30, 어린이(17세 미만) £12.30, 5세 미만 무료 입장, 가족(성인 2인 + 17세 미만 어린이 3인) £54.70 스테이트 아파트먼트 문 닫을 경우 성인 £11.70, 학생(학생증 소지자) £10.60, 어린이(17세 미만) £7.20, 5세 미만 무료 입장, 가족(성인 2인+17세 미만 어린이 3인) £30.60 홈페이지 www.royalcollection.org.uk/visit/windsorcastle

윈저 성의 내부 구조

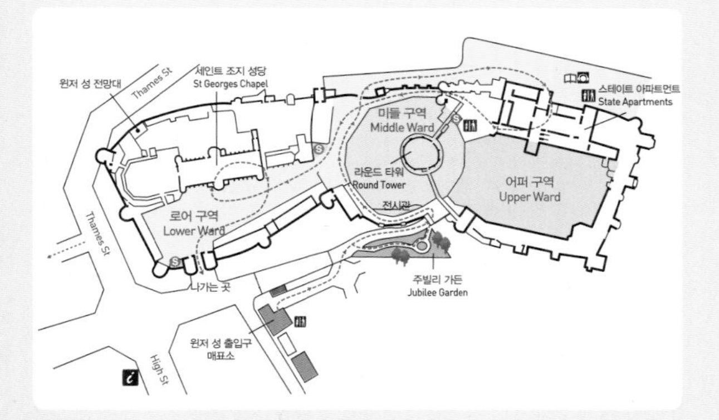

미들 구역 Middle Ward

미들 구역은 윈저 성에서 가장 처음으로 만나게 되는 곳이다. 어디서나 한눈에 들어오는 라운드 타워는 11세기에 들어와서 윌리엄 1세가 목조 건물로 세웠으나 1170년 헨리 2세에 의해서 지금의 석조 건물로 다시 태어났다. 원래 타워 아래는 해자였으나 지금은 아름다운 조경으로 가꿔져 있다. 라운드 타워에서 흔들리는 깃발은 관광객들에게 엘리자베스 2세 여왕이 현재 윈저 성안에 머물고 있는지 아닌지를 알리는 중요한 역할을 한다.

어퍼 구역 Upper Ward

어퍼 구역은 윈저 성의 핵심인 스테이트 아파트먼트가 있는데 루벤스, 렘브란트 등 유명 화가들이 그린 최고의 작품 중 일부가 컬렉션으로 장식되어 있으며, 왕실 가족의 생활을 엿볼 수 있는 다양한 룸과 객실이 있다. 1992년 화재로 인해 100개가 넘는 객실이 피해를 입었지만 최고의 장인들이 모여 5년 만에 복구 작업을 마쳤다. 또 10월부터 3월까지는 멋진 인테리어가 볼만한 세미 스트레이트 룸이 개방되기도 한다. 왕립 도서관 드로잉 갤러리에는 레오나르도 다빈치의 초대형 데생을 전시하고 있으며, 스테이트 아파트먼트의 하이라이트인 메리 여왕의 '인형의 집'은 3년에 걸쳐 1,500명의 공예가와 예술가, 작가들이 여왕을 위해 만든 미니어처 저택으로 모든 것이 굉장히 정교하게 만들어져 있다. 룸, 거실, 주방 인테리어부터 가구, 주방용품 등 미니어처임에도 불구하고 실제와 똑같이 제작되었으며 전기 조명, 화장실의 물 내리는 소리까지 들을 수 있다.

로어 구역 Lower Ward

로어 구역은 영국 후기 고딕 양식의 훌륭한 예가 되고 있는 세인트 조지 성당과 윈저 성의 출구가 있는 곳으로, 세인트 조지 성당은 헨리 8세를 비롯해 찰스 1세 등 10명의 왕족이 잠들어 있는 성당이자 영국 최고의 훈장인 가터 훈장을 수여하는 장소이기도 하다.

이튼 학교 Eton College

영국 최고의 명문 사립 중 · 고등학교

MAPECODE 20403

1440년 헨리 6세는 재능은 있지만 가난해서 교육을 받지 못하는 학생을 위해서 나라에서 학비를 지원하는 학교를 설립했다. 윈저 성 옆인 이튼에 지었으며 남학생만 입학할 수 있는 남자 중·고등학교로 세웠다. 처음 헨리 6세가 학교를 세울 당시의 이념(현재는 저소득층 학생 20%만 받고 있음)과는 달리 퍼블릭 스쿨(영국 상류 계급이나 부유층 자제들만 다니는 사립 중·고등학교)로 바뀌었지만 최고 명문 학교로서 영국에서 가장 큰 규모를 자랑하고 있으며, 1,300명의 학생 모두 기숙사에서 생활하고 있다. 자연스레 이 학교 출신은 옥스퍼드 대학이나 케임브리지 대학 같은 명문 대학으로 이어진다. 이튼 학교 출신으로는 찰스 황태자, 찰스 황태자의 장남인 윌리엄 왕자, 차남 해리 왕자 등이 있는데 모두 예외 없이 기숙 생활을 하면서 이튼 학교를 졸업했으며 이외에도 16명의 영국 총리가 이곳을 나왔다. 웰링턴 장군과 영국 최고 문학가인 <동물 농장>의 작가 조지 오웰도 이튼 학교 출신이다. 2005년부터는 한국인과 중국인에게도 여름 3주 동안 체험하는 여름 스쿨이 아닌, 정식으로 입학할 수 있는 길이 열렸다. 하지만 이곳에 들어가기 위해서는 테스트와 인터뷰를 거쳐야 하는데 그 과정이 결코 쉽지 않다고 한다. 한국인 학생이 늘어나면서 2010년에는 이튼 학교 교장인 토니 니틀이 한국에 대한 이해를 넓히기 위해 한국을 방문하기도 했다.

주소 South Meadow La, Eton College, Windsor, West Berkshire SL4 6EW 전화 01753 671 171 홈페이지 www.etoncollege.com

MAPECODE 20404

코트 브랑제리 Côte Brasserie

합리적인 가격의 프랑스 레스토랑

영국 곳곳에 체인을 둔 프랑스 레스토랑이며, 저렴한 가격으로 프랑스 코스 요리를 맛볼 수 있다. 윈저 성에서 이튼으로 이어지는 다리를 지나서 바로 보이는 템스 강변에 있다.

주소 71-72 High Street, Eton, Windsor, SL4 6AA 전화 017 5386 8344 위치 윈저 & 이튼 센트럴역에서 이튼 방향으로 다리를 건너 오른편에 위치, 도보 3분 시간 월~금 08:00~23:00, 토 09:00~23:00, 일 09:00~22:30 가격 스테이크 £17.50~, 런치 코스 £11.50~ 홈페이지 www.cote.co.uk/brasserie/windsor

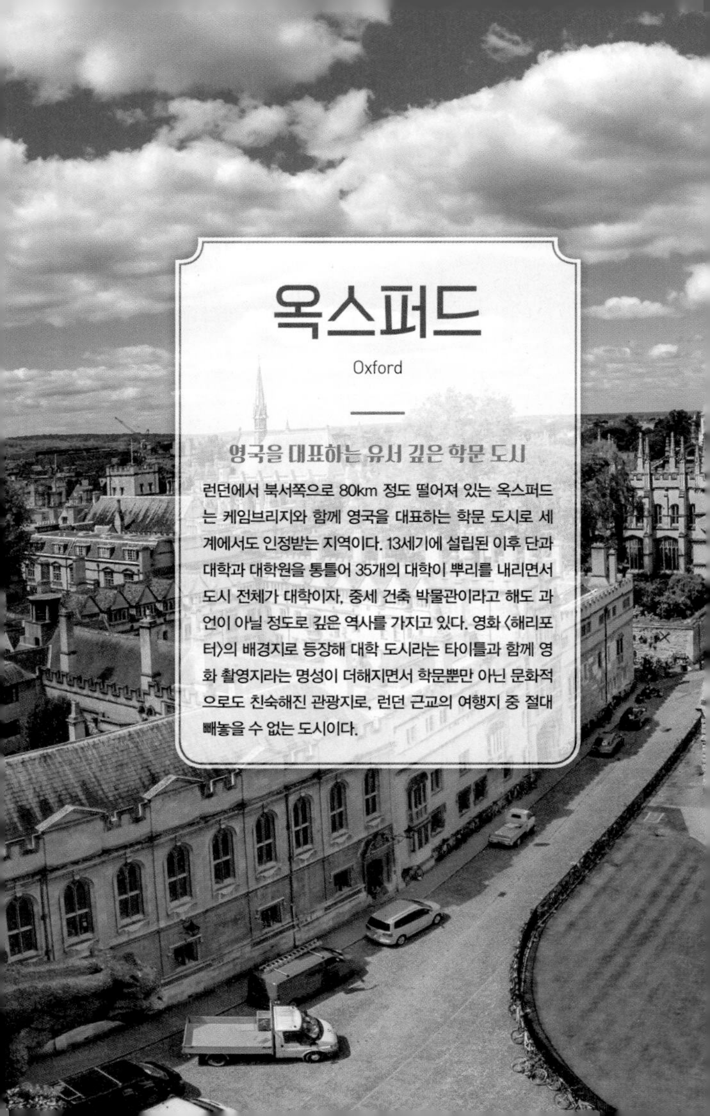

옥스퍼드

Oxford

영국을 대표하는 유서 깊은 학문 도시

런던에서 북서쪽으로 80km 정도 떨어져 있는 옥스퍼드는 케임브리지와 함께 영국을 대표하는 학문 도시로 세계에서도 인정받는 지역이다. 13세기에 설립된 이후 단과대학과 대학원을 통틀어 35개의 대학이 뿌리를 내리면서 도시 전체가 대학이자, 중세 건축 박물관이라고 해도 과언이 아닐 정도로 깊은 역사를 가지고 있다. 영화 〈해리포터〉의 배경지로 등장해 대학 도시라는 타이틀과 함께 영화 촬영지라는 명성이 더해지면서 학문뿐만 아닌 문화적으로도 친숙해진 관광지로, 런던 근교의 여행지 중 절대 빼놓을 수 없는 도시이다.

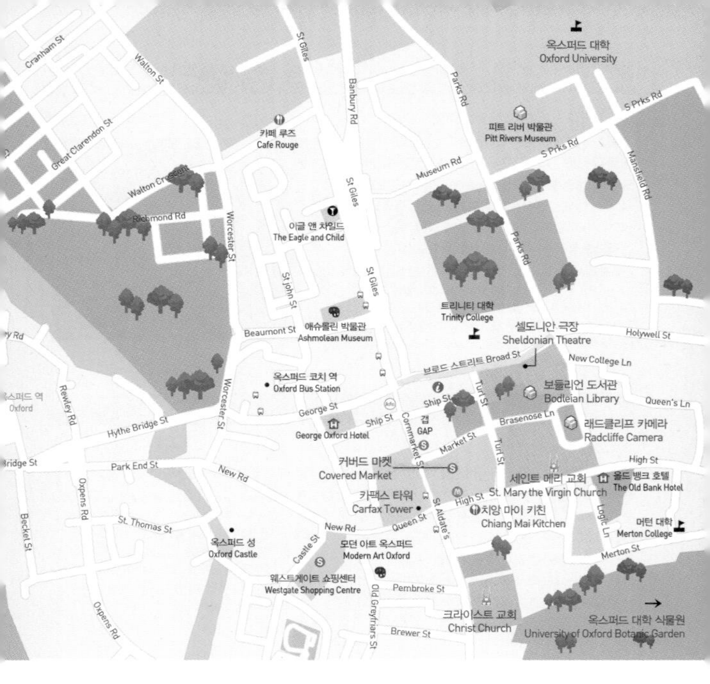

가는 방법

버스 **[빅토리아 코치/그린 라인 코치~옥스퍼드 코치]** Circle, District, Victoria 라인 빅토리아(Victoria) 코치 역에서 내셔널 익스프레스 버스나 그린 라인 코치 역에서 메가 버스를 타면 된다. 옥스퍼드(Oxford) 코치 역까지는 약 2시간이 소요된다.

홈페이지
메가 버스 www.megabus.com
내셔널 익스프레스 www.nationalexpress.com
워킹 투어 www.oxfordwalkingtours.com

옥스퍼드 일일 워킹 투어 Colleges & Historic City Centre Tour

넓은 옥스퍼드를 여유롭게 둘러보는 것도 좋지만 짧은 시간 내에 알짜만을 보고 싶다면, 옥스퍼드 워킹 투어를 선택하자. 옥스퍼드에서는 다양한 일일 워킹 투어(무료, 유료)가 진행되고 있으니, 자신에게 맞는 투어를 예약하고, 미팅 포인트로 투어 시간에 맞춰 나가면 된다. 보통 투어는 1시간 30분~2시간가량 진행된다.

셸도니안 극장 Sheldonian Theatre

옥스퍼드 대학 학위 수여식이 열리는 장소

MAPECODE 20405

1664~1668년 동안 크리스토퍼 렌이 로마 마르첼로 극장을 본따 설계한 셸도니안 극장은 옥스퍼드 대학의 전통적인 학위 수여식이 열리는 장소로서 평상시에는 콘서트나 회의 장소로도 사용되고 있다. 1994년에는 유럽 위원회에 의해 '옥스퍼드 건축의 보석 중 하나'라는 찬사를 듣기도 했다.

주소 Broad Street, Oxford, OX1 3AZ 전화 01865 277 299 시간 월~토 10:00~16:30, 일(7~8월) 10:30~16:00 / 대학 행사, 미팅, 콘서트 등이 있을 시 시간이 달라질 수 있음 휴무 공연과 이벤트 일정에 따라 달라짐(홈페이지 참고) 요금 성인 £3.50 홈페이지 www.admin.ox.ac.uk/sheldonian

세인트 메리 교회 St. Mary the Virgin Church

대학교 공식 지정 교회

MAPECODE 20406

옥스퍼드에서 최고의 스카이라인을 자랑하는 세인트 메리 교회는 영국 사람들이 가장 많이 선택한 교구 교회 중 옥스퍼드 대학의 공식 교회로 13세기에 건립되었다. 높이 60m, 127개의 계단을 오르면 옥스퍼드의 경관을 360도로 바라볼 수 있는 교회의 탑은 옥스퍼드에서 꼭 가봐야 할 관광지다. 교회는 보들리언 도서관이 완공되기 전인 1488년까지 옥스퍼드 대학의 최초의 도서관으로 사용되었다.

주소 High Street, Oxford, OX1 4BJ 전화 01865 279 111 시간 교회 월~토 09:30~17:00, 일 12:00~17:00 (7~8월은 18:00까지) 교회 탑 월~토 09:30~17:00, 일 12:00~17:00 / 7~8월은 매일 09:30~18:00 휴무 12월 25~26일 요금 교회 탑 성인 £4, 어린이(5~15세) £3, 가족(성인 2인+어린이 2인) £12 홈페이지 www.universitychurch.ox.ac.uk

래드클리프 카메라 Radcliffe Camera

보들리언 도서관의 열람실

MAPECODE 20407

이곳은 영국식 팔라디오 양식의 건물이자, 영국 최초의 돔형 도서관으로 옥스퍼드에서도 단연 눈에 띄는 건물이다. 이름 때문에 오해하는 이들이 많으나, '카메라'의 뜻은 라틴어로 '방'을 뜻한다. 외관만 봤을 땐 3층 건물로 보이지만 실제로는 2층으로 되어 있다. 내과 의사였던 래드클리프를 기념하기 위해 제임스 깁스가 과학 도서관으로 개관한 뒤, 1861년부터 현재까지 보들리언 도서관의 열람실로 사용하고 있다.

주소 Radcliffe Square, Oxford, OX1 3 시간 월~금 09:00~22:00, 토 10:00~16:00, 일 11:00~17:00 / (방학 기간) 월~금 09:00~19:00, 토 10:00~16:00 휴무 12월 24~25일, 방학 기간 중 일요일, 공휴일

보들리언 도서관 Bodleian Library

영국에서 출판하고 있는 모든 도서가 보관되는 곳

MAPECODE 20408

1320년 세워진 이 도서관은 헨리 5세의 동생인 글루세스터 공작 험프리에 의해 1426년 확장된 뒤, 종교 개혁 때 흩어졌던 서적을 정리하기 위해 토머스 보들리언이 1602년에 새롭게 세운 도서관이다.

현재 6개밖에 되지 않는 저작권 도서관으로 영국에서 출판된 모든 도서가 한 권씩 소장되는 곳이기도 하다. 영화 〈해리포터와 마법사의 돌〉에서 주인공 세 명이 볼드모트와 싸우기 위해 책을 찾던 장소로도 등장했다.

주소 Bodleian Library, Broad St, Oxford, OX1 3BG 전화 01865 277 162 시간 월~토 09:00~17:00, 일 11:00~17:00 휴무 12월 24~25일, 공휴일 투어 미니 투어(30분, £6) 월~토 12:30, 15:30, 16:00, 16:40 / 일 12:45, 14:15, 14:45, 15:15, 16:00, 16:40 스탠다드 투어(60분, £8) 월~토 10:30, 11:30, 13:00, 14:00 / 일 11:30, 14:00, 15:00 자유 투어(£2.50) 오디오 투어, 가이드 없이 자유롭게 투어 가능 홈페이지 www.bodleian.ox.ac.uk

카팩스 타워 Carfax Tower

사거리라는 뜻을 지닌 옥스퍼드 시내 중심의 탑

MAPECODE **20409**

19세기 말 늘어난 교통량 때문에 도로 확장을 위해 13세기에 지은 세인트 마틴 교회를 파괴하면서 그 일부였던 탑만 남겨 두었다. 탑에 설치된 시계는 매 15분마다 울리며 20m 높이의 탑에서 바라본 옥스퍼드의 전경은 세인트 메리 교회에서 내려다보는 전경과 또 다른 맛이 있다.

'카팩스'라는 단어는 '사거리'를 뜻하는 불어로 옥스퍼드 시내 중심의 사거리에 있다고 해서 붙여진 이름이다. 카팩스 타워 중심으로 한쪽에는 신시가지인 대형 쇼핑센터와 레스토랑, 또 다른 한쪽에는 구시가지인 대학 건물이 있다.

주소 Queen Street, Oxford OX1 4 전화 01865 790 522 시간 10:00~17:30(10월은 16:30까지) 요금 성인 £3, 어린이(16세 미만) £1.50

커버드 마켓 Covered Market

간단한 식사를 하기 좋은 장소

MAPECODE **20410**

커버드 마켓은 말 그대로 마켓 골목 위에 지붕이 덮혀 있어 붙은 이름이다. 옥스퍼드의 중심 거리라고 할 수 있는 하이 스트리트(High St.)와 코른마켓 스트리트(Cornmarket St.), 마켓 스트리트(Market St.) 사이에 위치해 있다. 좁은 골목 사이에 식당, 카페, 제과점, 야채, 꽃, 정육, 부티크 매장 등 크지는 않지만 다양한 가게들이 밀집해 있어 대학의 도시답게 학생들이 저렴한 가격에 간단히 식사를 해결할 수 있는 시장이기도 하다.

주소 Market St, Oxford OX1 3DZ 시간 월~토 08:00~17:30, 일 10:00~16:00 홈페이지 oxford-coveredmarket.co.uk

옥스퍼드 대학 식물원 University of Oxford Botanic Garden

영국에서 가장 오래된 식물원

MAPECODE **20411**

1621년 댄비 백작에 의해서 조성된 식물원으로 영국에서 가장 오래된 곳이다. 식물원의 화려한 문은 1633년 니콜라스 스톤에 의해서 설계되었는데 이 역시 댄비 백작이 비용을 부담했다고 한다. 그래서 찰스 1세, 찰스 2세와 함께 출입문에 댄비 백작의 모습이 장식되어 있다. 모들린 대학과 머턴 대학 사이에 있으며 거닐기 좋을 정도의 규모로 다른 영국의 정원보다 작은 식물원이다.

주소 Rose Lane, OX1 4AZ 전화 01865 286 690 시간 11~2월 09:00~16:00, 3~4월 09:00~17:00, 5~8월 09:00~18:00, 9~10월 09:00~17:00 휴무 12월 24~25일 요금 성인 £5.45, 학생(학생증 소지자) £4 홈페이지 www.botanic-garden.ox.ac.uk

크라이스트 교회 Christ Church

옥스퍼드에서 가장 큰 대학

MAPECODE 20412

옥스퍼드에서 가장 볼거리가 많은 대학이 바로 크라이스트 교회이다. 세계에서 유일하게 성당인 동시에 대학이며 옥스퍼드에서 가장 큰 대학이기도 하다. 1525년 울시 추기경이 추기경들의 교육을 위해 설립하면서 현재까지 13명의 영국 총리를 배출할 정도로 전통이 깊은 대학교이다. 시인이자 공예가였던 윌리엄 모리스(William Morris)와 〈이상한 나라의 앨리스〉의 저자인 루이스 캐럴(Lewis Carroll)도 크라이스트 출신이다.

1648년 성당에 6톤이 넘는 그레이트 톰 종을 달고 매일 9시 5분에 학생들의 통행 금지를 알리는 101번의 타종을 울렸는데 당시 대학의 학생 수가 101명이었다. 그리고 그리니치에서 옥스퍼드의 시차가 5분 늦기 때문에 9시가 아닌 9시 5분에 타종을 울렸다고 한다. 한편 성당의 스테인드글라스는 14세기 라파엘의 영향을 받은 에드워드 존스의 작품으로 매우 화려하고 아름답기로 유명하다. 영화 〈해리포터〉에 등장한 마법 학교 호그와트의 식당 장면은 이곳을 모티브로 제작되었다. 지금도 여전히 식당으로 쓰이며 영화처럼 교수들은 학생들보다 높은 자리에 앉는다고 한다.

주소 St. Aldates, Oxford, OX1 1DP 전화 01865 276 150 시간 월~토 10:00~17:00, 일 14:00~17:00 휴무 12월 24~26일 요금 성인 £10, 학생 · 어린이 £9, 가족 £25 / 대성당 또는 홀 중 한 곳이 문을 닫았을 시 성인 £8.50, 학생 · 어린이 £7.50, 가족 £20 / 대성당과 홀 모두 문을 닫았을 시 성인 £6, 학생 · 어린이 £5, 가족 £14.50 / 성인, 학생 요금은 계절에 따라 £1~2 정도 할인 홈페이지 www.chch.ox.ac.uk

치앙마이 키친 Chiang Mai Kitchen

MAPECODE 20413

정통 태국 음식을 맛볼 수 있는 레스토랑

정통 태국 요리 레스토랑인 치앙마이 키친은 1993년 오픈한 이래로 현지인들과 더불어 관광객들의 발길이 끊이지 않을 정도로 인기가 많다. 다만 대로변이 아니라 건물 안쪽에 있어 길에서는 보이지 않기 때문에 찾아가기가 쉽지 않다. 메뉴는 국수에서부터 고기 요리까지 무척 다양한데, 5명 이상이면 세트 메뉴도 주문 가능하다.

주소 130A High St, Oxford, OX1 4DH **전화** 01865 202 233 **위치** 카팩스 타워를 등지고 세인트 메리 교회쪽으로 가다 보면 오른쪽에 캠프 홀 건물이 있는데, 그 건물 안에 자리하고 있다. 카팩스 타워에서 도보 1분, 세인트 메리 교회에서 도보 3분 소요된다. **시간** 월~토 12:00~14:30, 18:00~22:30 / 일 12:00~14:30, 18:00~22:00 **가격** 치킨 또는 돼지고기 요리 £8.60~, 소고기 요리 £8.80~ **홈페이지** www.chiangmaikitchen.co.uk

코츠월즈

Cotswolds

동화 속 마을처럼 아름다운 세계 문화유산

'털이 긴 양'을 뜻하는 코츠월즈는 이름에서 알 수 있듯이 18세기까지 목양 산업이 발달한 구릉 지역이다. 또 다른 뜻으로는 오두막이나 시골집을 뜻하는 '코티지(Cottage)'와 산지, 고원 지방을 뜻하는 '월즈(Wolds)' 두 개의 단어가 만나 '코츠월즈(Cotswolds)'라는 이름으로 불린다. 영국 사람들이 은퇴 후 가장 살고 싶은 곳으로 뽑을 정도로 전원의 풍경과 어울리는 벌꿀 색의 돌집들이 마치 동화 속에서나 나올 법한 아름다움을 간직한 이 도시는 문화유산으로도 선정되었다. 대부분의 구릉 지대는 벌꿀 색의 석회암으로 이뤄져 있어 코츠월즈 마을에 사용된 돌집뿐만 아니라 런던의 세인트 폴 성당과 옥스퍼드의 대학을 지을 때에도 이 석회암이 사용되었다. 런던에서 200km가량 떨어진 곳에 위치한 코츠월즈는 교통편이 고작 하루에 몇 차례밖에 운행하지 않으므로 렌터카나 택시를 이용해서 다니는 게 더 효율적이다. 또는 런던이나 배스의 여행사에서 진행하는 투어를 이용하는 것도 좋은 방법이다. 대중교통을 이용할 시에는 런던에서 당일치기 여행은 어렵다.

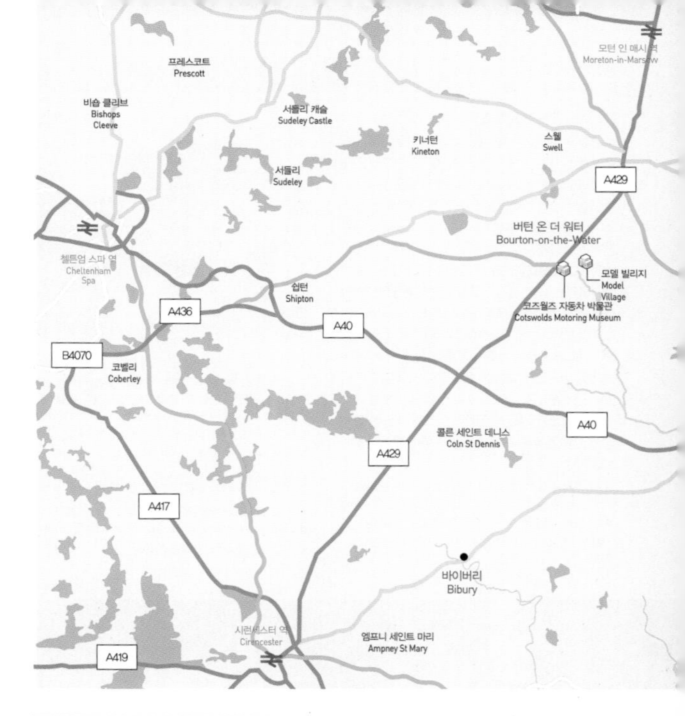

가는 방법

기차 ❶ **[패딩턴~모턴 인 매시]** Circle, Bakerloo, District 라인 패딩턴 역에서 모턴 인 매시(Moreton-in-Marsh) 역까지 약 1시간 35분 소요된다. ❷ **[패딩턴~첼튼엄 스파]** 패딩턴 역에서 첼튼엄 스파(Cheltenham Spa) 역까지 약 2시간 20분 소요된다(단, 역에서 내려가고자 하는 마을까지 버스나 택시를 이용해서 들어가야 함).

버스 ❶ **[빅토리아 코치~시런세스터]** Circle, District, Victoria 라인 빅토리아 코치 역에서 내셔널 익스프레스 버스를 타고 시런세스터(Cirencester) 역까지 약 2시간 30분 걸린다. ❷ **[빅토리아 코치~첼튼엄 스파]** 빅토리아 코치 역에서 내셔널 익스프레스 버스를 타고 첼튼엄 스파 역까지 약 2시간 30분~3시간 소요된다.

홈페이지 www.cotswolds.info

바이버리 Bibury

영국에서 가장 아름다운 마을

MAPECODE 20414

영국의 아름다운 마을 선발 대회에서 몇 차례 우승했을 만큼 예쁜 마을이다. 작가이자 건축가였던 윌리엄 모리스가 영국에서 가장 아름다운 마을이라며 극찬을 아끼지 않았다. 게다가 곰돌이 '푸'가 튀어나올 것만 같은 벌꿀 색의 석조 가옥들이 나란히 늘어선 앨링턴 로(Arlington Row)의 거리 풍경이 알려지면서 코츠월즈는 유명 관광지로 거듭났다.
바이버리는 송어 양식지로도 유명하며 1902년에 문을 연 송어 양식장에서는 3~10월까지 송어 낚시도 가능하다. 송어 양식장에 인접해 있는 스완 호텔은 1650년 오픈한 컨트리 호텔로 바이버리의 세월을 가장 아름답게 표현해 주고 있다. 코츠월즈의 마을이 대부분 그렇듯이 특별한 관광지가 있는 것이 아니라 자연과 세월의 흔적이 고스란히 남아 있는 영국 전통 가옥을 보며 마을을 두루 산책하며 돌아보면 된다.

위치 버스 시런세스터(Cirencester) 교회 앞 버스 정류장에서 860, 861, 863, 866번 등의 버스가 바이버리까지 운행하고 있으나, 하루에 1~2회씩만 운행하다 보니 원하는 시간대에 가기 힘들다(시런세스터에서 바이버리까지 15분 소요).

게다가 토요일은 1대만 운행하고, 일요일에는 버스 운행을 하지 않는다. 택시 버스보다 편하게 이용할 수 있는 택시의 수도 많지 않기 때문에 다니는 택시를 잡기란 쉽지 않다. 시런세스터 안내 센터에서 택시 회사 전화번호를 받아 예약한 후, 되도록 돌아오는 시간까지 함께 예약하는 편이 좋다. 택시를 타기 전 목적지까지의 대략적인 가격을 흥정할 것.

★ 바이버리 방문할 때 체크하기

시런세스터 안내 센터에서 왕복 버스 타임테이블을 받도록 하자. 또한 돌아오는 버스 시간은 반드시 확인해 두자. 그래야 제시간에 돌아올 수 있다.

버턴 온 더 워터 Bourton-on-the-Water

코츠월즈의 베니스라 불리는 곳

MAPECODE 20415

코츠월즈 지역에서 가장 진입하기 좋은 곳에 있어 관광객들의 발길이 끊이지 않으며 가장 번화한 곳이다. 물론 번화했다고 해서 왁자지껄하고 화려한 모습이 아니다. 다른 마을에 비해 레스토랑, 기념품 가게 등 상점들이 많은 탓에 코츠월즈에서 가장 번화한 마을이라고 불린다.

마을 사이에 흐르는 윈드러시강의 수심은 10cm 정도밖에 되지 않기 때문에 따뜻한 날이면 어린아이들과 강아지들이 강가에서 물놀이를 즐기는 모습을 볼 수 있으며 가족 여행지로도 사랑받고 있다.

가장 볼만한 곳으로는 버턴 온 더 워터를 1/9로 축소해서 돌집과 상점들의 쇼윈도의 모습까지 원래 모습 그대로 만들어 놓은 모델 빌리지와 영화에서나 볼 수 있는 영국 클래식 자동차들을 모아놓은 코츠월즈 자동차 박물관이 있다.

위치 **버스** ❶ 모턴 인 매시(Moreton-in-Marsh) 역에서 855번을 타고 보턴 온더 워터까지 25분 정도 걸린다. ❷ 시런세스터(Cirencester) 교회 앞 버스정류장에서 855번을 타고 버턴 온 더 워터까지 45분 정도 걸린다. 홈페이지 www.bourtoninfo.com

TIP

코츠월즈 교통 정보

홈페이지

- www.cotswoldsaonb.org.uk/visiting-and-exploring/cotswolds-train-station
- www.faresaver.co.uk/timetables.php

코츠월즈에서의 숙박

마을 전체가 B&B(Bed And Breakfast)인 만큼 B&B를 이용하는 걸 추천한다. 영국의 생활상이 묻어나는 현지인들의 집에서 머물러 보는 것도 좋은 경험이 될 것이다. 코츠월즈 B&B 정보는 홈페이지(www.cotswolds.info/accommodation/bedandbreakfast.shtml)에서 얻을 수 있다.

코츠월즈 일일 투어 정보

★ 한국어 가이드 투어

코츠월즈 + 옥스퍼드(3인 이상 출발)
시간 08:00~17:30 **홈페이지** www.hellotravel.kr

코츠월즈 + 옥스퍼드(4~10월까지만 진행)
시간 09:00(출발) **홈페이지** www.joylondon.com

★ 영어 가이드 투어

시간 화, 목, 일요일 출발 **홈페이지** www.londontoolkit.com/tours/premium_cotswold_stratford.htm

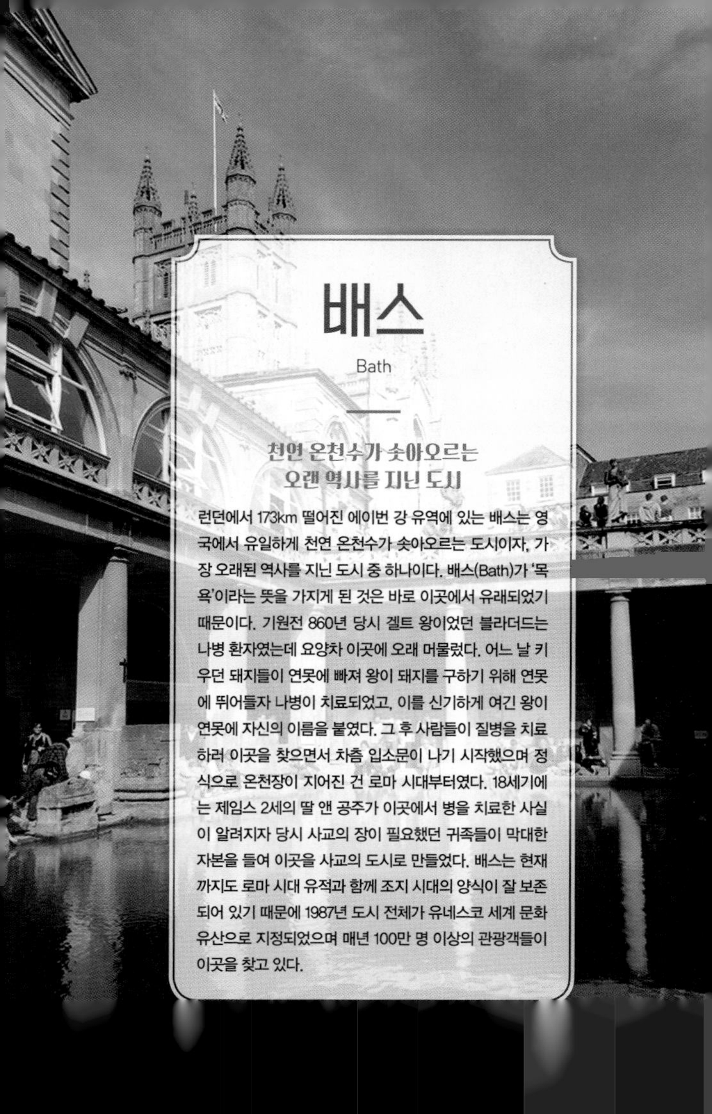

배스

Bath

천연 온천수가 솟아오르는 오랜 역사를 지닌 도시

런던에서 173km 떨어진 에이번 강 유역에 있는 배스는 영국에서 유일하게 천연 온천수가 솟아오르는 도시이자, 가장 오래된 역사를 지닌 도시 중 하나이다. 배스(Bath)가 '목욕'이라는 뜻을 가지게 된 것은 바로 이곳에서 유래되었기 때문이다. 기원전 860년 당시 겔트 왕이었던 블라더드는 나병 환자였는데 요양차 이곳에 오래 머물렀다. 어느 날 키우던 돼지들이 연못에 빠져 왕이 돼지를 구하기 위해 연못에 뛰어들자 나병이 치료되었고, 이를 신기하게 여긴 왕이 연못에 자신의 이름을 붙였다. 그 후 사람들이 질병을 치료하러 이곳을 찾으면서 차츰 입소문이 나기 시작했으며 정식으로 온천장이 지어진 건 로마 시대부터였다. 18세기에는 제임스 2세의 딸 앤 공주가 이곳에서 병을 치료한 사실이 알려지자 당시 사교의 장이 필요했던 귀족들이 막대한 자본을 들여 이곳을 사교의 도시로 만들었다. 배스는 현재까지도 로마 시대 유적과 함께 조지 시대의 양식이 잘 보존되어 있기 때문에 1987년 도시 전체가 유네스코 세계 문화유산으로 지정되었으며 매년 100만 명 이상의 관광객들이 이곳을 찾고 있다.

가는 방법

기차 **[패딩턴~배스 스파]** Circle, Bakerloo, District 라인 패딩턴 역에서 배스 스파(Bath Spa) 역까지 1시간 30분 정도 걸린다.

버스 **[빅토리아 코치~배스 스파]** 런던의 빅토리아 코치 역에서 내셔널 익스프레스 버스를 타고 배스 스파까지 3시간 30분 정도 걸린다.

홈페이지 www.bath.co.uk

로만 배스 Roman Baths

세계에서 가장 보존이 잘 되어 있는 로마 시대의 목욕탕

MAPECODE **20416**

세계적으로 남아 있는 로마 시대의 목욕탕 중에 가장 보존이 잘 되어 있는 큰 규모의 유적지이다. 박물관과 그레이트 배스, 펌프 룸으로 이어지는 코스로 '그레이트 배스(Great Bath)'는 배스를 대표하는 관광의 핵심지이기도 하다. 겔트족의 물의 여신인 설리스와 로마 시대의 지혜의 여신 미네르바를 합쳐서 설리스 미네르바를 위한 신전으로 처음 세워져 목욕탕의 크기는 점차 넓어졌지만 로마군이 떠난 후 한동안 매장되었다. 로마 목욕탕의 일부분이 19세기에 재발굴되면서 현재 그 흔적들과 유적들을 공개 중이다.

박물관을 통과해 그레이트 배스로 나오면 한쪽에서 흘러나오는 온천수를 볼 수 있다. 신기하게도 물의 온도가 46.5도를 항상 유지하고 있는데 그 이유는 목욕탕 바닥에 로마인들이 물이 식는 것을 막기 위해 납 선을 깔아 놓았다고 한다. 게다가 냉탕과 온탕이 구분되어 있어 로마 시대의 건축이 얼마나 과학적인지를 확인할 수 있는 훌륭한 예가 되고 있다. 19세기 후반에 세워진 테라스에는 로마인들의 동상이 세워져 있고 그중에는 로마 시대의 최고의 영웅이자 권력자였던 율리우스 카이사르(시저)도 있다.

그레이트 배스에서 이어지는 '펌프 룸(Pump Room)'은 18세기 사교의 장으로 세워진 뒤 한동안 영국 사교계의 중심이던 곳이다. 현재는 레스토랑으로 이용되고 있으며 '배스 번(Bahts Bun)'이라 불리는 빵과 홍차가 유명하며, 12:00와 14:30에 점심 식사를 할 수 있다. 그리고 '킹스 스프링(King's Spring)'에서 나오는 43가지의 미네랄이 함유된 물까지 마셔볼 수 있는데 이때 입장권을 보여 주면 미네랄 워터는 무료로 시음할 수 있다.

주소 Stall Street, Bath, Avon BA1 1LT 전화 01225 477 785 위치 배스 스파(Bath Spa) 역에서 도보 5분 시간 1~2월 09:30~18:00, 3~6월 09:00~18:00, 7~8월 09:00~22:00, 9~10월 09:00~18:00, 11~12월 09:30~18:00 / 문 닫기 1시간 전까지 입장 가능 요금 성인 £16.50, 학생 £14.50 홈페이지 www.romanbaths.co.uk

★ 로만 배스에서 여유로운 온천욕 즐기기

로만 배스에서는 온천을 할 순 없지만 2003년 여름 로만 배스 바로 옆에 현대적인 온천 스파장이 문을 열었다. 이곳에서는 온천뿐만 아니라 수영장, 선탠룸, 마사지, 아로마 테라피도 이용할 수 있다. 그러나 고급 시설인 만큼 가격도 비싼 편이니, 만약 로만 배스보다 저렴한 온천을 원한다면 첼튼엄(Cheltenham)에서 온천을 즐기는 것이 낫다.

로만 배스 내부 구조

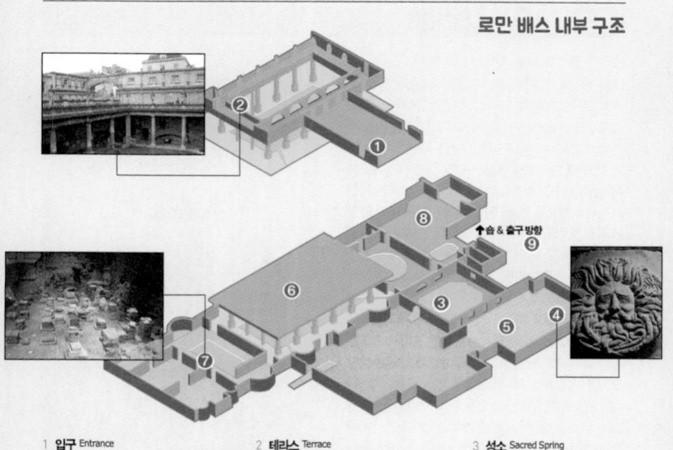

1 **입구** Entrance
2 **테라스** Terrace
3 **성소** Sacred Spring
4 **신전** Temple
5 **신전 안뜰** Temple Courtyard
6 **그레이트 배스** Great Bath
7 **사우나 & 객실** Changing Rooms and Saunas
8 **온수룸 & 풀장** Heated Rooms & Plunge Pools
9 **화장실** Toilets

펄트니 다리 Pulteney Bridge

이탈리아 피렌치의 베키오 다리를 닮은 다리

MAPECODE **20417**

1767년 프랜시스 펄트니는 에이번강 건너편에 어마어마한 땅을 상속받게 되었다. 당시에는 온천 지역으로 붐이 일어난 때라 그 땅의 잠재된 가치는 굉장히 높았으나 문제는 그 땅으로 가기 위해선 배를 타고 건너가야만 했다. 그래서 건축가 로버트 아담에게 다리 설계를 의뢰한 뒤, 심사숙고 끝에 1773년 3개의 아치 위에 상점이 들어갈 수 있도록 2층으로 건물을 올리는 방식으로 펄트니 다리를 완공하였다. 다리 위에 상점이 올려진 모습이 마치 이탈리아 피렌체에 있는 베키오 다리를 닮았다고 해서 배스의 베키오 다리라고 불리기도 한다.

주소 Argyle St, Bath, Bath and North East Somerset, BA2 4 위치 로만 배스에서 도보 3분

배스 수도원 Bath Abbey

영국의 중세 말 교회 건축의 대표작

MAPECODE 20418

로만 배스와 마주한 웅장한 배스 수도원은 영국 성공회 교구 교회이자, 영국의 중세 말 교회 건축의 대표작으로 손꼽히는 건축물이다. 757년 앵글로 색슨족의 교회로 처음 지어진 후에 973년 당시 영국의 첫 번째 왕이었던 에드거 왕의 대관식이 이곳에서 열렸다. 1066년 노르만족에 의해 교회는 처참하게 무너졌으나 25년 뒤 그들에 의해서 다시 엄청난 규모의 성당이 세워지게 되었다. 하지만 시간이 흐르면서 차츰 관리가 소홀해져 폐허가 되어가던 중, 1499년 주교였던 올리버 킹의 꿈속에 지금의 모습을 한 교회의 계시를 받고 그 자리에 교회를 재건하기 시작했다. 그것도 잠시 1539년 헨리 8세가 수도원 해체를 명령하면서 수도원은 또다시 파괴됐지만 1574년 엘리자베스 1세 여왕에 의해 손상된 교회를 마침내 복구하게 되었다.

1874년 조지 길버트 스코트 경에 의해서 본당 천장에 부채꼴 모양의 정교한 레이스를 달았는데 이는 현재의 배스 수도원을 찾게 만드는 뷰 포인트가 되었다. 또한 배스 수도원은 돌보다 유리가 더 많이 사용되었을 만큼 교회를 두르고 있는 벽면이 아름다운 스테인드글라스로 장식되어 있다.

주소 12 Kingston Buildings, Bath, Avon, BA1 1LT 전화 01225 422 462 위치 로만 배스에서 도보 1분 시간 월 09:30~17:30, 화~금 09:00~17:30, 토 09:00~18:00, 일 13:00~14:30, 16:30~18:00 / 각종 행사나 특별한 일정이 있으면 시간이 달라질 수 있으니, 방문하기 전 홈페이지를 통해 오픈 시간 확인 요금 타워 성인 £8, 어린이(5~14세) £4 홈페이지 www.bathabbey.org

로열 크레슨트 Royal Crescent

초승달 모양의 저택

MAPECODE 20419

하늘에서 내려다보면 초승달 모양과 닮았다고 해서 붙여진 이름이다. 1767년부터 1774년까지 무려 7년에 걸쳐 만들어진 이 저택은 존 우드 형제 중 동생에 의해 설계된 팔라디아 양식으로 길이 180m, 30채의 집들이 곡선으로 연결되어 있으며 건축학적으로도 걸작으로 손꼽히는 테라스 하우스이다. 18세기 말에는 귀족과 부유층에게 저택을 대여해 주거나 수많은 예술가들이 머물던 장소로 사용되었지만 현재는 박물관과 호텔의 용도로 쓰이고 있다. 잘 조성된 공원이 근처에 있으니 산책하기에도 그만이다.

주소 Bath, BA1 2LS 전화 01225 823 333 위치 로만 배스 또는 배스 수도원에서 도보 12분 시간 No.1 로열 크레슨트 박물관 10:00~17:00 휴무 12월 25~26일 요금 No.1 로열크레슨트 박물관 성인 £10.30, 학생 £8.80, 어린이 £5.10, 가족 £25.40

살리 런스 Sally Lunn's

MAPECODE 20420

역사 깊은 배스 번을 맛볼 수 있는 카페

1482년에 지어진 가장 오래된 하우스 건물에 살리 런스라는 카페가 있다. 이곳은 1680년에 문을 열어 약 330년간 영업 중인 곳으로 카페 그 자체가 하나의 관광지이기도 하다. 살리 런스에 왔다면 꼭 '배스 번(Bath Bun)'이라는 빵을 맛봐야 한다. 아무런 장식과 토핑이 없는 생김새이지만, 한 번 먹으면 절대 잊지 못하는 맛이라고 해서 조지 시대 때부터 사랑받아 온 빵이다. 특별히 배스 번은 크림 티와 함께 먹을 때 가장 맛있다. 가격은 배스의 다른 빵집보다 비싸지만 330년이라는 세월이 결코 헛된 것이 아님을 단번에 느낄 수 있다. 카페 옆에는 살리 런스의 키친 박물관이 있다. 이곳에서 배스 번만 따로 구입도 가능하다.

주소 4 North Parade Passage, Bath, B&NES BA1, 1NX 전화 01225 461 634 위치 로만 배스와 안내 센터가 있는 요크 스트리트(York St.)에서 안내 센터를 마주하고 있는 아비 스트리트(Abbey St.)로 가다 보면 왼쪽의 노스 퍼레이드 패시지(North Parade Passage) 거리 왼편에 위치한다. 살리 런스는 워낙 배스에서도 유명한 관광지라 관광 이정표에도 찾아가는 길이 쉽게 표시되어 있다. 시간 점심 10:00~18:00, 저녁 17:00~22:00(일요일은 21:30까지) 가격 점심 £7~, 저녁 £10~ 홈페이지 www.sallylunns.co.uk

스트랫퍼드 어폰 에이번

Stratford-upon-Avon

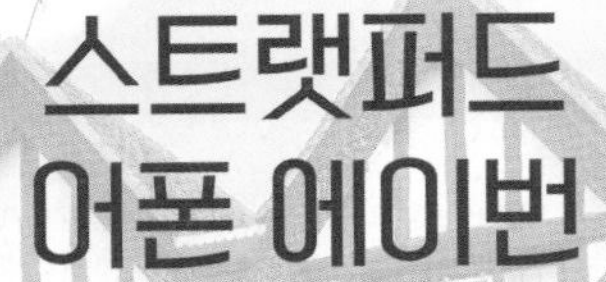

영국의 대문호 셰익스피어의 고향

런던에서 북서쪽으로 약 130km 정도 떨어진 잉글랜드 중부에 있으며, 노출된 목제 기둥에 회벽을 바른 중세 튜더 양식의 건축물이 그대로 남아 있는 스트랫퍼드 어폰 에이번은 영국이 낳은 대문호 셰익스피어가 태어난 고향이다. 셰익스피어가 태어나고 자랐으며, 결혼해서 가정을 꾸리고 런던에서 성공적인 활동을 하고 다시 고향으로 돌아와 죽음을 맞이할 만큼 스트랫퍼드 어폰 에이번은 셰익스피어가 가장 오랜 시간을 보냈던 장소이기도 하다. 작은 마을임에도 불구하고 튜더 양식이 그대로 보존되어 있어 매년 600만 명의 관광객들이 모여드는 영국의 관광 명소이다. 에이번강이 흐르는 작은 마을인 만큼 셰익스피어 생가 재단에서 관리하는 셰익스피어의 흔적을 따라 산책하듯 돌아보자.

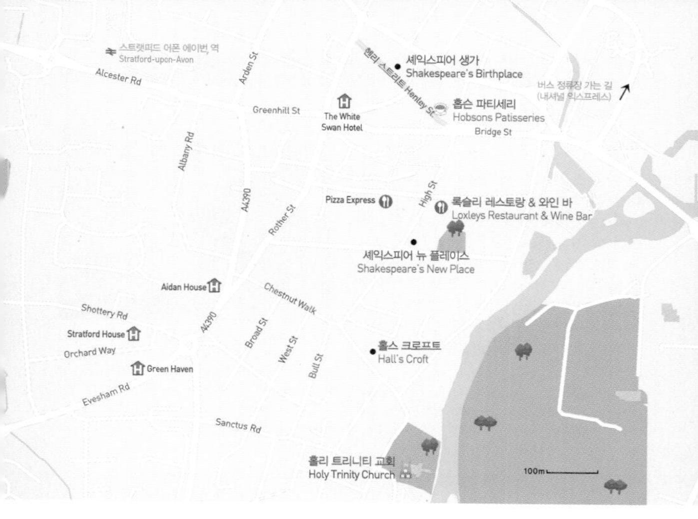

가는 방법

기차 **[매릴번~스트랫퍼드 어폰 에이번]** 런던 매릴번(Marylebone) 역에서 스트랫퍼드 어폰 에이번 역까지는 1회 경유가 필요하다. 기차마다 경유지는 달라지므로 이동 시 경유지를 미리 확인하고 이동하자. 이동 시간은 약 2시간 정도 걸린다.

버스 **[빅토리아 코치~스트랫퍼드 어폰 에이번]** 런던 빅토리아 코치 역에서 스트랫퍼드 어폰 에이번까지 버스로 출발 시간에 따라 2시간 20분~4시간 40분 정도 걸린다.

셰익스피어 생가 Shakespeare's Birthplace

셰익스피어가 태어난 장소

MAPECODE 20421

셰익스피어가 태어나고 어린 시절을 보낸 집으로 1847년 자선 단체가 이 집을 구입하고 파손된 곳을 섬세하게 정비하고 복원하면서 셰익스피어가 태어날 당시의 모습을 재현하고 있다. 현재는 방문객 센터가 생가 옆에 증축되어 셰익스피어의 작품과 그의 인생과 삶을 다룬 상세한 전시물을 볼 수 있는데, 가장 흥미로운 전시물 중에는 셰익스피어가 부분 소유했던 런던의 셰익스피어 글로브 극장을 축소한 모형이 있다. 의외로 생가는 단조로워 보이기도 하지만 셰익스피어가 살던 당시의 주거 모습과 가족들이 사용하던 가구와 살림, 옷 등의 전시품을 볼 수 있다.

주소 Henley St, Stratford-upon-Avon CV37 6QW 전화 178 920 4016 위치 스트랫퍼드 어폰 에이번 역에서 도보 10분 시간 10:00~16:00 (2019년 3월까지. 이후 일정은 홈페이지 확인) 휴무 12월 25일, 1월 1일 요금 싱글 티켓 성인 £17.50, 학생 £16.50, 어린이 £11.50 풀 티켓(셰익스피어 생가 + 셰익스피어 뉴 플레이스 + 앤 해서웨이의 집 + 홀스 크로프트 + 메리아덴의 농장) 성인 £22.50, 학생 £21, 어린이 £14.50 / 온라인 예약 시 10% 할인 홈페이지 www.shakespeare.org.uk

셰익스피어 뉴 플레이스 Shakespeare's New Place

셰익스피어가 죽기 전까지 살던 장소

MAPECODE 20422

셰익스피어는 런던에서 활동하다가 은퇴하면 고향으로 돌아와 살기 위해 1957년 이곳에 주택을 구입했다. 당시 스트랫퍼드 어폰 에이번에서 두 번째로 큰 집이었고, 유일하게 벽돌로 지어진 건물이었다. 셰익스피어가 죽음을 맞이하기까지 약 6년 정도 이곳에서 살았으며, 셰익스피어 사망 후 같은 동네에 살고 있던 딸과 사위가 이 집으로 이사를 오게 된다. 하지만 1759년 뉴 플레이스는 건축가에 의해 파괴되었고, 현재는 매몰되었던 정원만 복원되어 관람할 수 있다.

주소 22 Chapel St, Stratford-upon-Avon CV37 6EP 전화 178 933 8536 위치 셰익스피어 생가에서 도보 5분 시간 10:00~16:00 (2019년 3월까지. 이후 일정은 홈페이지 확인) 휴무 12월 25일, 1월 1일 요금 싱글 티켓 성인 £12.50, 학생 £11.50, 어린이 £8 풀 티켓(셰익스피어 생가 + 셰익스피어 뉴 플레이스 + 앤 해서웨이의 집 + 홀스 크로프트 + 메리아덴의 농장) 성인 £22.50, 학생 £21, 어린이 £14.50 / 온라인 예약 시 10% 할인 홈페이지 www.shakespeare.org.uk

TIP

파괴된 뉴 플레이스

셰익스피어가 죽고 훗날 뉴 플레이스의 주인이었던 존 클로프턴은 집을 확장하고 새롭게 단장하면서 시민들에게 오픈하기 시작했다. 수많은 관광객이 셰익스피어가 살았던 집을 보기 위해 몰려들면서 역사적인 뉴 플레이스는 뜻하지 않은 길에 들어서게 된다. 문제가 시작된 건 이 집의 건축가였던 프란시스 가스트렐 목사로 부터였다. 너무 많은 관광객이 모여들고 세금 문제로 머리가 아팠던 목사는, 화가 나 셰익스피어가 심은 뽕나무를 베어 버리고 만다. 그러자 주민들은 뉴 플레이스의 창을 깨는 등의 보복을 가했다. 게다가 정원 확장을 위해 정부에 허가 신청을 냈지만 허가가 나지 않고 오히려 세금만 인상되자 목사는 뉴 플레이스를 철거하기에 이른다. 이에 분노한 마을 주민들은 여론 조사를 거쳐 가스트렐 목사가 이 마을에서 더는 머물 수 없도록 했고, 목사뿐만 아니라 그의 자손들, 심지어 그와 관련이 없음에도 이름에 '가스트렐(Gastrell)'이 들어가면 이 마을에서 거주하지 못한다는 조례까지 통과시켰다.

홀스 크로프트 Hall's Croft

셰익스피어의 딸이 살던 장소

MAPECODE 20423

17세기 초에 지어진 건물인 홀스 크로프트는 셰익스피어의 큰 딸인 수잔나와 의사였던 그녀의 남편인 존 홀 부부의 집이다. 1616년 셰익스피어 사망 후 유산으로 물려받은 셰익스피어의 집 뉴 플레이스로 이사할 때까지 이곳에서 살았으며, 집뿐만 아니라 의료 활동을 했던 진료실도 함께 운영하던 장소였다. 전형적인 튜더 양식의 건물로 부부가 살았던 당시 생활용품과 가구, 옷 등이 전시되어 있으며, 존 홀이 사용했던 의학용품을 함께 전시하고 있다. 의학 치료용으로 사용되었던 다양한 품종의 약초들을 집안 정원에서 직접 길러 사용하기도 했을 만큼 존 홀은 의사의 역할뿐만 아니라 약을 직접 제조하는 약사 역할까지 한 것으로 알려졌다. 부부가 이사를 가고 이 집은 대부분 전문직을 가지고 있는 사람들이 살았으며 19세기에는 작은 학교의 역할도 했었다. 1949년 셰익스피어 생가 재단에서 건물을 구입해 수리 및 개조를 거쳐 1951년 일반인들에게 공개하기 시작했다.

주소 Old Town, Stratford-upon-Avon CV37 6BG 전화 178 933 8533 위치 셰익스피어 뉴 플레이스에서 도보 3분 시간 11:00~16:00 (2019년 3월까지. 이후 일정은 홈페이지 확인) 휴무 12월 25일, 1월 1일 요금 싱글 티켓 성인 £8.50, 학생 £8, 어린이 £5.50 풀 티켓 (셰익스피어 생가 + 셰익스피어 뉴 플레이스 + 앤 해서웨이의 집 + 홀스 크로프트 + 메리아덴의 농장) 성인 £22.50, 학생 £21, 어린이 £14.50 / 온라인 예약 시 10% 할인 홈페이지 www.shakespeare.org.uk

홀리 트리티니 교회 Holy Trinity Church

셰익스피어가 잠들어 있는 곳

MAPECODE 20424

에이번강 유역에 있는 홀리 트리티니 교회는 셰익스피어가 세례를 받고 이곳에 잠들어 있어 종교적 의미가 아닌 관광을 목적으로 이곳을 찾는 사람들이 많다. 교회 예배당까지는 무료로 입장할 수 있지만 셰익스피어의 무덤을 보기 위해서는 기부금 명목의 입장료를 내야 한다. 셰익스피어 무덤은 교회 예배당 안에 안치되어 있으며, 무덤 좌측 벽에는 셰익스피어의 흉상이 자리하고 있다. 그의 무덤 묘비에는 '좋은 벗이여, 제발 여기 묻힌 것을 파헤치지 마라. 이 묘석을 아끼는 자는 축복을 받을 것이요, 내 뼈를 움직이는 자는 저주를 받으리라'는 문구가 적혀 있다. 하지만 2016년 셰익스피어 서거 400주년 기념으로 레이더 스캔으로 조사한 결과 100여 년 전부터 소문으로만 전해지던 셰익스피어의 두개골이 도굴됐다는 소문이 거의 사실로 밝혀졌다고 한다.

주소 Old Town, Stratford-upon-Avon CV37 6BG 전화 178 926 6316 위치 홀스 크로프트에서 도보 3분 시간 3월 · 10월 월~토 09:00~17:00, 일 12:30~17:00 4~9월 월~토 09:00~18:00, 일 12:30~17:00 11~2월 월~토 09:00~16:00, 일 12:30~17:00 요금 교회 무료 셰익스피어 무덤 성인 £3, 학생 £2 홈페이지 www.stratford-upon-avon.org

홉슨 파티세리 Hobsons Patisseries

MAPECODE 20425

애프터눈 티와 스콘이 유명한 카페

셰익스피어 생가가 위치한 헨리 스트리트에 있는 카페 겸 레스토랑으로, 영국식 전통 카페를 그대로 느낄 수 있는 앤틱한 분위기의 디저트 카페이다. 밖에서 볼 때는 작은 카페 같아 보이지만 내부로 들어서면 1층과 2층으로 140명 이상 앉을 수 있는 테이블이 마련되어 있다. 직접 만든 크림과 함께 나오는 스콘이 홉슨 파티세리의 시그니처 메뉴이며, 이외에도 다양한 종류의 샌드위치, 케이크, 베이커리와 애프터눈 티 등을 맛볼 수 있는 곳이다. 스트랫포드 어폰 에이번에서 워낙 유명한 곳이기 때문에 항상 관광객들의 발길이 끊이지 않는다.

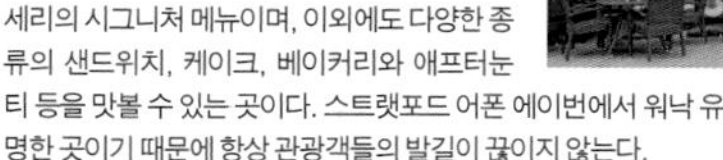

주소 Henley St, Stratford-upon-Avon, Stratford CV37 6QW **전화** 178 929 3330 **위치** 셰익스피어 생가에서 도보 2분 **시간** 09:30~17:30 **가격** 홉슨 파머스 크림 티(1인 : 차 또는 커피 + 스콘 2개 + 클로티드 크림 + 잼) £4.95~, 애프터눈 티(1인) £9.95 **홈페이지** hobsonspatisseries.com

록슬리 레스토랑 & 와인 바 Loxleys Restaurant & Wine Bar

MAPECODE 20426

현지에서 생산되는 신선한 식재료를 이용하는 곳

스트랫퍼드 어폰 에이번 중심부에 있는 레스토랑으로 현지에서 생산되는 농산물로 메뉴를 구성한다. 그날의 재료에 따라 날마다 바뀌는 스페셜 메뉴를 포함, 영국식 아침 식사와 스테이크, 코스 요리 등 다양한 메뉴를 만나볼 수 있다. 매주 일요일은 12:00~19:00까지 평일보다 저렴한 가격으로 그릴 요리를 판매한다.

주소 3 Sheep St, Stratford-upon-Avon CV37 6EF **전화** 178 929 2128 **위치** 셰익스피어 뉴 플레이스에서 도보 2분 **시간** 아침 09:30~11:15 런치 · 디너 월~토 12:00~22:00, 일 12:00~21:30 와인 바 월~토 12:00~23:00 , 일 12:00~22:30 **가격** 영국식 아침 식사 £5.95~, 스테이크 버거 £13.95, 립아이 스테이크 £22.95 **홈페이지** www.loxleysrestaurant.co.uk

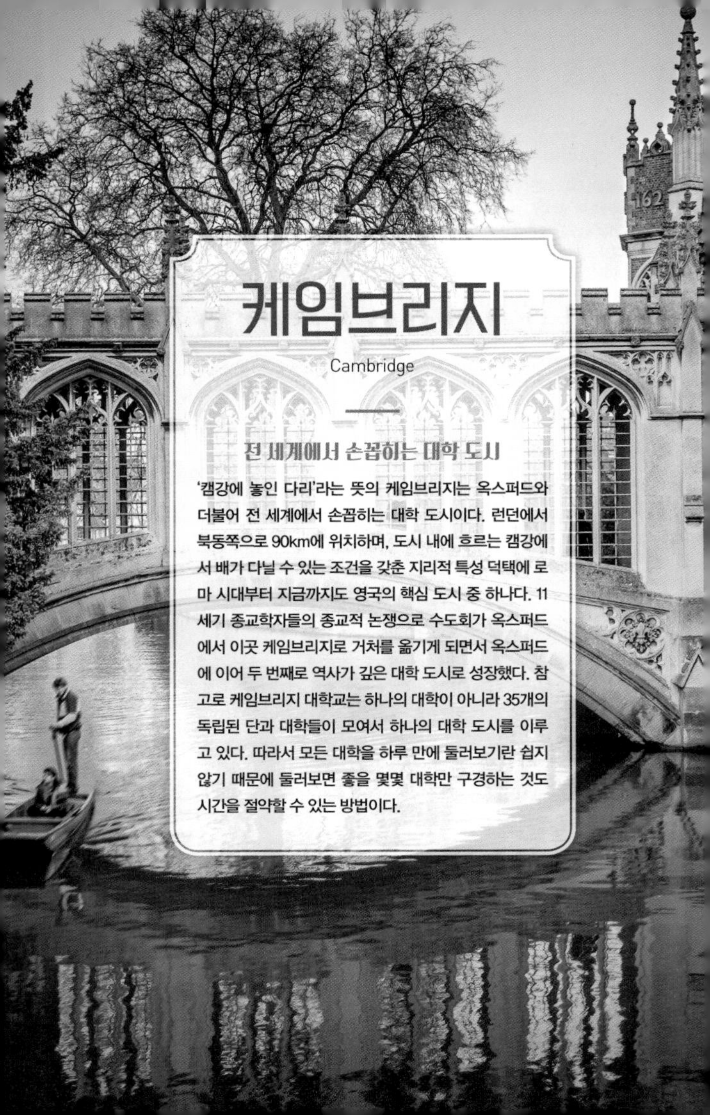

케임브리지

Cambridge

전 세계에서 손꼽히는 대학 도시

'캠강에 놓인 다리'라는 뜻의 케임브리지는 옥스퍼드와 더불어 전 세계에서 손꼽히는 대학 도시이다. 런던에서 북동쪽으로 90km에 위치하며, 도시 내에 흐르는 캠강에서 배가 다닐 수 있는 조건을 갖춘 지리적 특성 덕택에 로마 시대부터 지금까지도 영국의 핵심 도시 중 하나다. 11세기 종교학자들의 종교적 논쟁으로 수도회가 옥스퍼드에서 이곳 케임브리지로 거처를 옮기게 되면서 옥스퍼드에 이어 두 번째로 역사가 깊은 대학 도시로 성장했다. 참고로 케임브리지 대학교는 하나의 대학이 아니라 35개의 독립된 단과 대학들이 모여서 하나의 대학 도시를 이루고 있다. 따라서 모든 대학을 하루 만에 둘러보기란 쉽지 않기 때문에 둘러보면 좋을 몇몇 대학만 구경하는 것도 시간을 절약할 수 있는 방법이다.

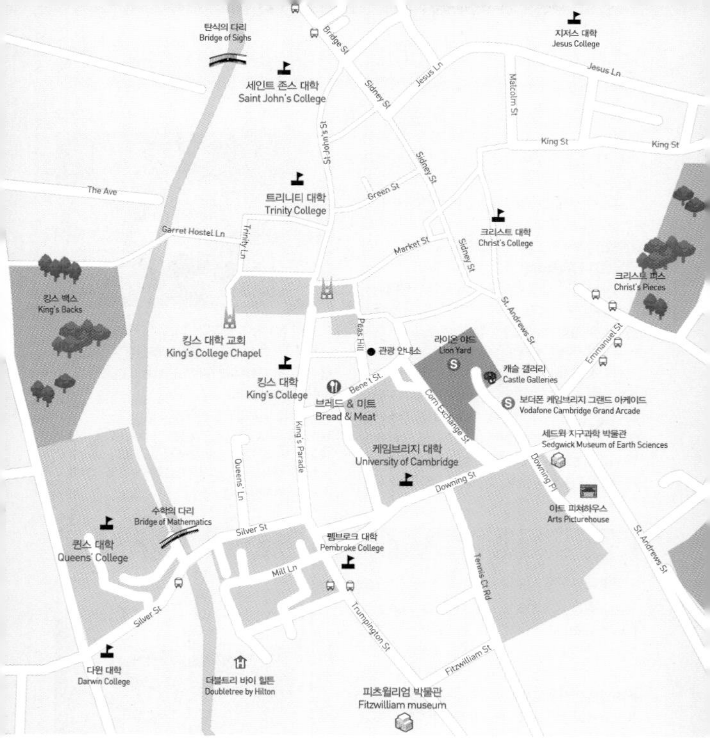

가는 방법

기차 **[킹스 크로스/리버풀 스트리트~케임브리지]** Circle, Metropolitan, Northern, Piccadilly, Hammersmith & City 라인 킹스 크로스(King's Cross St. Pancras) 역 또는 Central, Circle, Metropolitan, Hammersmith & City 라인 리버풀 스트리트(Liverpool Street) 역에서 케임브리지(Cambridge) 역까지 기차 종류에 따라서 45분~1시간 50분 정도 소요된다.

버스 **[빅토리아 코치~케임브리지 파크사이드]** 빅토리아 코치 역에서 케임브리지 파크사이드(Cambridge Parkside)까지 2시간 15분~3시간 40분 정도 소요된다.

케임브리지 갈 때 주의 사항

케임브리지를 갈 때는 버스와 기차를 이용할 수 있는데 이때 기차보다는 버스로 이동하는 것을 추천한다. 버스는 케임브리지 시내로 들어가서 내리면 바로 관광을 시작할 수 있지만 기차역은 도보로 30분 정도 떨어진 곳에 있어 관광지 접근이 쉽지 않다. 더 자세한 사항은 홈페이지(www.visitcambridge.org)에서 확인하자.

트리니티 대학 Trinity College

뉴턴의 모교이자 케임브리지 대학 중 규모가 가장 큰 대학

MAPECODE 20427

헨리 8세에 의해서 1546년에 설립된 트리니티 대학은 케임브리지 대학에서 가장 규모가 큰 단과 대학이다. 트리니티 대학이 유명한 이유는 이 학교 졸업생 중에 유명한 인물이 많이 배출되었다는 것인데, '만유인력의 법칙'의 아이작 뉴턴과 천재 시인 바이런, <종의 기원>의 저자인 찰스 다윈, 영국 고전 경험론의 창시자 프랜시스 베이컨, 그리고 현재 영국의 황태자인 찰스 황태자가 바로 이곳 트리니티 대학 출신이다. 케임브리지 대학 전체에서 노벨상을 수상한 졸업생이 60명인데 이 중 트리니티 대학 소속 졸업생만도 무려 31명이나 된다고 한다. 트리니티 대학은 중앙 정원의 분수와 렌 도서관이 유명하다. 옛날에는 물 공급이 원활하지 못해 이곳에서나 씻을 수 있어서 바이런이 목욕을 했던 장소라고 한다. 렌 도서관은 영국에서 가장 오래된 서적과 문헌 위주로 보관하고 있으며, 뉴턴의 '만유인력의 법칙'과 그가 쓴 친필 노트, 머리카락, 바이런의 친필서 등이 전시되어 있다. 또 디즈니 만화로도 유명한 곰돌이 '푸'의 원작자인 알란 알렉산더 밀른이 아들을 위해 그린 '위니 더 푸(Winnie the Pooh)'의 초본이 보관되어 있다.

주소 Saint John's Street, Cambridge, CB2 1TQ 전화 01223 338 400 시간 겨울철 10:00~15:30 여름철 10:00~16:30 휴무 학교 행사 시 요금 성인 £3 / 학교에 특별한 행사가 있을 시 요금이 변경될 수 있음 홈페이지 www.trin.cam.ac.uk

퀸스 대학 Queens' College

기하학적 설계에 의해 세워진 '수학의 다리'가 있는 대학

MAPECODE 20428

영문 이름을 살펴봐도 알 수 있듯이 'Queen's'가 아닌 'Queens'로 되어 있다. 한 사람이 아닌 복수형의 소유격을 뜻하는 것처럼 퀸스 대학은 두 명의 여왕에 의해 세워진 학교이다. 1448년 헨리 6세의 왕비였던 마가렛 앙주가 설립하던 중 1465년 에드워드 4세 왕비인 엘리자베스 우드빌이 대학을 완성하는 데 큰 기금을 전달하게 되었고, 두 왕비의 공으로 대학이 세워졌다고 해서 퀸스 대학이라는 이름이 붙었다.

주소 Silver Street, Cambridge, CB3 9ET 전화 01223 335 511 시간 3월~10월 29일 10:00~16:30, 10월 30일~12월 22일 (월~금) 10:00~15:00 휴무 4월 24일~5월 12일, 5월 25일~6월 16일, 6월 20일 · 25일 · 29일, 7월 6일 · 7일, 시험 기간 요금 £3(12세 미만 무료 입장) 홈페이지 www.quns.cam.ac.uk

TIP

수학의 다리(Bridge of Mathematics)

퀸스 대학에서 가장 유명한 것이 바로 '수학의 다리'다. 퀸스 대학 내에서 캠강을 건너기 위해 1749년에 건축한 수학의 다리는 재미있게도 삼각형 모양을 응용한 기하학적 설계를 토대로 만들어진 목조 다리이다.

세인트 존스 대학 Saint John's College

시인 윌리엄 워즈워스의 모교

MAPECODE 20429

케임브리지에서 두 번째로 규모가 큰 단과 대학으로 헨리 7세의 어머니였던 마가렛 보퍼트 부인에 의해서 1511년 런던의 웨스트민스터 대성당과 같은 튜더 양식으로 세워졌으며 수업 또한 튜더 방식으로 진행된다.
세인트 존스 대학의 랜드마크인 정문은 1516년에 완공되었으며 정문에서부터 캠강까지는 구 대학, 캠강 건너편으로는 신 대학으로 구분된다. 신 대학과 구 대학을 연결하는 '탄식의 다리'는 캠강에서 가장 유명한 다리이기도 하다. 이 대학 출신으로는 시인 윌리엄 워즈워스가 있다.

주소 Cambridge, CB2 1TP 전화 01223 338 600 시간 11~2월 10:00~15:30, 3~10월 10:00~17:00 휴무 12월 25일~1월 3일 요금 성인 £10, 학생(12세 이상) £5, 12세 미만 무료 홈페이지 www.joh.cam.ac.uk

튜더 방식의 수업이 낳은 '탄식의 다리'

튜더 방식의 수업은 영국의 명문 대학인 옥스퍼드와 케임브리지 대학들이 가르치고 있는 수업 방식으로 지도 교수 1명당 학생 3명 정도가 마주 앉아 토론식으로 진행하는 수업이다. 학생들은 주제에 맞는 내용으로 학생만의 견해와 생각을 담은 글을 준비해서 수업 시간마다 그것에 대해 발표하고 토론하면서 공부를 한다. 1년이면 한 학생당 50편 정도의 글을 작성하게 되는데, 그 양이 너무 많아 열심히 매진하지 않으면 졸업하기가 쉽지 않다.
그래서인지 학생들이 공부에 지쳐 탄식하던 것에 빗대어 옥스퍼드와 케임브리지에는 일명 '탄식의 다리(Bridge of Sighs)'라고 이름 붙여진 다리가 있다. 실제로 이 다리는 이탈리아 베네치아에 있는 탄식의 다리를 모방해서 만든 석조 다리로 캠강을 사이에 두고 있는 세이트 존스 대학 구관과 신관을 이어주는 네오고딕 양식이다. 참고로 탄식의 다리를 가장 잘 보기 위해서는 바로 아래에 있는 키친 다리에서 보는 것이 가장 좋다.

피츠윌리엄 박물관 Fitzwilliam Museum

런던을 제외한 지방 도시 중 영국에서 손꼽히는 규모의 박물관

MAPECODE 20430

1816년에 네오 클래식 양식으로 지어진 피츠윌리엄 박물관은 1811년 비스카운트 피츠윌리엄이 기증한 작품을 보관하기 위해 세워진 케임브리지 대학 박물관이다. 런던을 제외한 지방 박물관 중에서 가장 큰 규모라고 한다. 전시실은 1층과 2층으로 나눠져 있으며 고대 그리스 및 이집트의 미술품과 영국, 이탈리아, 스페인, 프랑스 작품이 시대순으로 구분되어 있다. 우리에게도 친숙한 렘브란트, 모네, 피카소, 세잔, 르누아르의 그림들도 전시되어 있으며 놀라운 것은 한국관도 있는데 도자기 위주의 전시가 런던의 영국 박물관보다 더 우수하다는 것이다. 미술품도 뛰어나지만 이곳에는 엄청난 양의 메달과 헨델, 베토벤, 바흐의 자필 악보까지 전시되어 있어 매우 퀄리티 높은 컬렉션을 자랑한다.

주소 Trumpington St, Cambridge, CB2 1RB 전화 01223 332 900 시간 **화~토 10:00~17:00, 일·공휴일 12:00~17:00** 휴무 **월요일, 공휴일, 12월 24~26일·31일, 1월 1일** 요금 **무료** 홈페이지 www.fitzmuseum.cam.ac.uk

킹스 대학 교회 King's College Chapel

영국 건축사에 한 획을 그은 중세 건축물

MAPECODE 20431

킹스 대학 교회는 영국 건축사에서 빠져선 안 될 정도로 위대한 중세 건축물 중 하나다. 1446년 초석을 다졌지만 장미 전쟁으로 인해 잠시 중단된 뒤, 100년이 지난 1547년에 완공되었다.

레이스를 수놓은 듯한 부채꼴 모양의 천장은 22개의 리브 볼트(지붕이나 천장을 이루고 있는 벽돌 조를 지지하는 아치형의 틀로 고딕식 건축물에서 많이 볼 수 있음)가 다른 고딕 양식의 건축물보다 섬세하다. 성찬대 장식은 벨기에 화가 루벤스가 그린 〈동방 박사의 경배〉라는 작품으로 1634년 벨기에 백색 수녀회를 위해 그려진 후 1961년 이곳에 기증되었다. 매년 크리스마스이브가 되면 이곳 성가대에서 부르는 캐럴이 BBC 방송을 통해 전 세계로 방송된다.

휴무 **12월 24일~1월 3일, 매년 문 닫는 날이 다름(킹스 대학 홈페이지 참조)** 요금 **킹스 대학 요금에 포함**

케임브리지에서 펀팅하기

TIP

케임브리지를 거닐다 보면 캠강에서 쉽게 만날 수 있는 너벅선(납작하고 네모난 배)이 있다. 긴 장대를 이용해서 강의 바닥을 디디면서 배를 움직이는 것으로 캠강을 따라 유유히 케임브리지를 둘러볼 수 있는 케임브리지의 명물이다. 배만 빌려서 직접 장대를 이용해서 둘러볼 수도 있고 펀터라 불리는 뱃사공을 고용할 수도 있는데 관광객들은 보통 한 번도 타본 적이 없기 때문에 직접 배를 움직이는 것보다 사공을 고용하는 편이 더 낫다. 참고로 사공은 캠강을 돌며 케임브리지에 대한 설명도 해 준다.

킹스 대학 King's College

고딕 양식의 꽃, 킹스 대학 교회가 있는 곳

MAPECODE 20432

1441년 헨리 6세가 설립한 킹스 대학은 왕이 세운 대학이라고 해서 킹스 대학이라는 이름이 붙여진 단과 대학이다. 원래는 이튼에 설립한 이튼 학교 졸업생만 받기 위해서 설립했다. 400년까지는 이튼 학교 졸업생만 들어갈 수 있는 대학이었고, 현재 케임브리지에 세워진 대학들 가운데 가장 오래된 역사를 가지고 있다.

킹스 대학에 세워진 킹스 대학 교회는 헨리 6세가 케임브리지에서 가장 위대해 보이도록 특별 주문해서 만들어진 만큼 화려하고 아름다워 영국 고딕 양식의 꽃이라 불릴 정도로 뛰어난 감각이 느껴진다.

주소 21 King's Parade, Cambridge, CB2 1ST 전화 01223 331 100 시간 학기 중(1월 17일~3월 17일, 4월 25일~6월 18일, 6월 27일~7월 9일) 월~금 09:30~15:30, 토 09:30~15:15, 일 13:15~14:30분 방학 월~일 09:30~16:30 휴무 시험 기간, 부활절 기간(단, 성당은 오픈) 요금 성인 £9, 학생(12세 이상) £6 / 계절마다 들어가는 곳이 다름 홈페이지 www.kings.cam.ac.uk

브레드 & 미트 Bread & Meat

MAPECODE 20433

학생들에게 사랑받는 샌드위치 가게

케임브리지는 대학 도시인 만큼 간단하게 먹을 수 있는 빵집이나 샌드위치 가게가 어느 도시보다 많은데, 브레드 & 미트도 그중 하나다. 신선한 유기농 재료들로 케임브리지 학생들의 입맛을 사로잡았으며 소고기, 닭고기, 돼지고기가 들어 있는 샌드위치들이 인기가 많다. 가게의 규모는 작지만 샌드위치를 맛보기 위해 찾는 학생과 관광객이 많아서 줄 서는 일은 항상 각오해야 한다.

주소 4 Benet Street, Cambridge, CB2 3QN **전화** 07918 083 057 **위치** 케임브리지 관광 안내소와 킹스 대학 사이에 있는 버넷 스트리트(Benet St.)에 위치 **시간** 월~목 11:30~20:00, 금 · 토 11:30~21:00, 일 11:30~17:00 **가격** 샌드위치 £7.95~ **홈페이지** breadandmeat.co.uk

리즈 성

Leeds Castle

계절에 상관없이 늘 아름다운 성

리즈 성은 리즈 도시에 있는 것이 아니라 런던 남동쪽 캔트에 위치하고 있다. 런던에서 그리 멀지 않아서 하루 당일치기 여행으로 제격인 리즈 성은 계절에 상관없이 아름다워 늘 관광객으로 붐빈다. 특별히 가장 아름다운 리즈 성을 감상하려면 꽃이 활짝 피는 봄에 방문하는 것이 좋다. 주말이면 다양한 이벤트도 함께 할 수 있다.

리즈 성 및 주변 조감도

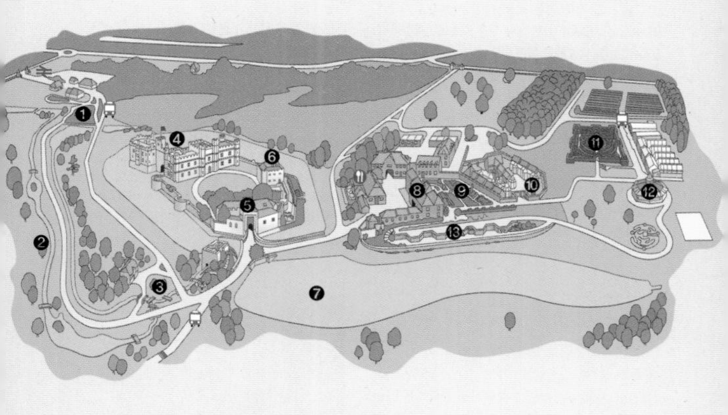

1 **안내 센터** Customer Services Desk
2 **우드 공원** Wood Garden
3 **향나무 숲** Cedar Lawn
4 **리즈 성** Leeds Castle
5 **리즈 성 숍** Leeds Castle Shop
6 **메이든 타워** Maiden's Tower
7 **그레이트 호수** Great Water
8 **개 목걸이 박물관** Dog Collar Museum
9 **컬페퍼 가든** Culpeper Garden
10 **새장** Aviary
11 **미로 & 동굴** Maze & Grotto
12 **교육 센터** Education Centre
13 **베일리 부인의 정원** Lady Baillie Garden

가는 방법

기차 + 버스 **[빅토리아~베어스테드~리즈 성]** Circle, District, Victoria 라인 빅토리아 역에서 기차를 타고 베어스테드(Bearsted) 역에서 하차 후 리즈 성으로 가는 버스를 이용한다. 베어스테드 역까지는 약 1시간, 베어스테드 역에서 리즈 성까지는 10분 정도 걸린다. 버스는 1시간에 1대만 운영한다.

기차 및 버스 이용 시 주의 사항

티켓을 구입할 때는 교통수단과 연계된 입장권을 구입하는 것이 더 저렴하다. 기차 + 버스 + 성 연계 티켓은 기차역에서 구입할 수 있다. 또한 교통편이 많지 않아 계절에 따라 차가 일찍 끊길 수 있으니 반드시 돌아오는 차편 시간을 사전에 확인하고 출발하자.

리즈 성 Leeds Castle

오랜 역사를 간직한 아름다운 성

MAPECODE 20434

857년 리드 경이 만든 목조 성이었으나, 1119년에 성을 요새화하기 위해서 석조 성으로 재건축하였다. 그 후 1278년 에드워드 1세는 주거용 성으로 바꿨고, 헨리 8세 때는 왕실의 별장으로 쓰였다. 그렇게 계속 소유주에 따라 성 모양이 바뀌어 가다가 마지막으로 베일리 부인이 1926년에 구입해 1974년까지 소유하면서 보수와 단장을 다시 한 것이 현재의 리즈 성이다. 베일리 부인이 세상을 떠나고 난 후에는 지금까지 일반에게 공개되고 있다.

무엇보다 호수에 비친 성의 모습이 가장 아름다운데, 엄청난 크기의 정원에는 식물원과 동물원, 크고 작은 테마 정원과 미로 등이 있어 정원만 둘러보는 데도 꽤 오랜 시간이 걸린다. 특히나 빠져나가기 어려운 풀숲의 미로는 위에서 길을 안내해 주는 사람이 있을 정도로 많이 헤매는 곳이다. 보통 30분 정도에 빠져나가면 무난하다고 할 정도니, 한 번쯤 도전해 보는 것도 좋다.

주소 Maidstone, Kent, ME17 1PL 전화 01622 765 400 시간 4~9월 10:00~18:00, 10~3월 10:00~17:00 휴무 11월 3~4일, 12월 25일 요금 성인 £25.50, 학생 £22.50, 어린이(4~15세) £17.50 / 1년간 재입장 가능 홈페이지 www.leeds-castle.com

베일리 부인의 정원 Lady Baillie Garden

리즈 성의 호수를 감상하기 좋은 장소

건축가인 크리스토퍼 카터(Christopher Carter)가 베일리 부인을 위해 새를 교육하는 장소로 만들어 준 곳으로, 쿨페퍼 가든과 새장 근처에 위치한다. 현재는 리즈 성을 방문한 방문객들에게 휴식처를 제공하는 장소로 특별히 이곳은 호수를 바라보며 잠시 쉬었다 가기에 제격인 장소다.

미로 & 동굴 Maze & Grotto

리즈 성의 즐길 거리

리즈 성의 정원 가장 안쪽 부근에는 미로와 굴이 있는데, 미로는 2,400그루의 흔히 묘지에 심는 상록수 나무로 만들어져 있다. 보기에는 쉬운 미로 같지만 빠져나가기가 생각보다 어렵다. 보통 30분 정도에 빠져나가면 무난하다고 할 정도로 어려우니, 한 번쯤 도전해 봐도 즐거울 것이다. 만약 길을 헤매게 되었다면, 미로의 가장 안쪽의 위에 서 있는 직원에게 도움을 요청하면 빠져나가는 길을 안내해 준다. 그리고 미로를 다 통과하면, 아래의 굴을 통해서 미로 밖으로 빠져나가게 된다.

쿨페퍼 가든 Culpeper Garden

우아한 영국식 정원을 만날 수 있는 곳

아름다운 장미와 양귀비 등을 만날 수 있는 영국식 정원인 쿨페퍼 가든은 17세기의 리즈 성을 소유했던 소유주의 가족들이 성 부엌의 한쪽 정원으로 만든 것이었지만, 베일리 부인 때, 정원 디자이너인 러셀 페이지(Russell Page)에 의해 별장의 정원으로 바뀌게 되었다.

캔터베리

Canterbury

캔트 왕국의 수도이자 〈캔터베리 이야기〉가 펼쳐지는 곳

캔터베리는 런던에서 남동쪽으로 약 85km 떨어진 곳에 위치한 도시로, 도버로 가는 길에 있어 앵글로 색슨 시대 때 캔트 왕국의 수도였다. 로마인에게는 캔트족을 가톨릭으로 개종시키기 위해서 꼭 필요한 도시였으며, 그때 로마 가톨릭에서 파견된 성 아우구스티누스가 캔트 왕을 개종시키는 데 성공한 뒤 세운 성당이 캔터베리 대성당의 기원이다. 1070년 최초의 노르만족 대주교인 란프랑크에 의해서 현재의 캔터베리 대성당이 세워졌다. 캔터베리를 말할 때 절대 빼놓을 수 없는 이야기 중 하나가 바로 영국 최초의 시인 제프리 초서가 저술한 운문 설화집인 〈캔터베리 이야기〉이다. 이 책은 런던에서 토머스 베킷의 무덤까지 찾아가는 사람들이 여관에서 익살맞게 주고 받는 23가지 이야기를 써 내려간 초기 영국 문학 중 가장 훌륭한 글로 평가받고 있다. 제프리는 1387년 집필을 시작해 1400년까지 썼지만, 그가 사망하게 되면서 〈캔터베리 이야기〉는 지금까지 미완성으로 남아 있다.

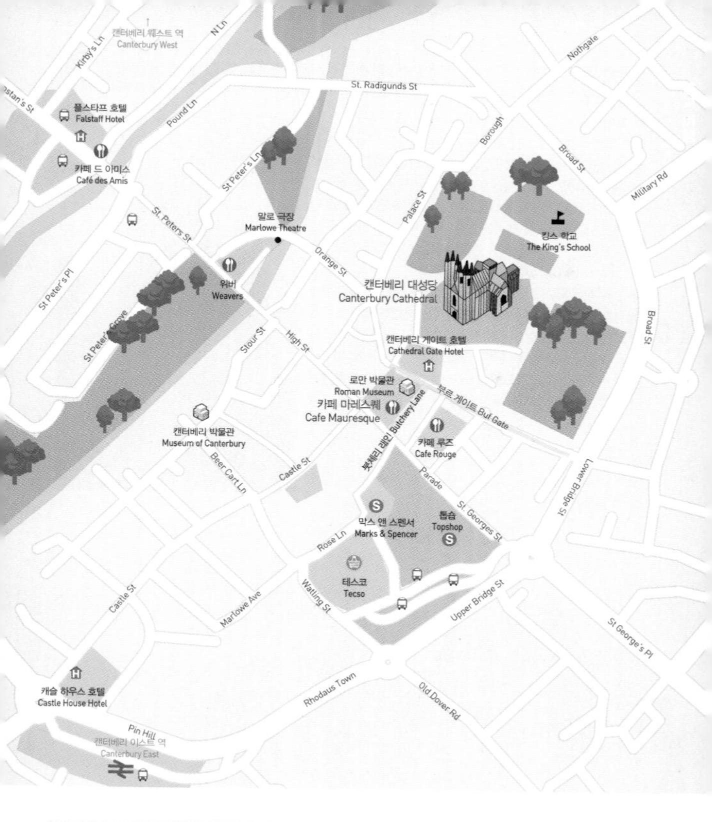

가는 방법

기차 **[빅토리아~캔터베리 웨스트/캔터베리 이스트]** Circle, District, Victoria 라인 빅토리아 역에서 캔터베리 웨스트(Canterbury West) 역 또는 캔터베리 이스트(Canterbury East) 역까지 1시간 30분~2시간 정도 소요된다.

버스 **[빅토리아 코치~캔터베리]** 런던의 빅토리아 코치 역에서 캔터베리 버스 정류장(Canterbury Bus Station)까지 내셔널 익스프레스 버스로 2시간 정도 소요된다.

홈페이지 www.canterbury.gov.uk

캔터베리 대성당 Canterbury Cathedral

유럽에서 본당 높이가 가장 높은 대성당

MAPECODE 20435

캔터베리 대성당은 화재로 인해 초기의 모습은 전혀 남아 있지 않지만, 중세 때 유행하던 모든 양식이 복합적으로 적용되어 독특한 화려함으로 시선을 압도한다. 이곳은 다른 성당과 달리 성당에 들어가기 위해선 대성당과 함께 캔터베리의 랜드마크인 그리스도상 게이트를 통과해야만 한다. 100m 높이의 본당은 유럽의 성당 중 가장 높은 성당이며 성가대석은 영국에서 가장 긴 길이를 자랑하고 있다.

또 당시 캔터베리 대성당의 대주교인 토머스 베킷이 헨리 2세 왕과의 권력 다툼 끝에 이곳에서 죽임을 당했다. 이후 1173년, 그가 성인으로 추앙된 후부터 베킷의 무덤을 보기 위해 이곳을 찾는 사람들이 많아지자 자연스럽게 성지 순례지가 되었다. 하지만 안타깝게도 1538년 성당이 무너지면서 현재는 촛불로 그 자리만 표시해 두고 있다.

주소 The Precincts, Canterbury CT1, Kent, CT1 2EH 전화 01227 762 862 시간 여름철 월~토 09:00~17:30, 일 12:30~14:30 겨울철 월~토 09:00~17:00, 일 12:30~14:30 요금 성인 £12.50, 학생 £10.50, 어린이 £8.50, 5세 미만 무료입장 홈페이지 www.canterbury-cathedral.org

카페 마레스퀘 Cafe Mauresque

MAPECODE 20436

스페인 음식을 맛볼 수 있는 곳

캔터베리 대성당 근처에 있어 찾기도 쉬운 카페 마레스퀘는 북아프리카풍 인테리어에 스페인 음식을 파는 이색적인 곳이다. 스페인 전통 음식인 '빠에야'도 맛볼 수 있는데 그중에서도 해산물 빠에야가 가장 맛있으며 타파스, 꼬치 요리도 즐길 수 있다. 무엇보다 이곳을 찾는 사람들은 레스토랑 분위기가 음식 맛을 더 맛있게 해 준다고 한다.

주소 8 Butchery Ln, Canterbury CT1 2JR **전화** 01227 464 300 **위치** 캔터베리 대성당 입구인 그리스도상 게이트를 오른쪽에 두고 부르게이트(Bufgate) 거리로 올라가다가 오른쪽으로 나오는 붓체리 래인(Butchery Lane) 쪽으로 우회전하면 오른편에 위치한다. **시간** 12:00~24:00(점심 메뉴는 17:00까지) **가격** (런치) 샌드위치 £7.20~, 샐러드 £10.50~ / 타파스 £3.75~, 해산물 빠에야 £17.95~, 스테이크 £22.50~ **홈페이지** www.cafemauresque.com

라이

Rye

고대와 중세 모습이 조화로운 작고 아름다운 마을

런던에서 남동쪽으로 약 110km 떨어진 이스트 서섹스 지역에 위치해 있는 라이는 고대에 세워진 요새 도시로 원래는 해협에 있던 섬이었지만 퇴적층이 쌓이면서 현재는 해안에서 약 3km 정도 떨어진 내륙에 있다. 백 년 전쟁 당시 프랑스의 공격을 받고 잿더미가 되어 버린 라이는 14세기 후반 새롭게 재건되면서 고대와 중세의 조합이 더해진 현재의 모습으로 남게 되었다.

아주 작은 마을이지만 예쁜 모습을 그대로 간직하고 있다. 메인 스트리트인 하이 스트리트(High Street)에는 카페, 기념품 가게, 골동품 가게, 레스토랑들이 이어져 있고, 작은 티룸들이 많은 사랑을 받고 있다. 하이 스트리트를 걷다 보면 14세기에 세워진 4개의 고대 요새 성벽 문 중 유일하게 남아 있는 랜드 게이트가 나온다. 오후가 되면 대부분의 상점들이 문을 일찍 닫기 때문에 남부 해안 마을과 함께 방문할 때에는 라이를 먼저 둘러보고 이동하는 것을 추천한다.

가는 방법

기차 **[세인트 판크라스~라이]** 런던 세인트 판크라스 역(St. Pancras Railway Station)에서 라이(Rye) 역까지 1시간 10분 정도 소요된다. 한 번에 가는 기차는 없고 애쉬포드 인터내셔널(Ashford International) 역에서 경유한다. 헤이스팅스 역에서 라이 역까지는 약 20분이 걸린다.

버스 **[헤이스팅스~라이]** 헤이스팅스 관광 안내소 앞 버스 정류장에서 100번 버스로 약 35분 정도 걸린다. 101번 버스로는 약 50분 소요.

세인트 메리스 교회 St Mary's Church

영국에서 가장 오래된 시계를 볼 수 있는 곳

MAPECODE 20437

라이 구시가 언덕 위에 있는 세인트 메리스 교회는 16세기에 세워진 작은 탑이 있는데, 이 탑에 장착되어 있는 시계는 영국에서 가장 오래되었으며 현재까지도 작동하고 있다. 시계 위에 문장과 쿼터보이즈라 불리는 두 남자의 동상은 1761년 새롭게 추가되었다. 교회 탑에 오르면 라이를 한눈에 내려다볼 수 있다.

주소 Church Square, Rye TN31 7HF 전화 179 722 2318 위치 라이 역에서 도보 6분 시간 여름 09:15~17:30, 겨울 09:15~16:30 요금 탑 £3.50 홈페이지 www.ryeparishchurch.org.uk

머메이드 스트리트 Mermaid Street

영국에서도 손꼽히는 아름다운 거리

MAPECODE 20438

영국에서도 아름다운 거리로 손꼽히는 머메이드 스트리트는 자갈이 깔려 있는 바닥과 옛 건물 그대로 남아 있는 집들이 어우러져 마치 영화 속 세트장 같은 풍경이다. 그중에서도 머메이드 스트리트 위쪽에 자리한 머메이드 여관(The Mermaid Inn)은 라이에서 가장 유명한 뷰 포인트이기도 하다. 11세기 지어졌으며 라이에서 가장 큰 중세 건축물인데, 건물 전체를 뒤덮고 있는 담쟁이 덩굴이 붉게 물드는 풍경은 영국에서 이 길이 왜 아름다운 거리로 손꼽히는지 단번에 알 수 있을 만큼 아름답다. 항구가 인접해 있어 무역으로 번성했던 17~18세기에는 밀수꾼들의 주 무대가 되었던 곳으로, 악명 높은 범죄조직이었던 허크호스트 갱단의 아지트가 바로 머메이드 여관이었다. 현재는 펍과 레스토랑, 호텔로 운영 중이며 유령이 나오는 호텔로도 유명하다.

주소 (머메이드 여관) Mermaid St, Rye TN31 7EY 위치 세인트 메리스 교회에서 도보 3분

코블스 티룸 The Cobbles Tea Room

MAPECODE 20439

따뜻한 분위기의 영국 가정식 티룸

1952년에 문을 연 이곳은, 티룸이 많은 라이에서 특히 유명한 곳이다. 마치 영국 가정에 초대받은 것처럼 편안한 분위기의 인테리어와 고풍스러운 찻잔 덕분에 관광객의 발길이 끊이지 않는다. 유명한 티룸답게 직접 만든 스콘과 케이크, 애프터눈 티 등을 맛볼 수 있다.

주소 1 Hylands Yard, Off The Mint, Rye TN31 7EP **전화** 780 809 7551 **위치** 하이 스트리트에 위치 **시간** 10:00~17:00 **가격** 스콘 · 버터(with 잼 · 크림) £1.80~£2.60, 홈메이드 케이크 £3~3.30

헤이스팅스

Hastings

예스러운 올드 타운과 서쪽 해안이 자리한 휴양 도시

런던 남동쪽 해안에 자리하고 있는 휴양 도시, 헤이스팅스 1066년 정복자 윌리엄은 프랑스 노르망디 해협을 건너 윈체스터와 런던을 빼앗기 위해 침입했다. 이곳에는 당시 잉글랜드의 왕이었던 해럴드의 군대가 주둔해 있었고, 두 군대가 맞붙어 윌리엄이 승리를 거머쥐게 된다. 그 역사적인 '헤이스팅스 전투'가 벌어졌던 장소가 바로 이곳이다. 현재는 아름다운 휴양 도시로 유명하다.

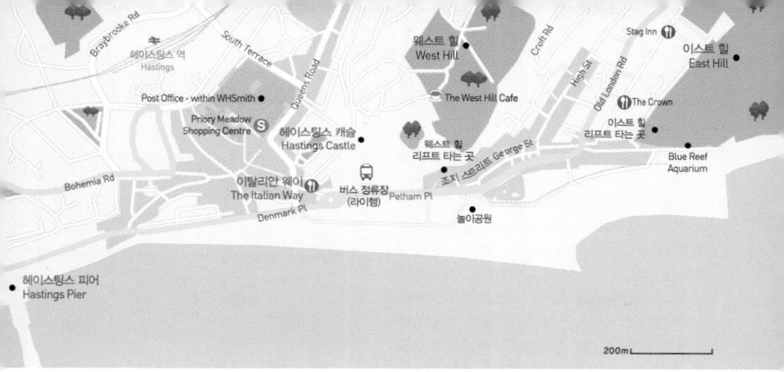

서쪽 언덕 웨스트 힐(West Hill)과 동쪽 언덕 이스트 힐(East Hill) 사이에 자리한 곳이 올드 타운이다. 올드 타운의 메인 거리 '조지 스트리트(George Street)'는 중세 시대 건축물이 그대로 보존되어 마치 영국 고전 영화에서 나올 법한 예스러움을 느낄 수 있는데, 이 거리엔 레스토랑, 카페, 티룸, 아기자기한 공예숍 등이 늘어서 있다. 웨스트 힐을 오르내릴 수 있는 리프트 역과 도보로 이동할 수 있는 길 또한 이 거리에 있다. 조지 스트리트 끝에는 해안가가 다시 나타나며 해안가에는 놀이기구를 즐길 수 있는 플라밍고 공원과 수백 년 동안 그물을 보관하던 검은색 목재로 지어진 창고들, 난파선 박물관, 어부 박물관, 아쿠아리움을 만날 수 있다. 그 맞은편으로는 이스트 힐에 오를 수 있는 리프트 역이 있다. 헤이스팅스 피어가 있는 올드 타운 서쪽 해안가는 19세기에 들어와 휴양을 즐길 수 있는 휴양지로 새롭게 정비되면서 헤이스팅스는 런던 사람들이 즐겨 찾는 휴양지로도 사랑받는 곳이다.

가는 방법

기차 ❶ **[런던 브리지~헤이스팅스]** 런던 브리지(London Bridge) 역에서 헤이스팅스(Hastings) 역까지 1시간 30분~2시간 정도 소요된다. ❷ **[라이~헤이스팅스]** 라이 역에서 헤이스팅스 역까지 20분 정도 소요된다.

버스 **[빅토리아 코치~헤이스팅스 타운 센터]** 빅토리아 코치 역에서 내셔널 익스프레스 버스를 타고 헤이스팅스 타운 센터(Hastings Town Center)까지 2시간 35분 정도 소요된다.

친퀘 포트 연맹 Cinque Ports Confederation

1155년 유럽의 침입을 막기 위해서 해안 군사 특권과 해상 무역 보호법의 새로운 조항을 만든 것이 '친퀘 포트 연맹'이다. 잉글랜드 남동 해협의 다섯 개의 항구(헤이스팅스 Hastings, 뉴 롬니 New Romney, 하이드 Hythe, 도버 Dover, 샌드위치 Sandwich)는 왕실을 위해 배와 선원을 일정 기간 제공해 주는 대신 세금을 면제받고 자치권을 보장받았기 때문에 다섯 항구는 엄청난 발전을 하게 된다. '친퀘(Cinque)'는 고대 프랑스어로 '다섯'을 의미해서 친퀘 포트 연맹이라는 이름이 붙여졌다. 하지만 처음 다섯 개로 시작한 연맹의 항구 수는 점점 늘어났고, 17세기에 들어와 이들이 받았던 특권은 폐지되었다. 더불어 주변 해안가에 큰 배들이 정박할 수 있는 큰 항구들이 들어오면서 점차 친퀘 포트 연맹의 항구들은 쇠퇴했고, 쇠퇴한 항구들은 밀수꾼의 주 무대가 되기도 했다.

헤이스팅스 피어 Hastings Pier

헤이스팅스의 새로운 명소

MAPECODE 20440

헤이스팅스 피어(부두)는 1872년 8월 빅토리아 시대에 처음 세워졌다. 부두가 세워졌을 당시, 선착장과 동시에 다양한 활동이 이루어지는 공간으로도 활용되어, 연극과 콘서트 등이 열리는 파빌리온도 함께 지어졌다. 1917년 화재로 인해 부두와 파빌리온은 잿더미가 되었다가, 1922년 아르데코풍의 모습으로 재건되었다. 그 후 10년 동안 이곳은 엄청난 전성기를 누렸지만 제2차 세계 대전이 일어나면서 폐쇄되었고, 적이 침입했을 때 적의 배가 이곳에 정박하지 못하도록 임의로 갑판의 중간 부분을 철거하기도 했다. 전쟁이 끝나고 난 후에는 음악을 좋아하는 젊은 예술가들이 라이브 공연을 시작하면서 다시 사람들이 몰려들었고, 계속 부두 위에 건물을 올리면서 부두는 무게를 견뎌내지 못해 2008년 또다시 폐쇄되었다. 폐쇄되고 2년 후, 큰 화재가 나면서 예정되어 있던 복구 계획이 무산되었지만, 지역 공동체에서 전개한 부두 살리기 운동을 통해 2016년 지금의 모습으로 재건되었다. 갑판 위에

나무로 이어 붙인 데크는 2010년 부두에 화재가 났을 때 타지 않고 남은 나무들을 재사용한 것이다. 이는 새로운 시대와 역사가 함께 하고, 사라질 뻔한 부두를 시민들의 바람으로 살려낸 만큼 불가능을 가능하게 만들었다는 의미를 부여했다고 한다. 현재 파빌리온은 레스토랑과 바로 운영하고 있다.

주소 1-10 White Rock, Hastings TN34 1JU 위치 헤이스팅스 역에서 도보 15분 시간 일~목 10:00~22:00, 금 · 토 10:00~23:00

웨스트 힐 West Hill

정복왕 윌리엄 1세가 처음 세운 성이 있는 언덕

MAPECODE 20441

올드 타운을 사이에 두고 서쪽엔 웨스트 힐이 동쪽으로는 이스트 힐이 자리하고 있다. 웨스트 힐과 이스트 힐 모두 특별하게 오르고 싶다면 리프트를 타고 이동할 수 있다. 웨스트 힐은 정복왕 윌리엄 1세가 헤이스팅스 전투에서 이기고 세운 성이 일부분 남아 있는데, 이 성은 그가 잉글랜드에 와서 처음으로 세운 성이기도 하다. 웨스트 힐에 오르면 올드 타운과 뉴 타운을 모두 내려다 볼 수 있으며, 맞은편 이스트 힐도 한눈에 들어온다.

주소 Castle Hill Rd, Hastings TN34 3RD 위치 조지 스트리트에서 리프트 3분 / 조지 스트리트에서 도보 10분 / 헤이스팅스 역에서 도보 15분

이탈리안 웨이 The Italian Way

MAPECODE 20442

해산물 파스타가 맛있는 이탈리안 레스토랑

1978년 문을 연 이탈리안 레스토랑으로 헤이스팅스 해안가와 마주하고 있다. 이곳을 중심으로 헤이스팅스 기차역과 헤이스팅스 피어, 올드 타운 방향이 구별된다. 레스토랑 2층에서 내려다보이는 파노라마 해안 뷰는 이탈리안 웨이에서 음식과 함께 놓쳐서는 안 될 명소이다. 1층에서 식사를 했더라도 화장실이 2층에 있기 때문에 2층은 자유롭게 올라가 볼 수 있으니 2층 뷰는 꼭 확인해 보자. 무척 다양한 메뉴가 있지만, 바닷가 도시답게 시푸드 파스타를 추천한다.

주소 25 Castle St, Hastings TN34 3DY 전화 142 443 5955 위치 헤이스팅스 역에서 도보 7분 / 헤이스팅스 피어에서 도보 10분 / 조지 스트리트에서 도보 5분 시간 10:00~22:00 가격 스파게티 알로 스콜리오 £12.95, 스파게티 까르보나라 £8.50 홈페이지 www.italianway.co.uk

이스트본

Eastbourne

런던에서 가까운 영국의 휴양 도시

영국의 남쪽 끝에 위치한 해안 도시 이스트본은 런던에서도 부담 없이 갈 수 있는 곳이라 예전부터 휴양 도시로 유명하다. 최근에는 영국 노인들이 남은 생을 보내고 싶어 하는 실버타운과 외국인들이 선호하는 어학교로도 인기가 높은 지역이다. 빅토리안 해안 도시로 잘 보존된 항구와 마을, 그리고 바닷가를 걷다 보면 은퇴 노인들뿐 아니라 바쁜 여행객들도 하루 정도 쉬어갈 수 있는 휴양 도시임이 저절로 느껴진다. 이스트본 바다는 해수욕이 가능하기 때문에 혹시 여름에 이스트본을 방문한다면 해수욕 준비를 해 가는 것도 좋다.

가는 방법

기차 **[빅토리아~이스트본]** Circle, District, Victoria 라인 빅토리아 역에서 이스트본(Eastbourne) 역까지 기차로 1시간 30분 정도 걸린다. 열차는 두 방향으로 나뉘어 한쪽은 브라이턴, 한쪽은 이스트본으로 향하니 목적지로 가는 열차 칸에 제대로 타야 한다.

[브라이턴~이스트본] 브라이턴 역에서 이스트본까지 30분 정도 소요된다.

버스 **[빅토리아 코치~이스트본]** 런던의 빅토리아(Victoria) 코치 역에서 내셔널 익스프레스 버스로 2시간 50분 정도 소요된다.

[브라이턴~이스트본] 12번 계열 버스를 타고 1시간 30분 정도면 도착한다.

이스트본 안내 센터

- **주소** 3 Cornfield Rd., Eastbourne BN21 4QA
- **시간** 월~토 09:30~17:30, 일 10:00~13:00(단, 겨울철은 16:00까지)

이스트본 피어 Eastbourne Pier

시내 전망을 바라볼 수 있는 곳

MAPECODE 20443

영국의 바닷가에서는 피어를 볼 수 있는데, 피어 안에는 각종 오락 시설은 물론 식당이나 휴게소 등 편의 시설이 밀집해 있다. 이스트본 피어에서 바라보는 시내의 모습이 아름다우며 이스트본 바다 또한 제대로 느낄 수 있어 인기가 많은 장소다.

주소 Eastbourne, East Sussex, BN21 3AD 위치 기차 Circle, District, Victoria 라인 빅토리아(Victoria) 역에서 기차로 약 1시간 30분 소요되며 이스트본(Eastbourne) 역에서 하차

비치 헤드 Beach Head

한폭의 그림처럼 아름다운 초크 절벽

MAPECODE 20444

하얀 초크의 절벽과 5가지 색을 띤다는 영국 남쪽의 바닷가가 잘 어우러진 높이 160m의 아름다운 절벽이다. 하지만 초크로 된 절벽이기 때문에 무너질 위험이 있으며, 안전선조차 설치되어 있지 않다. 그 때문에 사고가 빈번하다고 하니 비치 헤드를 방문할 땐 특히 더 조심하자. 사고를 상기시켜기 위해서만은 아니겠지만, 이곳에서 각종 사고로 생을 마감한 사람들을 위해 세워둔 작은 십자가들도 많이 볼 수 있다. 비치 헤드는 특별히 맑은 날이 더 아름답지만, 영국 사람들은 흐린 날에 비치 헤드를 방문하는 것도 좋아한다고 한다. 앞을 제대로 볼 수 없는 흐린 날씨에 비치 헤드를 둘러보는 것도 나름의 운치가 있으며 맑은 날에는 운이 좋으면 프랑스 북쪽 땅까지 볼 수 있다.

위치 기차 이스트본(Eastbourne) 역에서 도보 약 1시간 버스 피어에서 12A번 버스 탑승

세븐 시스터즈 Seven Sisters

멋진 풍경을 자랑하는 해안가

MAPECODE 20445

입구에서부터 약 30분 정도 걸어가다 보면 바닷가가 나온다. 걷는 길이 멀 수 있겠지만 아름다운 초원을 걷는다고 생각하면 참 낭만적인 장소다. 바닷가까지 걸어가면 아름다운 절벽과 아름다운 해안을 만날 수 있는데, 해안에서 올려다보는 초크 절벽이 7명의 여자와 닮았다고 해서 세븐 시스터즈라는 재미난 이름이 붙여졌다. 조금 가파른 절벽을 올라가면, 넓은 초원에서 절벽 아래를 내려다볼 수 있으며 겨울에도 아름다운 곳이다.

위치 **버스** 이스트본 시내에서 일요일에만 운행하는 170번 버스로 약 15분 소요 / 브라이턴에서 12번 버스로 약 1시간 30분 소요

★ 사전에 챙길 것!

세븐 시스터즈를 돌아볼 때는 꽤 많이 걸어야 하므로 미리 간식과 물을 챙겨 가는 것이 좋다. 또한 절벽 지형이다 보니 바람이 세게 불어 감기에 걸리기 쉬우니 옷을 든든하게 입고 가자.

브라이턴 Brighton

대표적인 영국 남부의 휴양 도시

MAPECODE 20446

이스트본보다 더 큰 휴양 도시인 브라이턴은 원래는 작은 어촌이었으나 로열 파빌리온이 들어온 이후 휴양지로 변모한 곳으로, 여행객들에겐 이스트본보다 더 인기가 많다. 브라이턴에서 가장 볼만한 곳은 로열 파빌리온(Royal Pavilion)이다. 19세기 초반에 조지 4세가 아라비아풍으로 지은 별궁으로 중국과 인도의 영향을 받은 내부까지 둘러보면, 마치 동양에 와 있는 것 같은 착각에 빠지게 된다. 이곳은 제1차 세계 대전 때는 부상병을 위한 병원으로 사용되기도 했다.

위치 **기차** Circle, District, Victoria 라인 빅토리아(Victoria) 역에서 기차로 약 50분 소요, 브라이턴(Brighton) 역에서 하차 **버스** 런던의 빅토리아 코치 역에서 내셔널 익스프레스 버스로 1시간 50분 소요

레이크 디스트릭트 (호수 지방)

Lake District

영국인들이 은퇴 후 가장 살고 싶어 하는 지역

코츠월즈 지역과 함께 영국인들이 은퇴 후 가장 살고 싶어 하는 지역이다. 영국 트레킹의 성지이자 영국에서 가장 아름다운 경치를 자랑하는 호수 지방은 잉글랜드 북서쪽 스코틀랜드와의 경계 지역인 컴브리아주에 있다.

컴브리아주 내에서 호수 지방은 동서로 약 50km, 남북으로 약 40km, 면적 231km² 정도 크기의 국립 공원이다. 잉글랜드에서 가장 큰 호수인 윈더미어호를 중심으로 16개의 크고 작은 호수가 있으며, 작은 연못까지 포함하면 그 수가 약 500개 이상이나 된다고 한다. 이 호수들은 기원전 4500년경 빙하기 때 빙하가 녹은 물로 만들어졌고, 기후가 온화해지면서 고원 지대에 식물들이 자라기 시작했다. 그렇게 사람이 살기 이상적인 환경이 조성되면서 사람들이 모여들어 집을 짓고, 농사를 짓고, 양을 기르며 지금의 모든 것이 어우러지는 그림 같은 풍경이 만들어졌다. 잉글랜드에서 가장 높은 봉우리인 스카펠파이크도 이곳 호수 지방에 있다. 아름다운 자연은 시인이나 작가들에게 영감을 불어넣어 세상에서 제일 유명한 토끼인 '피터 래빗'이 탄생했고, 영국의 낭만파 시인인 '윌리엄 워즈워스'는 자신 스스로도 '자연의 아이'라고 표현했을 만큼 이곳에서 보낸 그의 유년 시절은 그가 시를 쓰는 중요한 원천이 되기도 했다. 호수 지방의 그림 같은 아름다움과 낭만주의 문학과 미술에 미친 영향을 인정받아 2017년 영국에서 31번째로 유네스코 세계 문화유산에 등재되었다.

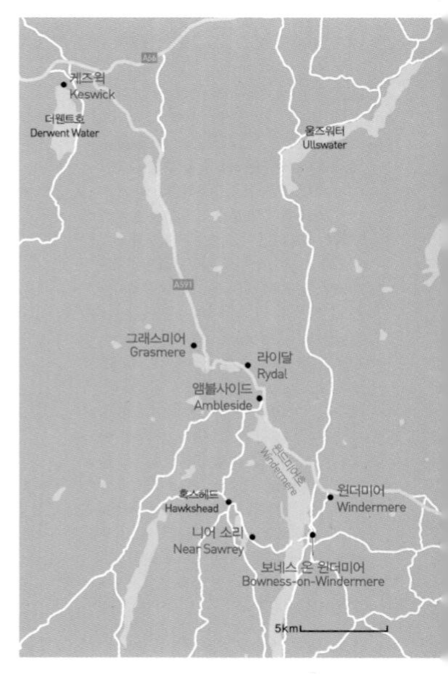

가는 방법

기차 **[유스턴~윈더미어]** 런던의 유스턴(Euston) 역에서 윈더미어(Windermere) 역까지는 1회 경유해야 하며, 경유지는 기차에 따라 다르므로 잘 확인하자. 소요 시간은 3시간 15분~4시간.

※ 철도 패스를 이용할 경우 호수 지방까지는 런던 플러스 패스는 사용할 수 없으며, 잉글랜드 패스를 소지해야 한다.

호수 지방의 관문은 남쪽으로는 윈더미어와 북쪽으로는 케즈윅을 시작으로 최소 2박 3일 일정으로 둘러보길 권장하며, 숙소는 호수 지방에서도 교통이 편리하고 B&B와 레스토랑, 쇼핑, 마트가 있어 조금은 번화한 윈더미어 또는 앰블사이드에 잡는 걸 추천한다. 호수 지방은 11~3월까지는 비수기로 보트, B&B, 레스토랑 등을 운영하지 않는 곳이 많기 때문에 되도록 4~10월 사이에 여행하는 것이 좋다.

호수 지방 대중교통

버스 호수 지방은 버스 연결편이 굉장히 잘 되어 있기 때문에 자동차가 없어도 버스만 잘 이용하면 대부분의 마을을 돌아볼 수 있다. 티켓은 버스 탑승 후 운전 기사에게 목적지를 말하고 구입하면 된다. 스마트폰 앱을 통해 티켓을 구입할 수 있지만 앱을 설치하려면 애플 스토어나 구글 스토어 모두 스토어 국가를 영국으로 변경해야 하므로 앱 구매보다는 버스에서 구입하는 것이 편리하다. 윈더미어호 주변으로는 센트럴 레이크 존(Centaral Lakes Zone), 센트럴 레이크 존을 제외한 지역은 익스플로러 존(Explorer Zone)으로 구분된다. 호수 지방 유명 관광지는 대부분 센트럴 레이크 존에 있지만 케즈윅은 익스플로러 존에 있기 때문에 케즈윅을 방문할 때 익스플로러 존 티켓을 구입하면 된다. 편도 티켓 가격과 왕복 티켓, 원데이 티켓의 가격 차이가 크지 않으므로 버스를 2번 이상 이용할 경우는 무조건 원데이 티켓으로 구입하는 것을 추천한다. 버스 원데이 티켓과 윈더미어호 레드 라인 보트 1회를 이용할 수 있는 버스 & 보트 티켓도 있다. 니어 소리(힐탑)와 연결되는 미니버스는 별도의 티켓을 구입해야 한다.

버스 티켓 존

버스
보트
케즈윅 Keswick
Penrith
라이달 Rydal
그래스미어 Grasmere
Dungeon Ghyll
Waterhead Pier
앰블사이드 Ambleside
Explorer Zone
윈더미어 Windermere
Coniston
Hawkshead
Staveley
보네스 Bowness
Central Lakes Zone
Kendal
Lakeside
Havethwaith
Newby Bridge
Milnthorpe
Cartmel
Ulverston
Barrow
Grange-over-Sands
Morecambe
Lancaster

★호수 지방 버스 노선 및 타임테이블, 버스 정류장 검색 www.stagecoachbus.com

★버스 요금

(센트럴 레이크 존 내) **편도 £7.20, 왕복 £8.30, 원데이 £8.30**

(익스플로러 존까지) **편도 £9.80, 왕복 £11.30, 원데이 £11.30**

(센트럴 레이크 존 원데이 + 윈더미어호 보트 1회) **£12.50**

(익스플로러 존 원데이 + 윈더미어호 보트 1회) **£15.80**

보트 잉글랜드에서 가장 큰 호수인 만큼 윈더미어호에서 보트를 타고 이동할 수 있는 방법도 있다. 여행객들이 가장 선호하는 보트 구간은 윈더미어와 앰블사이드를 이어 주는 레드 라인으로 보네스 온 윈더미어와 워터헤드 구간이다.

★윈더미어호 보트 타임테이블 검색 www.windermere-lakecruises.co.uk

★보트 요금

(레드 라인) 보네스 온 윈더미어Bowness on Windermrer~워터헤드Waterhead **£11.30**

(옐로우 라인) 보네스 온 윈더미어Bowness on Windermrer~레이크사이드Lakeside **£11.80**

(프리 티켓) 24시간 동안 자유롭게 윈더미어호 보트를 이용할 수 있음 **£20.80 / 단, 보네스 온 윈더미어~페리하우스Ferry House 구간은 사용 불가**

윈더미어 & 보네스 온 윈더미어 Windermere & Bowness on Windermre

호수 지방 여행의 출발점

MAPECODE 20447

윈더미어는 호수 지방 가장 안쪽까지 들어오는 기차의 최종 종착지로 호수 지방 여행의 출발지이기도 하다. 기차역 주변으로는 쇼핑센터와 호수 지방에서 가장 큰 대형 마트가 있고, 호수 지방 마을들과 연결되는 버스도 윈더미어 역에서 탑승할 수 있다. 윈더미어는 대부분 숙박 시설이 밀집해 있기 때문에 윈더미어에 베이스를 차리는 경우가 많다.
호수 지방을 360도 내려다볼 수 있는 전망대가 있는 오레스트 헤드는 윈더미어에서 놓치지 말아야 할 명소이다. 윈더미어 타운을 지나 윈더미어호 방향으로 약 30분 정도 내려오면 잉글랜드에서 가장 큰 호수인 윈더미어호가 있는 보네스 온 윈더미어가 나타난다. 보네스 온 윈더미어는 호수를 끼고 있는 마을 중에 가장 번화하여 항상 관광객들로 붐빈다. 호수 지방에서 빼놓을 수 없는 그림 동화인 〈피터 래빗 이야기〉 속 캐릭터들을 만날 수 있는 '비어트릭스 포터의 세계 전시관'은 어린 고객들의 사랑을 한몸에 받고 있다. 보네스 선착장에는 여러 방향으로 이동하는 보트들이 많기 때문에 보트를 타고 이동할 경우 선착장 번호를 잘 확인하고 탑승하자.

보네스 온 윈더미어 가는 방법 대부분 윈더미어에서 도보로 이동하지만 윈더미어 역에서 6번, 508번, 599번, 755번 버스를 타고 이동할 수 있다.

니어 소리 (힐탑) Near Sawrey (Hill Top)

피터 래빗 이야기의 실제 배경이 된 장소

MAPECODE 20448

보네스 온 윈더미어에서 보이는 호수 건너편에 니어 소리가 위치해 있다. 이곳은 동화 작가 비어트릭스 포터가 첫 작품으로 그린 그림 동화 <피터 래빗 이야기>의 배경이자 포터가 생애 절반을 지낸 집 '힐탑'이 있는 곳이다. 그녀는 <피터 래빗 이야기>가 대성공을 거두고 받은 인세로 지금의 힐탑과 농장을 구입했다고 한다. 비어트릭스 포터는 이곳에서 살면서 자연과 역사적 유산을 지키기 위해 설립된 내셔널 트러스트의 일원으로 호수 지방을 지키기 위해 자연 보호 운동에 앞장섰다. 그리고 그녀가 죽기 전 1만 6200km²의 토지와 농장, 저택을 내셔널 트러스트에 기부하면서 영원히 이곳이 변하지 않고 그때의 모습 그대로 남겨지길 바란다는 유언을 남겨 니어 소리의 힐탑은 100년이 훨씬 지난 지금도 <피터 래빗 이야기>에 그려진 그림 그대로 유지되고 있다. 이곳은 2006년 개봉된 비어트릭스 포터의 삶을 다룬 영화 <미스 포터>의 실제 촬영지이기도 하다. 니어 소리에서 북쪽으로 3km 떨어진 곳에 위치한 혹스헤드(Hawkshead)는 포터의 남편이 일했던 법률 사무소가 있는 마을로 현재는 법률 사무소는 포토의 그림과 유품을 전시하는 갤러리로 운영되고 있다. 또 이 마을에는 윌리엄 워즈워스가 다닌 학교도 있다.

힐탑 가는 방법 힐탑이 있는 니어 소리까지 대중교통으로 이동하는 여정은 쉽지 않다. 윈더미어 역에서 버스+미니버스로 이동하는 방법이 있고, 보네스 온 윈더미어에서 페리+미니버스를 타고 이동하는 방법이 있다.

윈더미어에서 니어 소리 가는 방법 윈더미어 역에서 505번 버스를 타고 혹스헤드(Hawkshead)에서 하차. 페리 하우스 방향 미니버스를 타고 힐탑에서 하차. (미니버스는 원데이 티켓과 상관없이 별도의 티켓을 구입해야 한다.)

보네스 온 윈더미어에서 니어 소리 가는 방법 보네스 선착장 3에서 지붕 없는 작은 보트를 타고 윈더미어호를 가로질러 페리 하우스(Ferry House) 선착장까지 이동하여 선착장에서 혹스헤드로 가는 미니버스를 타고 힐탑에서 하차. 날씨에 따라 보트는 운행하지 않을 수도 있다. 보트와 버스는 단일 티켓과 통합 티켓, 왕복 티켓 등 다양하게 판매하고 있으니 각자가 필요한 티켓으로 구입하자.
페리 하우스에서 미니버스를 타지 않고 걸어서 트레킹으로 힐탑까지 이동하는 방법도 있다. 페리 하우스에서 힐탑을 거쳐 혹스헤드까지 이어지는 트레킹 코스는 호수 지방에서도 짧은 구간 트레킹 할 수 있는 인기 구간이기도 하다. 페리 하우스에서 힐탑까지 1시간~1시간 30분 정도 소요된다.

보트+미니버스 타임테이블 검색 cdn.windermere-lakecruises.co.uk/uploads/pdf/cross_lakes_leaflet_2018_web.pdf

앰블사이드 Ambleside

센트럴 레이크 존의 번화가

MAPECODE 20449

윈더미어호 북쪽 끝에 있는 마을로 호수 지방의 길목에 있다. 윈더미어 다음으로 숙소, 레스토랑, 쇼핑, 마트 등이 밀집해 있어서 베이스를 차리기 좋아 관광객들로 북적이는 마을이다. 마을 중심에 흐르는 작은 강 위에는 앰블사이드에서 가장 유명한 '브리지 하우스'가 있다. 브리지 하우스는 14세기 초 지금의 브리지 하우스 주변으로 과수원을 하고 있었고, 과수원을 하다 보니 작은 강 때문에 이동이 불편하자 다리를 놓았다고 한다. 이후 사과를 보관할 저장고를 만들어야 하는데 마땅한 자리가 없어 다리 위에 사과 저장고를 만든 것이 지금의 브리지 하우스였다. 토지세를 내지 않기 위해 다리 위에 집을 지었다는 설도 있다. 시간이 흐르면서 마을은 점점 변해갔지만 브리지 하우스는 지금까지도 그 자리를 변함없이 지키고 있다. 처음에는 사과 저장고로 사용했었고, 이후로는 찻집, 직물 공장, 구두 수선 가게, 의자 공장, 8명의 가족이 살던 집 등 수십 세기 동안 다양한 용도로 사용해 왔다. 현재는 호수 지방의 자연과 역사적 유산을 지키고 있는 내셔널 트러스트에서 운영하고 있다.

윈더미어에서 앰블사이드 가는 방법 윈더미어 역에서 505번, 555번, 599번 버스를 타고 앰블사이드 켈식 로드(Ambleside Kelsick Road)에서 하차한다.

라이달 & 그래스미어 Rydal & Grasmere

윌리엄 워즈워스의 흔적이 남아 있는 곳

MAPECODE 20450

영국을 대표하는 낭만파 시인인 윌리엄 워즈워스(William Wordsworth)는 호수 지방의 코커머스라는 마을에서 태어났고, 그래스미어 교회의 워즈워스 가족묘에 잠들어 있다. 라이달과 그래스미어는 윌리엄 워즈워스가 인생의 대부분을 보낸 마을로, 그와 관련된 장소가 가장 많이 남아 있다. 젊은 시절엔 영국 남서부에서 살다 30대 초반 다시 고향인 호수 지방으로 이사를 온 후 그래스미어에 자리를 잡고 10년간 살았던 곳이 '도브 카티지(Dove Cottage)'이다. 이곳에서 워즈워스는 결혼을 하고 작품의 반 이상을 쓰면서 가장 왕성한 활동을 한다. 그로 인해 호수 지방을 중심으로 낭만주의 문학을 꽃피우게 되었고, 그 시가 워즈워스의 대표작들로 남았다. 현재도 도브 카티지는 워즈워스가 살았던 당시를 그대로 보존하고 있고, 도브 카티지 옆에는 워즈워스의 원고와 유품 등을 전시해 놓은 박물관이 있다. 도브 카티지에서 앰블사이드 방향으로 약 2.5km 떨어진 곳에 있는 라이달은 워즈워스가 중년 이후 37년간 살았던 저택 '라이달 마운트(Radal Mount)'가 있는 장소다. 도브 카티지에서 살았을 당시와 라이달 마운트에서 살았을 때를 비교하면 극과 극인데, 라이달 마운트의 넓은 정원과 큰 대저택에서의 삶이 그의 성공을 말해 준다. 라이달에서 그래스미어로 이어지는 트레킹 코스는 호수 지방에서 초보자도 쉽게 걸을 수 있어 인기가 좋다.

윈더미어에서 라이달 또는 그래스미어 가는 방법 윈더미어 역에서 555번 또는 599번 버스를 타고 라이달 교회(Church for Rydal Mount)에서 하차. 라이달 마운트까지 도보 5분. / 그래스미어는 같은 버스로 라이달 교회에서 약 10분 정도 더 이동하면 도착한다. 그래스미어는 3개의 정류장이 있는데 어디서 내려도 상관없다.

케즈윅 Keswick

지상 낙원 더웬트호를 만날 수 있는 곳

MAPECODE 20451

호수 지방의 남문이 윈더미어라면 케즈윅은 호수 지방의 북문을 담당하는 역할을 하고 있지만, 기차역이 없기 때문에 대중교통으로 이동하는 여행객들보다는 자동차로 여행하는 여행객이 많이 찾는 곳이다. 케즈윅을 돌아다니다 보면 사람보다 반려견의 수가 더 많게 느껴질 만큼 어디를 가든지 반려견들의 천국이다. 세계 3대 도그쇼인 '웨스트민스터 커넬 클럽 도그쇼'는 영국에서 가장 큰 애완견 관련 조직 '웨스트민스터 커넬 클럽'에서 매년 개최하는 도그쇼로, 이곳에서 반려견을 가장 아끼는 마을로 케즈윅을 선정해 시상했을 만큼 마을 전체에서 반려견을 위한 배려가 느껴진다. 대부분의 호텔은 반려견을 데리고 숙박할 수 있고, 레스토랑도 함께 들어가 식사할 수 있으며, 마을 곳곳에서 반려견들이 뛰어놀 수 있는 공원을 쉽게 만날 수 있다. 사람을 위한 용품보다 반려견들을 위한 가게들이 많이 보이는데, 영국스러운 디자인들이 많아서 반려견을 키우는 영국인들이 휴가를 보내고 싶은 도시로 케즈윅을 선호한다고 한다.

케즈윅 타운 서쪽에는 산으로 둘러싸인 매혹적인 호수 더웬트호(Derwent Water)가 있는데 케즈윅에 간다면 절대 놓쳐서는 안 되는 명소이다. 더웬트호를 따라 다양하게 즐길 수 있는 트레킹 코스가 있으며, 보트 투어도 할 수 있다. 무엇보다 케즈윅 타운과 더웬트호 사이에 있는 까마귀 공원(Crow Park)에서 바라보는 호수의 풍경은 호수 지방 최고의 지상 낙원을 선보인다.

윈더미어에서 케즈윅 가는 방법 윈더미어 역에서 555번 케즈윅행 버스를 타고 종점에서 하차한다. 케즈윅은 센트럴 레이크 존이 아닌 익스플로러 존이기 때문에 센트럴 레이크 존 원데이 티켓은 사용할 수 없다.

테마여행

LONDON THEMA

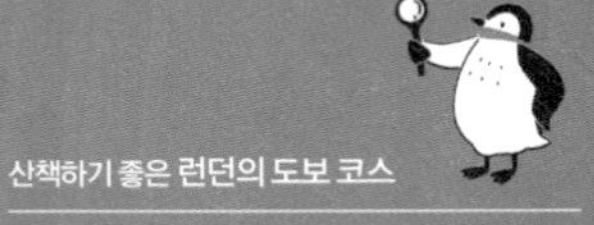

산책하기 좋은 런던의 도보 코스

아름다운 런던을 찰칵! 사진 명소

낮보다 밤이 아름다운 런던 야경

주인공이 된 것처럼 영화 속 런던

눈과 귀가 즐거운 뮤지컬 공연

런더너들과 함께 영국 축구 즐기기

오후의 여유로움 애프터눈 티

빼놓을 수 없는 런던의 쇼핑

책과의 만남 런던 서점 탐방

Theme Travel 1

산책하기 좋은 런던의 도보 코스

도시의 분위기에 흠뻑 빠져들기 위한 최고의 방법은 바로 걸어서 그 도시를 둘러보는 것이다. 런던은 지하철과 버스 등 대중교통이 잘 연결되어 있지만, 대부분의 명소는 런던의 중심부에 있어 걸어서 여행하기 충분하다. 시간이 허락한다면 시원한 템스강의 바람을 맞으며 여유롭게 산책하듯 런던을 돌아보자! 시간에 쫓기지 않고 느긋하게 주요 명소들을 따라 걷다 보면 어느덧 런던의 골목 구석구석의 매력까지 함께 만나게 된다.

런던 하이라이트 도보 코스

런던에서 가장 유명한 관광지를 모아 보면 그렇게 멀리 떨어져 있지 않다는 것을 알 수 있다. 이참에 알짜배기 관광지만 골라 직접 걸어서 여행하는 재미를 누려 보자!

☑ 빅 벤

런던에 도착해서 가장 먼저 찾게 되는 곳이 빅 벤이라고 할 만큼 런던의 대표적인 명소다.

☑ 국회의사당

템스 강변에 고풍스럽게 자리 잡은 신고딕 양식의 국회의사당.

☑ 호스 가즈

근위 기병대 사령부인 이곳은 근위병과 기마병을 눈앞에서 볼 수 있으며 함께 사진도 찍을 수 있어 관광객에게 인기 만점이다.

☑ 더 몰

근위병 교대식이 이루어지는 더 몰의 도로 끝에는 빅토리아 여왕을 기리기 위한 애드미럴티 아치가 있다.

☑ 내셔널 갤러리

유럽에서도 손꼽히는 영국 최고의 국립 미술관으로, 유럽 회화의 흐름을 자연스럽게 감상할 수 있다.

☑ 차이나타운

런던의 차이나타운은 규모도 작고 보잘것없어 보일지 몰라도 런던에서 가장 저렴한 레스토랑이 많이 모여 있는 곳이다.

☑ 코번트 가든

런던에서 가장 활기가 넘치는 시장이다. 마켓을 구경한 뒤, 주변에서 벌어지는 다양한 거리 공연까지 즐겨 보자.

☑ 주빌리 브리지

보행자 전용 다리인 주빌리 브리지는 타워 브리지, 런던 브리지와 더불어 템스 강변의 멋진 다리로 손꼽힌다.

☑ 런던 아이

자전거 바퀴처럼 생긴 관람차로, 런던 아이에 올라가면 반경 4km까지 내려다볼 수 있어 야경을 감상하기에 좋다.

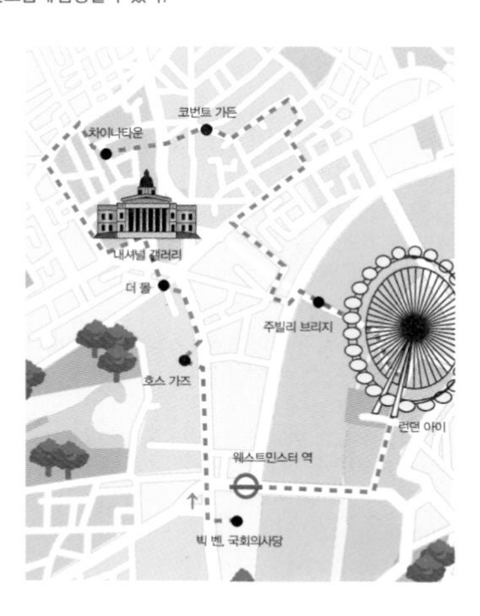

런던 한 바퀴 걸어 보기

런던은 관광지가 중심가에 모여 있어 도보로도 충분히 돌아볼 수 있다. 런던 여행의 시작과 끝은 언제나 빅토리아 역이므로 런던 도보 여행의 시작도 빅토리아 역으로 잡으면 된다. 단, 한 바퀴를 도는 데 15km 정도를 걸어야 하므로 충분한 체력이 필요하고, 아침 일찍 시작해 중간에 보이는 박물관은 가볍게 패스해야 제시간에 마칠 수 있다.

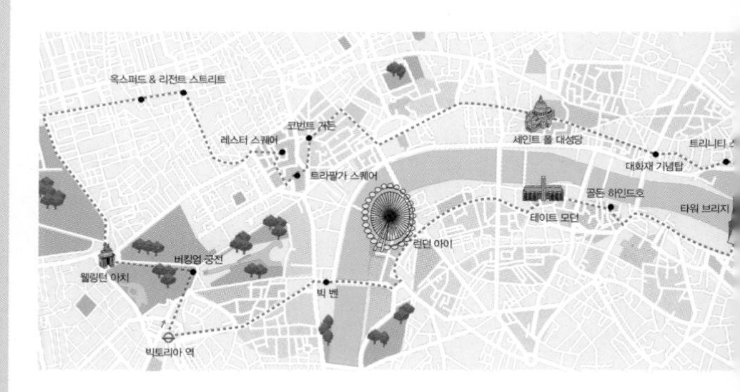

☑ 버킹엄 궁전
장엄한 르네상스식 건물로, 여왕이 거주하고 있는 궁전이다. 여왕이 있는 날이면 깃발이 걸려 있다.

☑ 옥스퍼드 스트리트 & 리젠트 스트리트
꽤 긴 거리지만 쇼핑을 좋아하는 이에겐 짧게만 느껴지는 스트리트. 먹을거리와 볼거리가 많고, 많은 현지인을 볼 수 있는 곳이다.

☑ 트라팔가 스퀘어
트라팔가르 해전을 기념해 만든 곳이다. 도보 여행 특성상 내셔널 갤러리는 건너뛰고 따로 시간을 내어 방문하는 것이 좋다.

☑ 레스터 스퀘어
할인 티켓 판매소가 주변에 많은 이곳은 공연 티켓을 비교해 가며 구할 수 있어 뮤지컬, 쇼를 관람하기 좋다. 또 패스트푸드점도 많아 공연과 식사 모두 해결할 수 있다.

☑ 코번트 가든
거리 아티스트의 수준 높은 공연을 구경하는 재미가 쏠쏠하다.

트라팔가 스퀘어

레스터 스퀘어

세인트 폴 대성당
런던을 대표하는 성당이자, 바티칸의 성 베드로 대성당에 이어 유럽에서 두 번째로 높은 성당(길이 179m)이다.

대화재 기념탑
런던의 대부분을 태운 대화재를 기념한 탑으로, 꽤 오랜 시간 공사를 마친 후 지금은 깨끗하게 대중에게 공개되고 있다.

트리니티 스퀘어
런던 탑 죄수들의 공개 처형장으로 사용되었던 이곳은 현재 각종 전투에서 사망한 전사자를 기리기 위한 기념비들이 세워져 있다. 해시계처럼 보이는 조형물은 연도별로 주요 사건들을 보여 준다.

골든 하인드호
16세기 당시 뛰어난 선장 중 한 명인 '프란시스 드레이크(Francis Drake)'가 지휘하던 기함을 실제 크기로 복원한 배이다.

테이트 모던
테이트 그룹의 미술관 중 하나인 이곳은 화력 발전소인 뱅크 사이드 발전소로 사용되었던 건물을 미술관으로 개조한 뒤, 지금은 없어서는 안 될 의미 있는 장소로 자리 잡았다.

런던 아이
영국 항공에서 천년을 기념하여 만든 회전 관람차로, 런던의 멋진 풍경을 볼 수 있는 전망대 같은 곳이다. 런던을 대표하는 랜드마크!

빅 벤
국회의사당의 북쪽에 위치한 이 시계탑은 작동된 이후 단 한 번도 멈추지 않았을 정도로 정교하고 정확하다는데, 이는 런던 자부심의 상징이라고도 할 수 있다.

버킹엄 궁전

런던 가로로 걷기

런던의 유명 명소는 대부분 템스강 근처에 모여 있어 도보 코스로 적당하다. 템스 강변을 중심으로 런던을 가로질러 보는 건 어떨까? 그린 파크에서 타워 브리지까지 힘차게 걸어 보자.

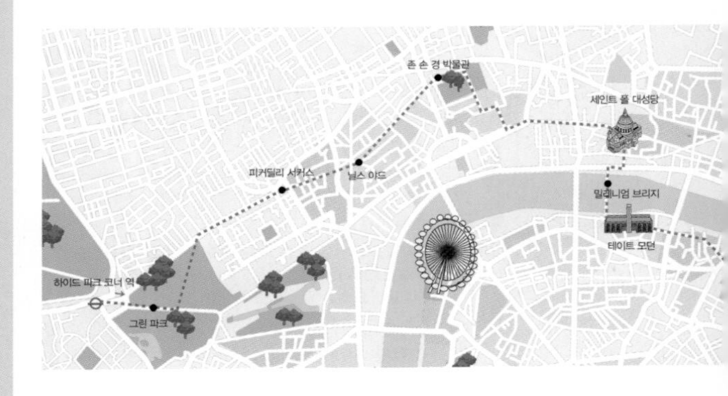

☒ 그린 파크

하이드 파크 코너 역 근처에 있는 이 공원은 울창한 나무와 잔디만으로 조성된 곳이다. 처음 공원이 조성되기 전에는 나병 환자들을 묻었던 습지였으나, 16세기부터 왕실의 사냥터로 사용되다가 17세기 중반에 시민들에게 개방되면서 현재까지 런던 시민들의 사랑을 받고 있다.

☒ 피커딜리 서커스

런던의 젊은이들이 많이 모이는 피커딜리 서커스는 지나는 것만으로도 에너지를 듬뿍 느낄 수 있다. 중앙에 있는 에로스 동상은 만남의 장소로 유명하다.

그린 파크

타워 브리지

닐스 야드

코번트 가든의 작은 골목인 닐스 야드는 골목 사이에 숨어 있어 단번에 찾기 어렵지만 절대 빼놓아서는 안 될 정도로 멋진 곳이다. 맛있는 세계 음식을 맛볼 수 있고, 아기자기하고 예쁜 카페들이 모여 있어서 아름다운 거리로도 알려져 있다. 닐스 야드에서 이어지는 거리로, '젊은 이들의 쇼핑가'로 불리는 닐 스트리트(Neal St.)에는 최신 트렌드를 엿볼 수 있는 작은 상점들이 밀집해 있다.

타워 힐 역

타워 브리지

존 손 경 박물관

존 손 경은 영국의 건축가였는데, 이곳은 존 손 경이 직접 지은 건물 안에 세계 각지에서 수집한 소장품을 전시한 후 국가에 기증한 박물관이다.

밀레니엄 브리지

2000년 밀레니엄을 기념해 만든 다리로, 세인트 폴 대성당과 테이트 모던을 이어 주는 보행자 전용 다리다.

타워 브리지

타워 브리지는 템스강에서 가장 유명한 다리이다. 운이 좋으면 배가 통과할 때 다리가 위로 올라가는 진풍경을 볼 수 있다.

밀레니엄 브리지

Theme Travel 2

아름다운 런던을 찰칵!

사진 명소

여행의 묘미는 단연 사진 남기기! 영원토록 기억에 남을 멋진 사진을 얻기 위해선 무작정 사진을 찍어선 안 된다. 특히나 변덕스러운 런던의 날씨 때문에 자칫하면 칙칙한 분위기의 결과물을 얻을 수도 있다. 장소에 따른 뷰 포인트와 앵글을 잡는 노하우를 익혀 프로 못지않은 사진을 남겨 보자.

테이트 모던 전망대 전경

런던을 넓게 담아 보자

높은 곳에 올라가서 바라보거나 무작정 2층 버스를 탄 뒤 맨 앞자리에서 런던을 한 바퀴 돌아봐도 좋다. 시야가 확 트인 장소에서 찍으면 다채로운 런던의 표정을 쉽게 포착할 수 있을 것이다.

2층 버스의 맨 앞자리

런던의 시그니처라고 할 수 있는 빨간 2층 버스는 항상 인기가 많다. 런던의 구석구석을 달리는 2층 버스를 탈 때는 2층 맨 앞자리에 앉아 런던의 거리를 내려다보면서 촬영하면 좀 더 넓은 시야를 확보할 수 있어 좋다. 화창한 날에는 선명한 결과물을 얻을 수 있으며 반대로 비가 오는 날은 운치 있게 찍을 수 있다. 이때 포커스를 외부가 아닌 차창에 맺힌 빗방울에 맞추면 런던을 더욱 분위기 있게 표현할 수 있다.

테이트 모던 전망대

테이트 모던 안으로 들어서면 훤하게 트인 전망대를 만날 수 있다. 이곳 전망대에선 런던이 한눈에 내려다보이며 특히 밀레니엄 브리지와 세인트 폴 대성당을 모두 볼 수 있기 때문에 과거와 현대가 잘 어우러지는 런던의 전망을 촬영하기에 제격이다. 카메라의 포커스는 세인트 폴 대성당과 밀레니엄 브리지의 모습을 중심으로 담는 것이 가장 멋지다.

런던 아이

대부분의 여행객들은 사우스 뱅크 지역의 런던 아이 대관람차를 구경하지만, 정작 런던 아이를 타려는 이들은 생각보다 적다. 하지만 해 질 녘 런던 아이의 캡슐 안에서 바라보는 런던은 낭만 그 자체이니 타보길 적극 추천한다. 단, 해가 지고 어두컴컴할 때 탑승하면 사진 촬영이 어려우므로 해가 지기 1시간~30분 전에 탑승하는 것이 가장 좋다.

런던 아이에서 멋진 사진 남기기

런던 아이를 타고 제일 높은 곳에 다다랐을 때쯤 해 질 녘의 런던과 다른 칸의 모습을 프레임에 함께 담아 보자. 런던 아이 위에서 촬영한 것을 말하지 않아도 자연스레 드러난다.

런던의 동식물을 담아 보자

런던은 대도시라고 생각되지 않을 정도로 크고 작은 공원이 무척 많다. 게다가 공원 안에는 자유롭게 돌아다니며 사는 동물도 많으니, 조금 더 친숙한 분위기로 런던의 동물들을 사진 속에 담아 보자.

세인트 제임스 파크

런던에서 가장 쉽게 찾아갈 수 있는 곳이 바로 세인트 제임스 파크이다. 그리 큰 규모는 아니지만 오리를 비롯해 펠리컨, 거위, 백조 등 수많은 조류가 서식하는 공원으로 유명하다.

켄싱턴 가든

켄싱턴 가든 역시 오리와 다람쥐 등 다양한 동물들을 만날 수 있고, 다양한 꽃이나 무성한 나무도 있어서 사진 촬영하기에 좋다.

동물 사진 근사하게 찍는 법

멀리 있는 동물을 가까이에서 담으려면 망원 렌즈로 동물만 클로즈업하지 말고, 광각 렌즈를 이용해 동물과 함께 런더너의 모습도 담아 보자. 더 재미있는 결과물을 얻을 수 있다.

비 내리는 날의 런던을 담아 보자

런던은 비가 많이 내리는 도시이긴 하지만 비가 오더라도 습도가 높지 않아 사진을 찍는 데는 무리가 없다. 게다가 비가 오는 날에는 런던 특유의 시니컬한 분위기를 가장 잘 표현할 수 있다.

비 오는 날의 풍경을 담는 노하우

거리 곳곳이 촉촉하게 젖은 분위기가 사진에도 고스란히 전달되도록 해야 한다. 물기가 촉촉한 바닥을 촬영할 때는 먼저 콘트라스트(Contrast, 대비)를 약간 높인 상태에서 프레임을 넓게 담거나 피사체의 배경이 흐릿해지는 아웃 포커싱으로 잡으면 조금 더 분위기 있는 사진을 얻을 수 있다.

런던의 골목을 담아 보자

런던이라고 하면 오래되고 고풍스러운 옛 건축물을 상상하곤 하지만 사실 눈이 즐거울 정도로 예쁜 그래피티 아트라든지 거리 곳곳에 설치된 감각적인 조형물과 창고 같은 독특한 느낌의 골목도 무척 많다. 이처럼 젊고 활기찬 런던의 또 다른 모습을 카메라에 담아 보자.

닐스 야드

코번트 가든 지역 속에 숨어 있는 닐스 야드는 작은 골목이긴 하지만 알고 나면 그 매력에 푹 빠지게 된다. 특히나 컬러풀한 페인트로 칠해진 화사한 카페나 상점들은 사진 찍기에 단연 최고의 장소! 이렇게 선명한 곳에서 촬영할 때는 카메라의 색감 모드 중에서 'Vivid(비비드)'로 설정하고 촬영하는 것이 풍부한 색을 담기에 가장 좋다.

쇼디치

최근에 주목받고 있는 쇼디치(Shoreditch) 지역은 출판과 광고 회사들이 밀집된 곳으로 감각 있는 디자이너들이 이곳에 많이 모여 있다 보니, 우리나라의 출판 단지처럼 개성이 강한 곳으로 알려져 있다. 분위기 좋은 카페나 감각적인 디자인의 건물, 멋진 옷차림의 런더너들을 촬영하기 좋은 곳이다.

버틀러스 워프

예전엔 평범한 창고였던 곳이 지금은 세련된 레스토랑과 상점이 들어선 버틀러스 워프(Butlers Wharf)가 되었다. 타워 브리지 근처에 위치한 이곳을 걷다 보면 마치 뉴욕의 뒷골목을 걷는 듯 색다른 분위기를 느낄 수 있다.

닐스 야드

버틀러스 워프

쇼디치

Theme Travel 3

낮보다 밤이 아름다운
런던 야경

흔히 유럽은 낮보다 밤이 더 아름답다고 말하는데, 런던의 야경 또한 가슴이 두근거릴 정도로 근사하니 사시사철 눈부시게 반짝이는 런던의 밤 풍경 속으로 빠져 보자. 템스 강변에서의 풍경과 스카이라인을 바라보거나 대표적인 광장과 공원을 찾아 불빛 가득한 거리의 풍경을 감상하며 길을 거닐거나 런던 아이 혹은 야경을 볼 수 있는 전망대를 찾아보는 것도 좋다.

아름다운 런던의 밤을 즐기자

피커딜리 서커스

밤이 되면 더욱 활기가 넘치는 곳이 바로 피커딜리 서커스다. 중앙에 높이 솟은 에로스 동상 주변에 앉아 테이크 아웃 음식들을 펼쳐서 맛보거나 가볍게 맥주도 즐기면서 런던의 밤을 마음껏 누려 보자.

런던 아이

런던 아이와 템스 강변이 어우러지는 멋진 야경은 보기만 해도 감탄이 절로 나온다. 하지만 런던의 야경을 좀 더 제대로 느끼고 싶다면 해 질 녘에 대관람차에 탑승해 보길 적극 추천한다. 또한 런던 아이의 모습을 멋진 사진으로 남기고 싶다면 바로 앞에 있는 주빌리 가든에서 바라보며 찍거나 웨스트민스터 브리지에서 촬영하는 것이 가장 좋다.

피커딜리 서커스

해 질 녘의 타워 브리지

국회의사당과 빅 벤

런던의 야경 하면 가장 먼저 떠오르는 곳이 바로 국회의사당과 빅 벤이다. 먼저 국회의사당의 야경은 템스강 건너편에서 바라보는 것이 템스강과 더불어 국회의사당의 모습까지 한눈에 볼 수 있어 좋다. 빅 벤의 야경은 바로 앞의 도로에서 지나가는 차들과 런더너들의 모습까지 함께 바라보는 것이 제일 아름답다.

타워 브리지

낮보다 밤에 더 아름답다는 타워 브리지는 런던 야경 명소에서도 절대 빠질 수 없다. 특히나 템스강에서 바라볼 때 가장 아름다운 다리가 바로 이곳 타워 브리지이니 주저 없이 가보자. 여기에 또 한 가지를 더한다면 타워 브리지의 남단에서 런던 브리지까지 거닐어 보는 것도 좋다.

밀레니엄 브리지와 세인트 폴 대성당

런던의 대표적인 야경 명소를 꼽자면 밀레니엄 브리지와 세인트 폴 대성당이다. 고전적인 멋을 지닌 세인트 폴 대성당과 현대적인 건축물의 상징인 밀레니엄 브리지의 독특한 조화는 보는 이들까지 두근거리게 할 정도로 멋지다.

밀레니엄 브리지

빅 벤

주빌리 가든

주빌리 브리지와 주빌리 가든

보행자 전용 다리인 주빌리 브리지도 템스강과 런던 아이와 더불어 아름다운 장소 중의 하나로 손꼽힌다. 주빌리 브리지는 낮보다 밤이 더 활기차기 때문에 저녁 이후에 가는 것이 좋다. 주빌리 가든에서는 런던 아이의 멋진 야경을 아주 가깝게 만날 수 있을 것이다.

노을 촬영 시 주의할 점!

예쁜 노을을 찍기 위해서는 사진을 전체적으로 어둡게 촬영해 노을의 색이 잘 묻어 나오도록 하는 것이 핵심이다. 특히 노을이 지는 부분은 주변에 비해 극도로 밝기 때문에 건물을 중점으로 노출을 맞춘다면 사진이 너무 밝아져 예쁜 노을을 담기 어렵다.

초보자는 일단 한 장의 샘플을 찍어본 다음, 밝기를 조절하는 것이 좋다. 참고로 화이트 밸런스는 그늘 모드로 바꾸면 더 선명하고 붉은 노을을 표현할 수 있다.

야경 촬영 시 주의할 점!

좀 더 선명한 야경 사진을 얻기 위해서는 조리개를 최대한 조인다(F값을 크게 함). 또한 ISO가 높은 사진은 노이즈가 많이 생길 수 있으니 ISO를 낮춘 후 노출 시간을 길게(S값 또는 A값을 길게) 촬영해야 하며, 셔터를 누를 때의 떨림을 방지하기 위해 타이머를 이용해 촬영하는 것도 하나의 방법이다. 벌브(B 모드) 기능이 있는 카메라라면 릴리즈를 준비해 벌브로 촬영해도 좋다. 이때 삼각대는 필수! 아주 좋은 렌즈가 아니라면 조리개값은 F8~F11 정도가 적당하다.

Theme Travel 4

주인공이 된 것처럼
영화 속 런던

우리에게도 친숙한 유명한 영화 중에는 런던을 배경으로 한 작품이 참 많다. 그만큼 고풍스럽고 근사한 명소가 곳곳에 위치한 덕분에 런던 여행이 더욱 즐거워진다. 영화 속 배경이 된 장소를 찾아보며 영화에서 느낀 감동을 이어가는 것도 런던을 즐길 수 있는 좋은 방법이 될 것이다.

해리포터

영화 〈해리포터〉는 조앤 K.롤링이 쓴 판타지 소설을 영화로 제작한 것으로, 전 세계 흥행 돌풍을 일으킨 작품이다. 어린이를 위한 작품임에도 불구하고 모든 연령층의 사랑을 듬뿍 받은 명작이다. 2001년 처음 개봉 후 오랜 시간이 지났음에도 여전히 영국과 런던 여행에서 해리포터 영화 속 배경지를 찾는 사람들이 많다.

레든홀 마켓 Leadenhall Market

런던 시내에 있는 작은 마켓인 레든홀 마켓은 〈해리포터와 마법사의 돌〉에서 해리포터가 지팡이와 빗자루, 부엉이를 쇼핑하는 곳으로 등장한다. 실제 이 마켓은 런던 시내에서도 상당히 독특한 분위기를 풍겨 진짜 해리포터 속 세트장으로 만든 것이 아닐까 싶은 생각이 들기도 한다. 건물들이 아케이드로 연결되어 있어 골목임에도 실내 시장 같은 분위기에 붉은 조명이 더해져 더욱 아름답게 느껴진다. 실제로 지팡이를 판매하는 숍도 있으니 한번 들러 보자.

위치 지하철 모뉴먼트(Monument) 역에서 도보 2분

해리포터 스튜디오 Harry Potter Studio

실제 해리포터를 촬영했던 스튜디오를 개조해 만든 테마파크로, 해리포터를 좋아하는 사람이라면 절대 놓치면 안 되는 곳이다. 해리포터 속에 등장하는 다양한 장소의 스튜디오를 볼 수 있고, 영화 속 CG장면이나 소품 등도 전시되어 있어 흥미로운 볼거리가 많다. 영화 속에 등장하는 비어 버터를 맛볼 수 있는 비어홀도 있으며, 해리포터에 관한 기념품은 다 모아 놓은 것 같은 기념품 숍조차도 그냥 발길을 지나치지 못하도록 잘 꾸며 두었다.

위치 기차 유스턴(Euston) 역에서 기차로 약 30분 거리인 왓포드 정션(Watford Junction) 역에서 셔틀버스로 이동

킹스 크로스 세인트 팬크라스 역 King's Cross St. Pancras Station

킹스 크로스 세인트 팬크라스 역은 영화 〈해리포터〉에서 호그와트행 9 3/4 승강장으로 나온다. 실제로 4번과 5번 플랫폼 사이에서 번호를 바꿔 달고 촬영을 했기 때문에, 이곳을 찾아가려면 4번과 5번 승강장 근처로 가자. 현재는 해리포터 팬들을 위해 카트를 설치해 두었고, 촬영을 도와줄 소품과 스태프도 늘 머무르고 있다. 9 3/4 승강장 옆엔 해리포터 숍도 있으니 해리포터를 좋아한다면 기념품도 구입할 수 있다.

위치 리전트 파크에서 워런 스트리트(Warren Street) 역 방향으로 도보 15분

크라이스트 교회 Christ Church

옥스퍼드에 위치한 크라이스트 교회의 학생 식당(Dining Hall)은 호그와트 식당의 모티브가 되었다. 영화 속에서는 해리포터가 친구들과 저녁도 먹거나 올빼미를 부르는 장면에 주로 나온다.

위치 빅토리아 역에서 옥스퍼드행 기차로 약 2시간 소요. 기차에서 내린 후 카펙스 타워를 지나 옥스퍼드 박물관 근처에 위치. 도보 20분 소요.

보틀리안 도서관 Bodleian Library

〈해리포터와 마법사의 돌〉 편에 등장한 보틀리안 도서관은 주인공 세 명이 볼드모트와 맞서 싸우기 위해 책을 찾던 장소로 나왔다. 영국에서 출판되는 모든 도서가 이곳에 보관된다고 한다.

위치 옥스퍼드 역에서 강을 건너 저지 스트리트(Geoge St.)를 지나 도보 20분

노팅힐

노팅힐에 사는 조그마한 여행 서적 전문점을 운영하는 남자와 세계적인 여배우가 운명처럼 만나 사랑을 이루기까지의 러브 스토리를 그린 영화로, 노팅힐이 자주 등장한다.

포토벨로 마켓 Potobello Market

노팅힐 하면 가장 먼저 떠오르는 것이 바로 포토벨로 마켓으로, 시장 한쪽 구석에 있던 트래블 북숍은 영화의 주요 무대로 나온다. 현재 서점은 다른 곳으로 이동해 노팅힐 북숍이라는 이름으로 운영하고 있는데 원래 있던 자리에서 멀지 않은 곳이라 찾아가기 어렵지 않다. 원래 서점이 있던 곳은 현재 기념품 숍으로 운영되고 있다. 노팅힐 북숍에서 멀지 않은 곳의 웨스브본파트 282번지는 노팅힐 영화 속 파란 문으로 등장했던 곳이다. 내부를 관람할 수 있는 곳은 아니지만 영화 속 주요 배경이 된 곳이니 함께 찾아보면 좋다.

위치 웨스트번 파크(Westbourne Park) 역에서 도보 5분

켄우드 하우스 Kenwood House

햄스테드 히스의 한쪽 저택인 켄우드 하우스. 이곳 정원에서 주인공 휴 그랜트와 줄리아 로버츠가 운명적으로 만나게 되는데, 노팅힐 덕분에 더욱 유명해졌다.

위치 내셔널 레일의 햄스테드 히스(Hampstead Heath) 역에서 도보 15분

킹스맨 : 시크릿 에이전트

영화 〈킹스맨 : 시크릿 에이전트〉은 엑스맨을 만든 메튜 본 감독의 영화로 런던이 주요 무대로 등장한다. 마크 밀러의 만화 〈시크릿 서비스〉를 원작으로 한 작품인데, 비밀 요원인 킹스맨들의 활약을 재미있게 풀어 나간 첩보 영화이다. 영화 속에 등장한 양복점과 펍 그리고 모자 가게를 찾아보며 영화 속에서만 보던 런던을 여행해 보자.

헌츠맨 & 선즈 Huntsman & Sons

〈킹스맨〉의 촬영지로 등장한 정장점은 양복으로 가장 유명한 세빌 로(Savile Row) 거리에 위치해 있는데 촬영 이후 전 세계적으로 화제가 되었다. 전문 재단사들이 직접 재단, 가봉, 바느질을 해서 맞춤 정장을 제작하는 과정을 직접 볼 수 있다. 1849년부터 시작해 3대째 가업을 이어 온 전통있는 곳으로, 3대 이상 가업을 이어 온 곳에만 주어지는 '& Sons'가 이름에 붙어 있다.

주소 11 Savile Row 전화 +44 20 7734 7441 위치 피커딜리 서커스(Piccadilly Circus) 역에서 도보 10분 시간 월~금 09:00~17:30, 토 10:00~15:00 휴무 일요일, 공휴일

락앤코 Lock & Co

〈킹스맨〉 영화 속 악역인 발렌타인이 모자를 샀던 가게 역시 런던에서 찾을 수 있다. 헌츠맨 & 선즈와 더불어 락앤코 모자 가게 역시 영국의 오랜 전통을 유지하고 있는 곳인데, 1765년 문을 열어 지금까지 운영하고 있다.

주소 6 St James's St 전화 +44 20 7930 8874 위치 그린 파크(Green Park) 역에서 도보 6분 시간 월~금 09:00~17:30, 토 09:30~17:00 휴무 일요일

더 블랙 프린스 펍 The Black Prince Pub

〈킹스맨〉 영화 속 런던의 배경지로 빼놓을 수 없는 곳이 바로 더 블랙 프린스 펍인데 이곳이 해리가 건달들에게 매너를 가르치던 곳이다. 영화 속 모습을 그대로 유지하고 있고, 내부에는 〈킹스맨〉 영화 포스터가 붙어 있어 영화 속 배경지가 되었다는 것을 알 수 있다. '매너가 사람을 만든다'라는 명대사를 떠올리며 식사 시간에 맞춰 찾아도 좋다.

주소 6 Black Prince Rd, Kennington 전화 +44 20 7582 2818 위치 케닝턴(Kennington) 역에서 도보 10분 시간 12:00~24:00(금~토 12:00~01:00)

셜록

영국의 대표적인 드라마 〈셜록〉 역시 국내외에서 큰 인기를 끌었다. 〈셜록〉은 아서 코난 도일의 소설인 〈셜록 홈스〉를 바탕으로 만들어진 작품으로, 〈셜록〉 외에도 수많은 영화와 드라마로 재탄생되었다. 드라마를 보지 않았어도 셜록 홈스를 알고 있다면 런던 시내 곳곳에 위치한 셜록 홈스와 관련된 장소에 가 보는 것만으로도 여행이 더욱 즐겁게 느껴질 것이다.

셜록 홈스 박물관 Sherlock Holmes Museum

소설 속에서 셜록 홈스와 왓슨이 살던 '베이커가 221b번지'는 지금 셜록 홈스 박물관으로 꾸며져 관광객들을 맞이한다. 소설 속으로 들어와 있는 듯 잘 재현해 놓았는데, 원래 베이커가에는 221b번지가 없었다고 한다. 소설이 대히트를 친 후 이 소설 속 주소가 실제 있는지 확인하려는 관광객들의 발길이 잦아지자 번지수를 새로 만들고 셜록 홈스 박물관으로 꾸몄다고 한다. 셜록의 팬이라면 필수로 가야 하는 곳이다.

위치 베이커 스트리트(Baker Street) 역에서 도보 5분

스피디스 샌드위치 가게 Speedy's Sandwich Bar & Cafe

드라마 속의 베이커가 221b번지는 셜록 홈스 박물관이 아니라 이곳 스피디스 샌드위치 가게가 있는 건물이다. 드라마에 자주 등장하는 곳으로, 셜록 집의 주인인 허드슨 부인이 운영하는 샌드위치 가게다. 런던 여행에서 쉽게 찾아갈 수 있는 곳이니 드라마 〈셜록〉의 팬이라면 방문해 보자. 샌드위치 가게는 실제로 영업하는 곳인데, 드라마에서는 내부가 거의 나오지 않지만 드라마 속의 배경이 된 곳에서 식사하는 재미가 있다.

주소 187 N Gower St, Kings Cross 전화 +44 20 7383 3485 위치 유스턴(Euston) 역에서 도보 5분 시간 월~금 06:30~15:30, 토 07:30~13:30 휴무 일요일

셜록 홈스 펍 Sherlock Holmes

〈셜록 홈스〉의 팬이라면 런던 여행에서 빼놓을 수 없는 셜록 홈스 펍이 있다. 영화나 드라마 속에 등장했던 곳은 아니지만, 셜록 홈스의 다양한 기념품과 소품을 모아 놓은 테마 펍으로 인기를 끌고 있다. 1층은 일반적인 펍이고, 2층은 식사를 곁들일 수 있는 곳으로 영국의 전통 요리를 맛볼 수 있다.

위치 차링 크로스(Charing Cross) 역에서 도보5분

이프 온리

사랑을 꿈꾸는 여자와 성공을 꿈꾸는 남자의 로맨스를 다룬 영화 <이프 온리>는 일밖에 모르던 워커 홀릭 남자가 사랑하는 여자의 갑작스러운 죽음으로 그녀의 소중함을 깨닫게 되는 스토리로, 런던 곳곳을 잘 보여 주고 있다.

런던 아이 London Eye

<이프 온리>로 더 유명해진 곳이 바로 런던 아이이다. 남자 주인공은 여자 주인공이 타고 싶다던 런던 아이를 그녀의 죽음 이후 비로소 함께 타러 가게 된다. 일몰과 야경을 함께 바라보던 장소가 바로 런던 아이이다.

위치 임뱅크먼트(Embankment), 워털루(Waterloo), 웨스트민스터(Westminster) 역에서 도보 5분

로열 앨버트 홀 Royal Albert Hall

빅토리아 시대 건축물인 문화 공연장으로 여자 주인공의 멋진 솔로 공연이 펼쳐지던 곳이다.

위치 사우스 켄싱턴(South Kensington) 역에서 도보 3분

러브 액츄얼리

<러브 액츄얼리>는 아직도 크리스마스가 되면 많은 사람들이 떠올리는 영화다. 누구에게나 크리스마스의 달콤한 추억과 기대를 주는 이 작품은 처음 개봉했을 땐 솔로 혼자 보러 가거나 동성 친구들과도 절대로 보지 말라는 말이 나왔을 정도로 로맨틱함의 절정을 보여 준다.

히드로 공항 Heathrow Airport

<러브 액츄얼리>에 등장하는 사랑 이야기의 시작과 끝은 히드로 공항에서 이루어진다. 런던을 가장 처음 만나는 곳이자 런던을 떠나는 장소인 히드로 공항이 수많은 연인과 사람들의 만남과 헤어짐을 상징하는 장소가 아닐까 싶다. 유럽에서 가장 번잡하다는 이 공항은 다양한 인종과 연령대의 사람들이 오가는데, 이 안에서 어쩌면 나의 인연을 만날 수 있을 것만 같은 생각이 들 정도로 히드로 공항을 달콤한 장소로 만들어준 영화가 바로 <러브 액츄얼리>다.

수상 관저 10 Downing Street

영국의 수상으로 등장한 휴 그랜트가 머문 곳으로, 18세기부터 영국의 총리가 거주하는 건물이다. 만약 현지인들에게 이곳을 찾아가려고 길을 물을 때는 '10 Downing Street'라고 물어 보자. 참고로 내부는 공개되지 않기 때문에 외부에서만 볼 수 있다. 영화 속에서는 휴 그랜트가 수상 관저를 누비며 춤을 추면서 로맨틱한 장면을 연출했다.

위치 웨스트민스터(Westminster) 역에서 도보 5분

비틀즈

영화 속의 배경은 아니지만, 영화보다 더 유명한 영국의 그룹이 바로 '비틀즈'이다. 비틀즈는 4명의 리버풀 청년들이 만든 그룹으로 존 레논(John W. Lennon), 폴 매카트니(James Paul McCartney), 조지 해리슨(George Harrison), 링고 스타(Ringo Starr)가 멤버다. 이미 할아버지가 되고 세상을 떠난 멤버도 있지만, 여전히 사랑을 받고 있는 팝 스타 비틀즈는 '렛 잇 비(Let It Be)', '예스터데이(Yesterday)', '아이 윌(I Will)' 등의 불후의 명곡들을 남겼다.

애비 로드와 EMI 스튜디오 Abbey Road & EMI Studio

세상에서 가장 유명한 건널목을 꼽자면 애비 로드가 아닐까 싶다. 애비 로드는 비틀즈의 마지막 앨범의 타이틀이자 앨범 커버를 촬영했던 장소로도 유명하다. 그리고 이 앨범을 건널목 바로 옆에 있는 EMI 스튜디오에서 녹음했으며, 현재도 많은 팬들이 비틀즈를 추억하며 이곳을 찾고 있다. 특히 애비 로드 사이트에서는 실시간으로 CCTV를 확인할 수 있으며 소리까지도 들리기 때문에 멀리 떨어져 있는 연인에게 깜짝 고백을 전하는 장소로도 좋다.

주소 3 Abbey Rd, London, NW8 9AY 전화 020 7266 7000 위치 지하철 Jubilee 라인 세인트 존스 우드(St. John's wood) 역에서 하차 후 그로브 앤드 로드(Grove End Rd)를 따라 내려가면 횡단보도가 보이는데, 오른편이 애비 로드, 횡단보도를 건너면 EMI 스튜디오가 보인다. 버스 139, 189번 홈페이지 www.abbeyroad.com

비틀즈 커피숍 Beatles Coffee Shop

과거 비틀즈 투어의 가이드였던 리차드 부부가 오픈한 비틀즈 커피숍에서는 비틀즈에 관한 다양한 에피소드를 만날 수 있다. 부드러운 커피 향을 음미하며 비틀즈의 음악을 듣거나 EMI 스튜디오의 상품을 구입할 수 있어 인기가 많다.

주소 St John's Wood Underground Station, Acacia Road, London, NW8 6EB 전화 020 7586 5404 위치 지하철 Jobilee 라인 세인트 존스 우드(St. John's wood)역에서 도보 1분 홈페이지 www.beatlescoffeeshop.com

리버풀 – 비틀즈 스토리 Beatles Story

'비틀즈' 하면 떠오르는 곳이 바로 리버풀이다. 비틀즈 팬이라면, 런던 여행 중 시간을 내서 비틀즈의 고향인 리버풀을 방문해 보자. 셰익스피어로도 잘 알려진 리버풀에는 '비틀즈 스토리'라는 작은 전시장이 있는데, 이름 그대로 비틀즈에 관한 모든 이야기를 다루고 있다. 특히나 비틀즈의 명곡을 들으면서 둘러보는 재미가 크다.

주소 Albert Dock, Liverpool, Merseyside, L3 4AD 전화 0151 709 1963 위치 기차 약 3시간 정도 소요되는 리버풀 라임 스트리트(Liverpool Lime St.) 역에서 내려 머지강 방면으로 도보 15분 홈페이지 www.beatlesstory.com

런던 – 비틀즈 스토어 Beatles Store

마담 투소 밀랍 인형관 근처에 있는 런던의 비틀즈 스토어는 작은 규모지만, 비틀즈의 사인부터 작은 액세서리까지 다양한 비틀즈 관련 용품을 판매하고 있다. 비틀즈 팬이라면 한번 들러 보는 것도 좋을 듯하다.

주소 231 Baker Street, London, NW1 6XE 전화 020 7935 4464 위치 지하철 Bakerloo, Circle, Hammersmith & City, Jubilee, Metropolitan 라인 베이커 스트리트(Baker Street) 역에서 도보 2분 버스 2, N2, 13, 18, N18, 27, 30, 74, N74, 113, N113, 139, 189, 205, N205, 274, 453번 시간 10:00~18:30 홈페이지 www.beatlesstorelondon.co.uk

Theme Travel 5

눈과 귀가 즐거운 뮤지컬 공연

런던 여행의 또 하나의 즐거움은 뮤지컬 공연을 즐기는 것이다. 뮤지컬의 본고장답게 한 번 보면 절대로 후회하지 않을 멋진 퍼포먼스를 직접 확인할 수 있다. 뉴욕의 브로드웨이와 함께 런던 웨스트 엔드(West End)는 세계 뮤지컬 무대의 중심이자 얼굴인 만큼 런던을 여행할 때 놓쳐서는 안 될 필수 코스이다. 웨스트 엔드를 중심으로 크고 작은 뮤지컬 공연이 매일 저녁마다 50여 편씩, 365일 공연 중이다.

티켓 구매

인터넷으로 예약하기

런던으로 여행 가기 전, 현지에서 직접 티켓을 구입하기 번거롭거나 시간적인 여유가 없을 때는 미리 한국에서 예약해 가자. 단, 현지에서 구입할 때 받을 수 있는 할인 혜택은 받지 못한다. 영국 현지 뮤지컬 예매 사이트를 통해 원하는 공연과 날짜, 좌석을 정해 결제한 다음, 확인 메일이나 확인증을 프린트해서 극장에서 티켓을 수령하면 된다. 이때 예약한 신용 카드와 함께 본인 확인이 필요한 경우도 있으니 여권 또는 여권 사본을 지참하자.

알아 두면 좋은 뮤지컬 사이트

★TKTS officiallondontheatre.com/tkts
★티켓 마스터 www.ticketmaster.co.uk
★시티켓 www.seetickets.com
★런던 타운 www.londontown.com

현지에서 구입하기

제일 안전하게 표를 구할 수 있는 방법은 극장에서 직접 구입하는 것이지만 할인받기가 쉽지 않다. 공연 시작 1시간 전 좌석이 많이 남아 있거나 학생증(ISIC)을 지참했다면 더러 할인해 주기도 한다. 또 다른 방법은 트라팔가 스퀘어와 내셔널 갤러리 뒤편에 위치한 레스터 스퀘어(Leicester Sqaure)의 할인 티켓 부스인 'TKTS(Half-Price Ticket Booth)'에서 티켓을 구입하는 것이다. 그러나 유명한 공연의 표는 TKTS에서 구하기 쉽지 않다. 이밖에도 런던 거리를 걷다 보면 사설 할인 티켓 부스를 쉽게 만날 수 있는데, 수수료를 요구하거나 사기 티켓 혹은 좌석을 속여 파는 경우도 있으니 조심해야 한다. 참고로 인기 있는 뮤지컬은 당일 예약보다는 며칠 전에 미리 예약하는 것이 가장 안전하다.

공연 좌석

좌석 이해하기

뮤지컬 극장의 좌석을 보면, 1층은 스톨(Stalls), 2층은 드레스 서클(Dress Circle), 3층은 어퍼 서클(Upper Circle) 또는 그랜드 서클(Grand Circle), 맨 위층을 발코니(Balcony), 양 사이드 부스는 박스(Box)라고 부른다. 보통 박스 좌석이 가장 비싸며 다음으로 1층 스톨, 2층 드레스 서클, 맨 앞의 중앙(Row A) 좌석, 그랜드 서클, 어퍼 서클 순서로 가격대가 내려간다. 비싼 자리가 좋은 건 사실이지만 그렇지 않은 뮤지컬도 있으니 무난하게 드레스 서클이나 어퍼 서클 앞쪽 가운데에서 보는 것도 괜찮은 방법이다.

관람 에티켓

뮤지컬을 관람하기 전, 반드시 숙지해야 할 에티켓이 있다. 사진 또는 동영상 촬영은 금지되어 있으며, 핸드폰은 가급적 꺼두는 편이 좋다.

뮤지컬의 종류

뮤지컬의 본고장인 런던에서 자신에게 가장 잘 맞는 뮤지컬을 찾았다면, 한 번을 보더라도 결코 잊지 못할 감동이 될 것이다. 하지만 이토록 많은 뮤지컬 가운데 어떤 작품을 골라야 할지 몰라 고민된다면, 뮤지컬에 대한 정보를 미리 알고 가길 바란다. 대개 책이나 영화로 알려진 작품들이 많기 때문에 스토리를 미리 알고 간다면 영어로 공연되는 뮤지컬을 이해하는 데 많은 도움이 될 것이다.

런던에서 상영되는 뮤지컬

마틸다 Matilda

영국의 최고 극단 로열 셰익스피어 컴퍼니가 연극만 제작해 오다가 뮤지컬 〈레미제라블〉 제작 이후 25년만에 무대에 올린 작품이다. 2010년 런던 초연 이후 엄청난 찬사와 환호를 받으며 모든 언론에서 별 다섯 개를 받고, 지금까지 승승장구하고 있다. 영국의 최고 권위의 상인 올리비에상에서 역대 최다 수상을 했고, 2013년 미국 브로드웨이에 진출하면서 토니상에서 극본상 외 4개, 드라마데크상에서 5개 부분을 수상했다. 전 세계 영어권에 진출한 마틸다는 비영어권 최초로 우리나라에서 공연되었다. 물질주의에 찌든 부모님과 아이를 싫어하고 폭력성이 하늘을 찌르는 교장 선생님 사이에서 초능력을 갖고 태어난 천재 소녀 마틸다를 중심으로 권선징악을 제대로 보여 주는 작품이기 때문에 아이부터 어른까지 다양한 연령층이 봐도 좋을 가족 뮤지컬이다. 뮤지컬 마틸다가 많은 사랑을 받는 이유는 바로 독창적인 아이디어를 선보이는 무대 연출이다. 어린 배우들과 성인 배우들이 합을 맞춰 이끌어 가는 뮤지컬 〈마틸다〉는 지금까지도 런던에서 가장 많은 사랑을 받는 작품이다. 케임브리지 극장(Cambridge Theatre)에서 매회 인터미션을 포함해 2시간 35분 동안 공연된다.

주소 Earlham Street, London WC2H 9HU 전화 207 557 7300 위치 지하철 Northern, Picadilly 라인 레스터 스퀘어(Leicester Square) 역에서 도보 5분 / Picadilly 라인 코번트 가든(Covent Garden) 역에서 도보 3분 시간 화~금 19:00 / 토 14:30, 19:30 / 일 15:00 추가 낮 공연 수 14:00 휴무 매주 월요일 홈페이지 uk.matildathemusical.com

공연 관람도 때가 있다!

런던 여행 중에 뮤지컬을 볼 때는 런던을 떠나기 전에 보는 게 효과적이다. 런던에 도착하자마자 뮤지컬을 본다면 시차 적응을 하기 전이라 아무리 신나는 뮤지컬이라도 감기는 눈은 어쩔 도리가 없다. 그러니 어느 정도 시차 적응이 되었을 때 관람하자. 모든 공연은 1부와 2부로 나뉘고 1부와 2부 사이에 쉬는 시간이 있는데, 1부 공연이 끝나고 공연이 끝난 줄 알고 밖으로 나가는 일은 없도록 하자.

라이온 킹 Lion King

이보다 더 화려할 순 없다! <라이온 킹>의 아름다운 무대와 멋진 음악은 런던의 그 어떤 뮤지컬보다 화려하고 웅장하다. 이 뮤지컬 역시 디즈니의 인기 애니메이션을 각색한 작품으로, 우리에게 친숙한 내용이어서 가볍게 볼 수 있는 공연을 원하는 이들에게 적극 추천한다. 특히 영어에 대한 부담이 있는 사람, 혹은 어린이를 동반한 가족 여행자들도 대만족할 뮤지컬이다. 대부분의 공연은 무대 위 배우들의 움직임만을 보게 되지만 <라이온 킹>은 무대뿐 아니라 객석에서도 공연을 펼치는 재미가 더해져 보는 내내 흥미진진하다. 아기 사자 '심바'가 삼촌 사자 '스카'의 계략으로 인해 아버지이자 사바나의 제왕인 '무파사'의 죽음을 경험하고 정글을 떠났다가 다시 왕의 자리를 찾는 과정을 담은 내용으로 특히 배우들의 가창력이 인상적이다. 라이시엄 극장(Lyceum Theatre)에서 열리며 공연 시간은 2시간 45분이다.

주소 21 Wellington Street, London, WC2E 7RQ 전화 020 7420 8100 위치 지하철 Piccadilly 라인 코번트 가든(Covent Garden) 역에서 하차, 도보 5분 / Circle, District 라인 템플(Temple) 역에서 하차, 도보 10분 시간 화~토 19:30 추가 낮 공연 수, 토, 일 14:30 휴무 매주 월요일 홈페이지 www.thelionking.co.uk

오페라의 유령 The Phantom of the Opera

가장 보고 싶은 뮤지컬에서 언제나 상위에 랭크되는 공연. 오랜 시간 동안 전 세계적으로 가장 많은 사람들이 본 뮤지컬이 <오페라의 유령>이라고 할 만큼 공연 역사상 대흥행을 기록하고 있다. 화려한 의상과 특수 효과, 20만 개의 유리구슬로 치장한 1톤의 샹들리에가 무대를 더욱 빛나게 해 준다. 단, <오페라의 유령>은 프랑스에서 일어난 시대극인 만큼 다른 뮤지컬에 비해 다소 어려운 영어와 반복되는 음악으로 자칫 무거울 수도 있다. 경매가 진행 중인 1911년 파리 오페라 하우스에서 휠체어에 앉은 70세 노인 '라울'은 경매인이 소개하는 샹들리에를 보며 회상에 잠기면서 무대는 1860년 파리 오페라 하우스로 넘어간다. 새로운 극단주 앙드레와 피르맹, 그리고 재정 후원자인 귀족 청년 라울 백작은 '한니발' 리허설을 감상하는데 갑자기 무대 장치가 무너지는 사고가 발생한다. 사람들은 오페라의 유령이 한 짓이라고 수근대고, 화가 난 프리 마돈나 칼롯타는 안전이 확보되기 전까지는 무대에 설 수 없다며 무대를 떠난다. 발레 단장인 마담 지리의 추천으로 칼롯타의 자리에 크리스틴이 새로운 여주인공을 맡게 되고, 공연은 대성공을 거둔다. 크리스틴은 축하객을 뒤로하고 대기실에 혼자 남게 되는데, 갑자기 거울 뒤에서 들려오는 목소리에 소스라치게 놀란다. 반쪽 얼굴을 하얀 가면으로 가린 채 연미복 차림의 팬텀이 나타나 마치 마법이라도 걸듯 크리스틴을 이끌고 미로같이 얽힌 지하 세계로 사라진다. 오페라의 유령은 라울과 크리스틴의 사랑의 맹세와 함께 팬덤의 질투와 복수로 스토리가 진행된다. 뮤지컬을 보기에 앞서서 책 또는 영화를 먼저 본 후 뮤지컬을 감상하는 걸 추천한다. 허 매저스티스 극장(Her Majesty's Theatre)에서 매회 2시간 30분 공연한다.

주소 57 Haymarket, London, SW1Y 4QL 전화 0844 412 4653 위치 지하철 Bakerloo, Piccadilly 라인 피커딜리 서커스(Piccadilly Circus) 역에서 도보 5분 / Northern, Bakerloo 라인 차링 크로스(Charing Cross) 역에서 도보 3분(피커딜리 서커스 역과 차링 크로스 역 중간에 위치) 시간 월~토 19:30 추가 낮 공연 목, 토 14:30 휴무 매주 일요일 홈페이지 www.thephantomoftheopera.com

맘마미아 Mamma Mia

우리나라 여행객들에게 가장 많은 사랑을 받는 뮤지컬 중 하나로, 아바(ABBA)의 22곡을 그대로 뮤지컬에 사용했다. 런던뿐만 아니라 전 세계 각지에서 매일 밤 1만 8천 명이 넘는 관객들과 만나고 있는 이 공연은 롱런하는 뮤지컬 중 가장 대표적인 작품이다. 뮤지컬을 보기 전에 영화 <맘마미아>를 보고 가면 뮤지컬 <맘마미아>를 200% 즐길 수 있을 것이다. 그리스 섬에서 엄마와 단둘이 사는 딸 소피는 결혼을 앞두고 우연히 엄마의 옛 일기장를 보게 되면서 엄마의 애인이었던 3명의 남자를 자신의 결혼식에 초대한 뒤 아버지를 찾는다는 재미난 스토리다. 또한 딸의 결혼식을 축하하러 온 엄마의 친구들을 통해 중년 여인의 삶을 유쾌하게 풀어내기도 했다. 보는 내내 관객들과 하나가 되어 아바의 음악을 즐길 수 있는 신나는 뮤지컬이다. 노벨로 극장(Novello Theatre)에서 열리며 공연 시간은 2시간 35분이다.

주소 Novello Theatre, Aldwych, London, WC2B 4LD 전화 0844 482 5115 위치 지하철 Piccadilly 라인 코번트 가든(Covent Garden) 역에서 도보 5분 / Circle, District 라인 템플(Temple) 역에서 도보 10분 시간 월~토 19:45 추가 낮 공연 목, 토 15:00 휴무 매주 일요일 홈페이지 www.mamma-mia.com

위키드 Wicked

우리에게도 친숙한 <오즈의 마법사>가 베스트 셀러 작가인 '그레고리 머과이어'에 의해 새롭게 재해석된 소설 <위키드>를 원작으로 한 뮤지컬이다. 뉴욕 브로드웨이에서 엄청난 성공을 거둔 후 런던으로 입성해서 해마다 더 많은 관람객이 <위키드>를 보기 위해 런던 아폴로 빅토리아 극장을 찾고 있다. 마법 학교에서 만난 두 소녀가 어떻게 착한 북쪽 마녀와 사악한 서쪽 마녀가 되는지의 과정을 그려낸 뮤지컬이다. 뉴욕에서 시작된 뮤지컬이라 다소 팝적인 음악은 영국 뮤지컬의 느낌보다는 미국적인 느낌이 강하게 느껴진다. 화려한 무대 예술이 압권이며 너무 가볍지도 무겁지도 않은 뮤지컬을 원한다면 위키드를 추천한다. 아폴로 빅토리아 극장(Apollo Victoria Theatre)에서 열리며 공연 시간은 2시간 50분이다.

주소 17 Wilton Road, Westminster, London, SW1V 1LG 전화 020 7834 6318 위치 지하철 Victoria, Circle, District 라인 빅토리아(Victoria) 역에서 도보 3분 시간 월~토 19:30 추가 낮 공연 수, 토 14:30 휴무 매주 일요일 홈페이지 www.wickedthemusical.co.uk

레미제라블 Les Miserable

레미제라블은 프랑스에서 성경책 다음으로 많이 읽었다는 프랑스의 유명 작가 '빅토르 위고'의 소설로, '불행한 사람들'이라는 뜻인데 우리나라에서는 〈장발장〉으로 더 많이 알려진 작품이다. 우리나라에서는 2013년에 한국어로 첫 공연을 한 뒤로 더욱 많은 사랑을 받고 있다. 빵 한 조각을 훔친 죄로 19년 동안이나 억울하게 감옥 생활을 하다 가석방되어 풀려난 장발장과 주변 인물들의 고단한 삶의 역경을 그리고 있는데, 우리가 어릴 적에 본 동화의 내용보다는 더 철학적이면서 깊이 있게 무대에 올려진다. 1980년 프랑스에서 프랑스어로 처음 공연되었고, 1985년 런던에서 영어로 무대에 올려지면서 현재까지 많은 사랑을 받으며 공연 중이다. 피도 눈물도 없는 악당으로 인식된 자베르 형사가 법과 질서에 대한 자신만의 신념을 가진 인물로 정당성을 부여받아 선한 이미지의 장발장과 대립 구도를 형성하는 단단한 스토리로 선악의 대결 구도를 마지막까지 팽팽하게 이어간다. 회전 무대를 활용해 화려하고 웅장한 무대를 선보이는 〈레미제라블〉의 무대는 마치 마술처럼 느껴지기도 한다. 공연은 퀸스 극장(Queen's Theatre)에서 열리며 공연 시간은 2시간 50분이다.

주소 51 Shaftesbury Avenue, London, W1D 6BA 전화 0844 482 5160 위치 지하철 Bakerloo, Piccadilly 라인 피커딜리 서커스(Piccadilly Circus) 역에서 쉐프프츠버리 애비뉴 방향으로 차이나타운 맞은편, 도보 5분 시간 월~토 19:30 추가 낮 공연 수, 토 14:30 휴무 매주 일요일 홈페이지 www.lesmis.com

Theme Travel 6

런더너들과 함께
영국 축구 즐기기

영국에서 가장 인기 있는 스포츠 종목은 축구이며 영국인의 삶에 없어서는 안 될 국민 스포츠이다. 평상시에는 조용한 영국인들이 축구가 열리는 날이면 온 나라가 시끌벅적할 만큼 활기에 차니, 열정이 뜨거운 영국의 축구를 몸소 체험해 보자.

축구장에서 축구 관람하기

우리나라의 축구 선수 손흥민은 토트넘에서 활약하고 있고, 박지성도 한때 맨체스터 유나이티드에서 핵심 선수로 활약했다. 이처럼 영국 축구 리그는 우리에게 친숙해졌고, 런던에서 축구 경기를 보는 것이 하나의 코스가 되었다. 우리나라 선수가 속한 팀이 런던에서 경기를 할 때 보러 가거나 펍에서 런더너들과 시원한 맥주를 마시며 시청하는 것 또한 즐겁다.

아스널 FC - Emirates Stadium

패스 플레이로 유명한 아스널 FC는 프리미어 리그의 명문 클럽으로 두터운 팬층을 보유하고 있다. 기존의 하이버리 스타디움에서 2006년 에미레이트 스타디움(Emirates Stadium)으로 거처를 옮겼다.

주소 37-55 Ashburton Grove, Islington, Greater London, N7 7 전화 0844 277 3625 위치 지하철 Piccadilly 라인 아스널(Arsenal) 역에서 도보 2분 / Piccadilly 라인 홀로웨이 로드(Holloway Road) 역에서 도보 2분 요금 £15~£94까지 다양하며 온라인과 전화 예약도 가능하지만 약간의 수수료가 추가됨 경기장 투어 성인 £23 / 어린이(16세 이하) £15 홈페이지 www.arsenal.com

축구 경기 티켓 구하기

영국은 보통 시즌권을 사용하기 때문에 중요한 경기는 티켓을 구하는 게 하늘의 별 따기다. 그러니 축구를 관전할 계획이라면 축구 시즌을 알아본 후 홈페이지를 통해 쉽고 간편하게 예약하자. 만약 티켓을 구하지 못하고 갔다면 옥스퍼드 스트리트나 토트넘 코트 로드 쪽의 티켓 에이전시를 이용하면 저렴하진 않지만 티켓을 구할 수 있다.

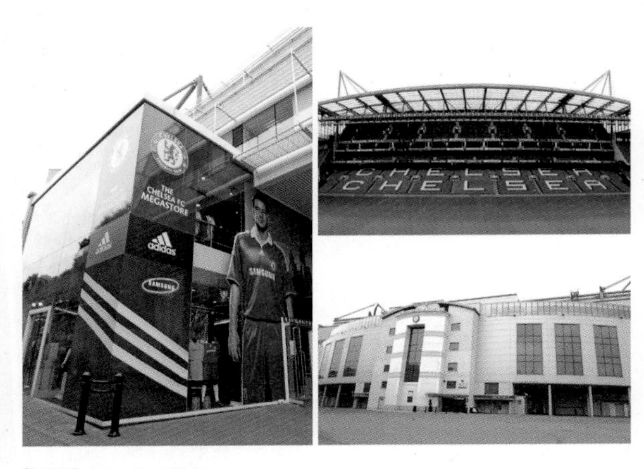

첼시 FC - Stamford Bridge

프리미어 리그를 대표하는 명문 구단 중 하나이다. 존 테리, 디에고 코스타, 드록바 등의 유명 선수들이 첼시를 거쳐 갔다. 첼시 FC의 홈 구장인 스탬퍼드 브리지는 약 4만 명을 수용할 수 있다.

주소 Stamford Bridge, Fulham Rd, London, SW6 1HS 전화 0871 984 1955 위치 지하철 District 라인 풀햄 브로드웨이(Fulham Broadway) 역에서 도보 5분 버스 빅토리아 코치 역 앞에서 11번 버스 이용하여 스탬포드 브리지 입구에서 하차 시간 11:00, 11:30, 12:00, 12:30, 13:00, 13:30, 14:00, 14:30, 15:00 요금 £15~£73까지 다양하며, 온라인과 전화 예약 가능 경기장 투어 성인 £24, 어린이(5~15세) £15 / 온라인 예약 시 성인 £3, 어린이 £2 할인 홈페이지 www.chelseafc.com

풀럼 FC - Craven Cottage

런던 남서부 지역에 있는 풀럼 경기장은 특별히 템스 강변에 맞닿아 있어서 낭만적인 느낌으로 축구를 감상할 수 있다. 다른 구단에 비해 비교적 쉽게 티켓을 구할 수 있다.

주소 Craven Cottage, Stevenage Road London, SW6 6HH 전화 0843 208 1234 위치 지하철 District 라인 퍼트니 브리지(Putney Bridge) 역에서 도보 15분 버스 District 라인 풀럼 브로드웨이(Fulham Broadway) 역 앞의 H정류장에서 424번 버스 하차 홈페이지 www.fulhamfc.com

펍에서 축구 보기

축구장은 못 가더라도 꼭 해 봐야 하는 것이 바로 런던의 축구 팬들과 다 함께 펍에서 맥주를 마시며 축구를 보는 것이다.

오 네일스 O'neill's

레스토랑이지만 축구 경기가 있는 날은 축구를 보면서 맥주를 마시거나 식사를 할 수 있다. 축구 경기 당일에는 사람들로 꽉 찰 정도로 인기가 많으며 기네스 맥주가 맛있는 곳이다. 영국 전체에 여러 지점의 매장을 가지고 있다.

홈페이지 www.oneills.co.uk

카나비 스트리트점

주소 37-38 Great Marlborough St., Soho, London, W1F 7JF
전화 020 7437 0039
위치 지하철 Northern, Piccadilly 라인 레스터 스퀘어(Leicester Square) 역에서 도보 5분

소호 · 차이나타운점

주소 33-37 Wardour St., London, W1D 6PU
전화 020 7494 9284
위치 레미제라블 극장과 차이나타운 사이

킹스크로스점

주소 73-77 Euston Rd., London, NW1 2QS
전화 020 7380 0464
위치 킹스크로스 역 맞은편

Theme Travel 7

오후의 여유로움
애프터눈 티

19세기 영국 귀족 사회에서 처음 시작된 애프터눈 티는 점심과 저녁 사이인 오후 3~5시에 홍차와 함께 디저트 등의 간식거리를 즐기는 것에서 시작되었다. 런던을 여행한다면, 여행이라는 일상에서 조금 벗어나 오후의 여유로움을 애프터눈 티와 함께 만끽해 보기를 추천한다. 보통 고급 레스토랑이나 호텔 등에서 전통 방식의 애프터눈 티를 즐길 수 있기 때문에 가격이 결코 저렴하지는 않지만, 한 번쯤 영국의 귀족이 된 것처럼 사치를 부려 보는 것도 런던 여행에서 찾을 수 있는 행복이다. 물론 전통식 애프터눈 티가 부담스럽다면 차와 다과를 함께 즐기는 하이티도 추천한다.

애프터눈 티 즐기는 법

점심과 저녁 사이인 오후 3~5시 무렵 스콘, 샌드위치, 케이크 등과 함께 홍차를 마시며 사교의 시간을 갖는 것이 애프터눈 티다. 3단 트레이에 디저트가 담겨 나오고, 홍차는 포트와 잔이 따로 서빙되는데, 디저트는 아래쪽 트레이부터 위쪽 트레이까지 순서대로 먹으면 된다. 따뜻하게 데워 나오는 스콘류를 먼저 먹고, 샌드위치를 먹은 후 달콤한 디저트로 마무리하는 것이다. 디저트 양이 상당히 많기 때문에 한 끼 식사로 충분해서 점심 혹은 저녁 시간에 식사 대용으로 찾는 것도 좋다.

대부분의 고급 레스토랑이나 호텔 등에서 애프터눈 티를 즐길 때 드레스 코드를 지정해 준다. 굳이 정장 차림을 하고 갈 필요는 없고, 슬리퍼 차림이나 트레이닝복 등이 아닌 가벼우면서도 단정한 복장을 하고 가야 하니 주의하자.

애프터눈 티 살롱

포트넘 & 메이슨 Fortnum & Mason

영국의 대표적인 홍차 브랜드로 포트넘 & 메이슨을 꼽는다. 피커딜리 서커스 근처에는 포트넘 & 메이슨 매장이 있는데 홍차 백화점에 온 것처럼 건물 전체가 포트넘 & 메이슨의 홍차로 꾸며져 있다. 건물 내에는 애프터눈 티를 즐길 수 있는 전통 살롱이 4층에 있다. 단, 이곳 다이아몬드 주빌리 티 살롱은 인기가 워낙 많은 곳이기 때문에 런던으로 출발하기 전에 미리 예약하는 것이 좋다. 만약 다이아몬드 주빌리 티 살롱에 예약을 못했거나 애프터눈 티가 가격이 비싸 고민이라면 아래 층에 있는 'The Parlour'에서 디저트와 함께 티타임을 가질 수가 있다. 좀 더 캐주얼한 분위기에서 다양한 카페 메뉴 혹은 가벼운 식사도 가능한 곳이다. 그리고 'Fortmun's Favourites' 메뉴는 간식과 함께 티를 마실 수 있는 것으로 애프터눈 티의 축소판이라고 생각하면 된다. 그래서 가격도 절반 정도이다.

위치 피커딜리 서커스 역에서 도보 5분

켄싱턴 궁전 파빌리온 The Kensington Palace Pavilion

2017년까지 오렌지 나무를 키우던 온실이었던 켄싱턴 궁전 내에 있는 '오린저리'에서 레스토랑 겸 티 룸으로 운영하다가 2018년 오린저리 공사를 위해 오린저리 앞 파빌리온으로 잠시 자리를 옮겨서 운영하고 있다. 애프터눈 티에 제공되는 접시, 찻잔 모두 왕실의 공식 티 웨어(Tea Ware)로 왕실의 공간에서 품격 있는 전통 애프터눈 티를 경험할 수 있는 런던 유일의 장소이다. 민트색 컬러의 화려하고 고급스러운 티 웨어는 켄싱턴 궁전 기념품 숍에서 따로 구입할 수 있다. 드레스 코드는 따로 없고, 되도록 예약하고 가는 것을 추천한다.

주소 Kensington Palace, Kensington Gardens, London W8 4PX 위치 켄싱턴 궁전 옆 시간 10:00~16:00(애프터눈 티 이용 시간) / 예약 및 세부 시간은 홈페이지에서 확인 홈페이지 kensingtonpalacepavilion.co.uk

리츠 호텔 The Ritz Hotel

전통 방식의 애프터눈 티를 맛볼 수 있는 곳 중에서도 손꼽히는 곳이 리츠 호텔이다. 1층에는 애프터눈 티를 위한 살롱이 있는데, 고급스러운 인테리어의 살롱에서 귀족이 된 것 같은 기분을 느끼며 애프터눈 티를 즐길 수 있다. 리츠 호텔인 경우 다른 곳에 비해 복장에 특별히 신경 써야 해서 청바지 차림이나 운동복, 운동화 차림은 입장이 불가능하다. 까다로운 드레스 코드 때문인지 살롱에 앉아 있으면 피로연이나 파티에 와 있는 듯한 분위기이다.

주소 150 Piccadilly, St. James's 전화 020 7300 2345 위치 그린 파크 역에서 도보 2분 시간 11:30, 13:30, 15:30, 17:30, 19:30(애프터눈 티 이용 시간) 예약 www.theritzlondon.com/dine-with-us/afternoon-tea

아쿠아 샤드 Aqua Shard

아쿠아 샤드는 런던뿐만 아니라 유럽에서 제일 높은 건물인 더 샤드 31층에 있는 레스토랑으로, 낮에는 애프터눈 티를 맛볼 수 있다. 런던 시내의 전망을 한눈에 내려다볼 수 있는 특별함 때문에 애프터눈 티의 맛보다 전망으로 인기가 높은 곳이다. 해가 늦게 지는 여름철을 제외하고 다른 계절에는 해가 지는 시간보다 1시간 또는 30분 정도 전에 예약을 하면 노을과 함께 야경까지 볼 수 있다. 드레스 코드는 따로 없지만 아쿠아 샤드의 분위기로 봐서 트레이닝복이나 슬리퍼 등의 간편한 복장은 피하는 게 좋다. 애프터눈 티는 물론이고 레스토랑 이용 시에도 홈페이지에서 예약하고 가는 것을 추천한다.

주소 Level 31, The Shard, 31 St Thomas St, London SE1 9RY 위치 런던 브리지 역에서 도보 3분, 더 샤드 31층 시간 13:00~17:00(애프터눈 티 이용 시간) 홈페이지 www.aquashardblog.co.uk

Theme Travel 8

빼놓을 수 없는

런던의 쇼핑

'런더너의 일상 = 쇼핑'이라는 공식이 어울릴 정도로 런던은 쇼핑에 죽고 못 사는 쇼퍼 홀릭들로 늘 붐빈다. 유럽의 여타 도시와 달리 거리를 지나는 이들의 스타일이 범상치 않을 정도로 흥미로운 도시이다. 그러니 런던에서의 쇼핑을 절대 놓치지 말자.

마켓(Market)

런던에서 절대 빼놓을 수 없는 관광이 바로 마켓 투어다. 영국은 재래시장이 명품 시장이라고 말할 정도로 마켓에 대한 인지도가 웬만한 명품 매장보다 월등하며 시장에 대한 런더너들의 자부심도 굉장히 큰 편이다. 런던의 필수 코스인 재래시장, 그곳에서 나만의 멋과 맛을 찾아보자.

포토벨로 마켓 Portobello Market

영화 〈노팅힐〉의 촬영지로 더 유명해진 곳이다. 화사한 파스텔톤 건물 사이로 약 3km 정도 이어진 골목길에 골동품, 청과물, 식료품, 빈티지한 소품들로 가득 찬 포토벨로 마켓은 그야말로 없는 게 없는 살아 있는 앤티크 박물관이다. 토요일만 오픈하기 때문에 당일 오전부터 관광객들이 몰리며 오후 시간이 되면 물건이 많이 남아 있지 않을 정도로 인기가 대단하다. 포토벨로 마켓에 갈 땐 사람이 조금 덜 붐비는 오전 시간에 가는 것이 좋다.

주소 288 Portobello Road, London, W10 5TE 위치 지하철 Central, District, Circle 라인 노팅힐 게이트(Notting Hill Gate) 역에서 도보 5분 버스 7, 23, 27, 28, 31, 52, 70, 94, 328, 452번 노팅힐 게이트 하차 후 도보 3분 / 52, 452번 켄싱턴 파크 로드 하차 후 도보 1분 시간 토 08:00~17:00 홈페이지 www.portobellomarket.org

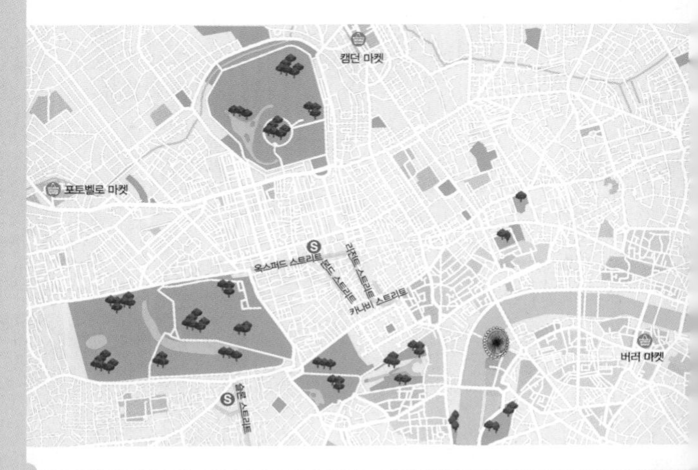

캠던 마켓 Camden Market

리전트 파크 북쪽에 있는 캠던 마켓은 캠던 록 마켓·스테이블스 마켓·캠던 카날 마켓·벅스트리트 마켓·일렉트릭 볼룸·인버니스 스트리트 마켓까지 총 6개의 마켓이 한곳에 자리한 대형 시장이다. 가장 영국다운 모습을 볼 수 있는 곳이자 다양한 인종이 모여 있는 곳으로, 독특한 매력을 뽐내는 마켓이다. 이색 마켓과 힙합, 구제, 펑키, 메탈 등 최신 런던 스타일을 알고 싶다면 캠던을 꼭 방문하자.

위치 지하철 Northern 라인 캠던 타운(Camden Town) 역에서 도보 10분 버스 N5, 24, 27, 31, 88, 134, 168, 214, C2, N20, N28, N31, 393번 캠던 록 마켓(Camden Rock Market) 하차 후 도보 1분 시간 10:00~18:00 휴무 12월 25일 홈페이지 www.camdenlock.net

버러 마켓 Borough Market

런던 서더크 지역의 런던 브리지 남단에 자리 잡은 버러 마켓은 서더크 대성당 바로 옆에 있는 런던 최대 규모의 식료품 재래시장이다. 포토벨로 마켓이 앤티크, 캠던 마켓이 패션을 대표하고 있다면 관광지와 가장 가까이에 인접한 버러 마켓은 그야말로 맛을 책임지고 있는 시장이다. 천재 요리사 제이미 올리버가 요리 재료를 고를 때 방송되는 시장이 바로 이곳일 정도로 싱싱한 청과물, 해산물로 눈과 입이 즐거워진다. 수~토요일까지는 마켓 전체가 열리고, 월요일과 화요일은 일부 상점만 문을 열기 때문에 일정을 계획할 때 참고해야 한다.

주소 8 Southwark St, London SE1 1TL 위치 지하철 Jubilee, Northern 라인 런던 브리지(London Bridge) 역에서 도보 5분 버스 17, 21, 35, 40, 43, 47, 48, 133, 141, 149번 런던 브리지 역에서 하차 후 도보 3분 시간 월~목 10:00~17:00, 금 10:00~18:00, 토 08:00~17:00 휴무 매주 일요일(단, 12월은 일요일도 오픈) 홈페이지 www.boroughmarket.org.uk

마켓을 이용할 때 유의할 점!

★ 아침(07:00~09:00)에 문을 연다. 오후 늦게 갈 경우 좋은 물건을 찾기 힘들 수 있다.
★ 마켓마다 과일과 채소 같은 먹을거리를 파는데, 오후 4시부터는 1+1 행사를 하기도 한다.
★ 온종일 돌아다녀야 하므로 최대한 편안한 옷차림을 한다.
★ 미리 현금을 준비해 가자. 노점상에서 카드를 사용할 수 없거니와 가능하더라도 잘 안 해 주려고 한다.

명품 아웃렛(Fashion Outlet)

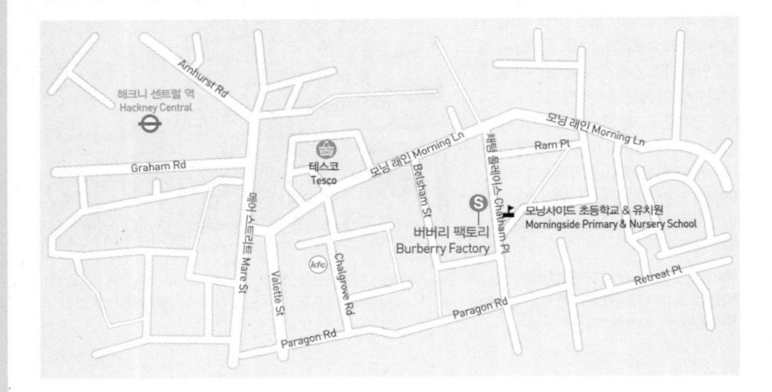

버버리 팩토리 Burberry Factory

런던 2존에 위치해 있으며 영국을 대표하는 명품 브랜드인 '버버리'를 저렴한 가격에 구입할 수 있다. 찾아가는 길은 그렇게 쉽진 않다. 아웃렛 매장이지만 다녀온 사람들의 평가는 극과 극인 만큼 찾아갔을 때 어떤 물건이 있느냐에 따라 쇼핑의 만족도가 달라진다. 물론 그렇다고 해도 한국보다 50~80% 정도 더 저렴하게 구입할 수도 있기 때문에 런던을 여행한다면 들러 봐도 좋다.

주소 29 Chatham Place, Hackney, London, E9 6LP 전화 020 8328 4287 위치 지하철 내셔널 레일(National Rail)의 해크니 센트럴(Hackney Central) 역에서 나와 굴다리를 지나면 메어 스트리트(Mare Street)가 시작된다. 그 길을 따라가다 보면 왼쪽으로 테스코가 보이는 모닝 레인(Morning Lane) 거리가 나온다. 이 길을 따라 테스코를 지나서 조금 더 가다 보면 오른쪽에 웰링턴 공작 카페가 보이는데 그 카페와 이어지는 채텀 플레이스 길로 우회전하면 오른쪽 라인에 버버리 간판이 보인다. 도보 10분 버스 옥스퍼드 서커스에서 출발하는 55번 버스를 타고 토트넘 코트(Tottenham Court) 역을 지나 해크니 타운 홀 하차 후 도보 10분. 버스 가는 방향으로 올라가다 오른쪽으로 모닝 레인 거리가 보이면 그 길을 따라간다. 테스코를 지나 조금 더 가다 보면 오른쪽에 웰링턴 공작 카페가 보이는데 이 카페와 이어지는 채텀 플레이스 길로 우회전하면 오른쪽으로 버버리 간판이 보인다. 시간 월~토 10:00~18:00, 일 11:00~17:00

스트리트(Street)

런던의 최신 유행을 책임지고 있는 쇼핑 거리는 대표적인 관광지이자 랜드마크로 자리 잡고 있다. 런던 관광의 중심인 소호를 사이에 두고 펼쳐지는 쇼핑 거리들은 쇼핑 마니아에게 충분히 매력적이다. 단, 영국 대부분의 상점은 일요일에는 문을 닫으므로 이 날은 피하는 것이 좋으며 의류 및 신발 치수가 한국과 다르므로 사전에 숙지할 필요가 있다. 물론 직접 입어 보고 사는 것이 제일 야무진 쇼핑 방법이다.

옥스퍼드 스트리트 Oxford Street

하이드 파크 오른편에 위치한 마블 아치 역부터 옥스퍼드 서커스 역 방향으로 이어지는 옥스퍼드 스트리트는 백화점과 함께 갭, 자라, 망고, H&M 등 유명 캐주얼 브랜드가 자리하고 있는 패션 거리다. 런던의 스트리트 중에서 가장 많은 버스가 지나가는 거리로, 그만큼 많은 사람들이 찾는다. 우리나라 명동과 비슷하다고 보면 된다.

위치 지하철 Central 라인 마블 아치(Marble Arch) 역에서 도보 5분 버스 6, 7, 10, 13, 15, 23, 73, 94, 98, 113, 137, 139, 159, 189, 390번 마블 아치 역부터 옥스퍼드서커스 역 사이의 정류장 중에서 하차 시간 월~토 09:30~21:00, 일 11:30~18:00 홈페이지 www.oxfordstreet.co.uk

카나비 스트리트 Carnaby Street

옥스퍼드 스트리트에서 피커딜리 서커스 역 중간에 위치한 카나비 스트리트는 런던에서 가장 젊고 활기찬 분위기로 영국의 젊은이들이 가장 많이 찾는 소호의 쇼핑가이다. 의류, 신발, 액세서리 등 중저가 브랜드의 밀집 지역으로 관광객들의 발길이 끊이지 않으며 카나비 스트리트 주변으로 이어지는 비크 스트리트(Beak St.), 포베트 플레이스(Foubert's Pl.), 간톤 스트리트(Ganton St.), 킹리 스트리트(Kingly St.), 렉싱턴 스트리트(Lexington St.), 뉴버그 스트리트(Newburgh St.)와 함께 소호의 대표적인 쇼핑 거리이다.

위치 지하철 Central, Bakerloo, Victoria 라인 옥스퍼드 서커스(Oxford Circus) 역 / Bakerloo, Piccadilly 라인 피커딜리 서커스(Piccadilly Circus) 역에서 도보 5분 버스 3, 6, 12, 13, 15, 23, 88, 94, 139, 159, 453번 리전트 스트리트 하차 / 6, 7, 10, 13, 15, 23, 73, 94, 98, 113, 137, 139, 159, 189, 390번 옥스퍼드 서커스 역 하차 홈페이지 www.carnaby.co.uk

본드 스트리트 Bond Street

해러즈 백화점이 있는 나이츠 브리지 쇼핑 거리와 함께 최고급 쇼핑 거리이자 고급 호텔이 있는 본드 스트리트는 구찌, 아르마니, 샤넬 등 알 만한 명품 숍들이 많으며 디자이너 의류, 향수, 보석, 왕실과 관련된 골동품들을 판매하고 있어 런던에서 가장 우아한 명품 거리로 불린다. 메이 페어(May fair) 구역의 세로는 본드 스트리트 역에서 그린 파크 역으로 이어지며, 가로는 리전트 스트리트까지 이어지는 골목들을 통합해서 쇼핑의 거리 '본드 스트리트'로 부른다. 본드 스트리트의 명품 숍들은 복장 규제를 하고 있으니 되도록 편안한 여행자 복장은 피하는 것이 좋다.

위치 지하철 Central, Bakerloo, Victoria 라인 옥스퍼드 서커스(Oxford Circus) 역 / Bakerloo, Piccadilly 라인 피커딜리 서커스(Piccadilly Circus) 역에서 도보 10분 버스 3, 6, 12, 13, 15, 23, 88, 94, 139, 159, 453번 리전트 스트리트 역에서 하차 / 6, 7, 10, 13, 15, 23, 73, 94, 98, 113, 137, 139, 159, 189, 390번 옥스퍼드 서커스 역에서 하차 홈페이지 www.bondstreet.co.uk

리전트 스트리트 Regent Street

옥스퍼드 서커스 역에서 피커딜리 서커스 역으로 이어지는 곡선 거리이다. 1825년 존 내시가 조지 4세를 위해 설계한 이 거리는 모든 건물이 곡선으로 지어져 건축사에도 큰 업적을 세웠다. 리전트 스트리트의 하이라이트는 크리스마스 시즌인데, 이때가 되면 거리는 아름다운 트리 장식으로 꾸며진다. 버버리, 베네통, 애플 하우스, 키플링 등의 브랜드 매장을 비롯해 다양한 숍이 들어서 있으며 본드 스트리트의 명품 숍들에 비해 복장 규제는 없는 편이다.

위치 지하철 Central, Bakerloo, Victoria 라인 옥스퍼드 서커스(Oxford Circus) 역 / Bakerloo, Piccadilly 라인 피커딜리 서커스(Piccadilly Circus) 역에서 도보 5분 버스 3, 6, 12, 13,15, 23, 88, 94, 139, 159, 453번 리전트 스트리트에서 하차 / 6, 7, 10, 13, 15, 23, 73, 94, 98, 113, 137, 139, 159, 189, 390번 옥스퍼드 서커스 역에서 하차 홈페이지 www.regentstreetonline.com

사이즈 표

의류(상의) 사이즈

영국의 상의 사이즈는 호주와 같은데, 보통 숫자 4~22 정도까지 있다. 여성용은 보통 4~12 정도이며 남성용 옷은 16~22 정도다.

구분	XS	S	M	L	XL	XXL
한국	44(85)	55(90)	66(95)	77(100)	88(105)	110
영국	4~6	8~10	10~12	16~18	20~22	-
유럽	34	36	38	40	42	44
미국	2	4	6	8	10	12

속옷(브래지어) 사이즈

브래지어는 정확한 치수를 재는 것이 중요하다. 요즘은 속옷 전문점이 많아 본인의 사이즈를 모르는 경우는 흔치 않지만 직접 사이즈를 재는 것도 하나의 방법이다.

한국(cm)	75A	75B	75C	80A	80B	80C	85A	85B	85C	90A	90B
영국	34A	34B	34C	36A	36B	36C	38A	38B	38C	40A	40B
미국	34A	34B	34C	36A	36B	36C	38A	38B	38C	40A	40B
프랑스	85A	85B	85C	90A	90B	90C	95A	95B	95C	100A	100B

신발 사이즈

신발은 같은 사이즈라도 남녀에 따라 사이즈 숫자가 달라지니 유의하자.

한국(mm)		210	220	230	240	250	260	270	280	290
영국	남	-	-	-	5.5	6.5	7.5	8.5	9.5	10.5
	여	-	2.5	3.5	4.5	5.5	6.5	7.5	8.5	9.5
유럽	남	35	36	37.5	38.5	40	41	42.5	44.5	45.5
	여	34.5	35.5	36.5	38	39	40.5	42	43	44.5
미국		3.5	4.5	5.5	6.5	7.5	8.5	9.5	10.5	11.5

Theme Travel 9

책과의 만남
런던 서점 탐방

런던의 뒷골목을 둘러 볼 예정이라면, 무작정 걷기보단 이왕이면 하나의 테마를 가지고 구석구석을 찾아보면 좋다. 런던은 곳곳에 숨겨진 예쁘고 오래된 서점이 많아 그런 서점을 찾아가 둘러보는 것만으로도 여행이 훨씬 풍성해진다. 런던 여행을 더 값지게 만들어 줄 보석 같은 서점을 소개한다.

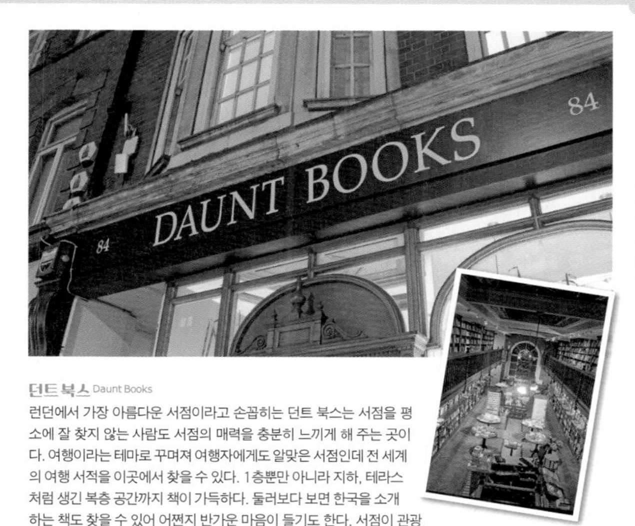

던트 북스 Daunt Books

런던에서 가장 아름다운 서점이라고 손꼽히는 던트 북스는 서점을 평소에 잘 찾지 않는 사람도 서점의 매력을 충분히 느끼게 해 주는 곳이다. 여행이라는 테마로 꾸며져 여행자에게도 알맞은 서점인데 전 세계의 여행 서적을 이곳에서 찾을 수 있다. 1층뿐만 아니라 지하, 테라스처럼 생긴 복층 공간까지 책이 가득하다. 둘러보다 보면 한국을 소개하는 책도 찾을 수 있어 어쩐지 반가운 마음이 들기도 한다. 서점이 관광지 중심에 있는 것이 아니라 골목 안쪽에 자리하고 있어 일부러 찾아가야 하는 곳이지만 런던 서점 탐방에서 빼놓을 수 없는 곳이다.

위치 리전트 파크 역, 베이커 스트리트 역에서 도보 10분

노팅힐 북숍 The Notting Hill Bookshop

영화 〈노팅힐〉의 배경이 된 노팅힐 서점으로 유명한 노팅힐 북숍. 물론 영화 속에 등장한 서점이 이전해서 영화 속 트래블 북숍이라는 간판 대신 노팅힐 북숍이라는 간판이 달려 있지만, 내부는 영화 속에 들어와 있는 것 같은 느낌이 든다. 서점에선 다양한 책을 판매하고 있는데, 노팅힐 포토벨로 마켓 거리 중심에 있어 벼룩시장과 같이 둘러보면 좋다. 원래 있던 트래블 북숍 자리는 현재 기념품 가게로 바뀌어 운영 중이니 영화 속의 원래 장소가 궁금하다면 찾아봐도 좋을 듯하다. 서점을 좋아하고 영화를 좋아하는 사람에게는 빼놓을 수 없는 곳이다.

위치 라드브로크 그로브 역에서 도보 10분, 노팅힐 게이트 역에서 도보 15분

영국 도서관

킹스 크로스 역 부근에 위치한 영국 도서관은 서점은 아니지만 서점을 좋아하는 사람에게 필수 코스로 여겨진다. 내부 도서관에는 영어로 된 책이라면 없는 것이 없을 정도로 방대한 자료가 있고, 갤러리에는 〈이상한 나라의 앨리스〉 원본이나 비틀즈의 자필 악보 등 박물관에서만 볼 수 있는 자료들도 있다. 책에 관한 상설 전시도 꾸준하게 하고 있어 흥미로운 볼거리도 제공한다.

위치 킹스 크로스 역에서 도보 5분

세실 코트 서점 거리

레스터 스퀘어 부근 아주 작은 골목에 여러 고서점들이 모여 있어 책방 골목을 형성하고 있다. 여러 책방이 다양한 테마로 책을 모아 판매하고 있는데 서점의 역사가 긴 만큼 오래된 책들이 많다. 20세기 문학에 관한 책들만 모아 놓은 'Tindley & Everett' 서점을 비롯해 작가들의 친필 사인이 있는 초판본들을 판매하는 고서점인 'Goldsboro books' 등 책을 좋아하는 사람들이 그냥 지나칠 수 없게 만드는 곳이 많다. 더불어 골동품을 파는 가게들도 함께 어우러져 있어 런던 서점 탐방의 재미를 한층 더한다.

위치 레스터 스퀘어 역에서 도보 3분

사우스 뱅크 북 마켓 South Bank Book Market

사우스 뱅크 워털루 브리지 아래 쪽에 위치한 오픈형 북 마켓인 사우스 뱅크 북 마켓은 런던 유일의 고서점 마켓이다. 규모는 크지 않지만 일반 서점에서 찾지 못하는 특별한 책도 찾을 수 있어 책을 좋아하는 사람들이 즐겨 찾는 곳이다. 사우스 뱅크의 강변을 산책하며, 벼룩시장 같은 느낌의 고서적을 파는 북 마켓을 둘러보며, 런던 서점 탐방의 재미를 느껴 보자.

위치 워털루 역에서 도보 10분

여행 정보

TRAVEL INFORMATION

여행 준비

출국하기

영국 입국하기

여권 준비

해외여행의 첫걸음은 여권을 만드는 것에서부터 시작한다. 여권만 있으면 유효 기간 안에 자유롭게 해외여행을 할 수 있다. 간혹 여권만으로 여행을 할 수 없는 국가도 있는데, 그런 국가들을 여행할 때는 비자가 필요하지만 런던은 한국인이면 특별한 사유 없이 누구나 3개월 무비자로 입국할 수 있다. 다만, 여권의 유효 기간이 6개월 이상 남아 있어야 하므로 유효 기간을 확인하고 기간이 여유롭지 않다면 재발급받도록 하자.

발급받기

발급에 필요한 서류를 준비해 가까운 여권 발급처로 가서 신청하면 된다. 질병·장애가 있는 경우, 18세 미만의 미성년자인 경우를 제외하고는 본인이 직접 방문해야 한다.

발급처

외교부 여권 안내 홈페이지(www.passport.go.kr)에서 여권 발급 서류와 국내의 여권 사무 대행 기관의 연락처를 확인할 수 있다. 여권 발급은 보통 4~10일 정도 걸리므로 여행 일정이 정해지면 미리 여권을 발급받도록 하자. 성수기에는 신청자가 많으니 시간이 더 오래 걸릴 수도 있다.

일반 여권 발급에 필요한 서류

★여권 발급 신청서 1통(해당 기관에 비치)
★여권용 사진 1매(3.5×4.5cm 사이즈로, 최근 6개월 이내에 촬영한 것)
★신분증(주민등록증, 운전면허증, 공무원증, 군인 신분증)
★수수료(복수 여권 : 5년 초과 10년 이내, 53,000원 / 단수 여권 : 1년 이내, 20,000원)
★ 병역 의무 해당자의 경우 병역 관계 서류 필요

일반 여권 외 여권

★관용 여권
★외교관 여권
★거주자 여권 (영주권 소지자)

TIP. 비자 발급

관광 목적으로 방문할 경우 입국 비자를 발급받지 않고 90일간 체류가 가능하다. 하지만 학업이나 비즈니스를 목적으로 하는 경우에는 반드시 입국 비자를 받아야 한다.

항공권 준비

할인 항공권은 보통 국제적으로 정해진 항공 요금 기준보다 20~50% 정도 저렴하다. 학생 할인, 어린이 요금, 여행사를 통해서 싸게 구입한 경우, 인터넷으로 싸게 구입한 경우 등 아주 많은 이유로 할인을 받을 수 있다. 하지만 할인 항공권을 이용할 경우 불편한 점도 많다. 유효 기간이 너무 짧은 경우, 날짜 변경을 할 수 없는 경우, 호텔을 함께 예약해야 하는 경우, 경유해서 도착하는 시간이 너무 오전이거나 너무 늦은 시간인 경우 등이 있다. 그래서 할인 항공권은 꼼꼼히 따져 보고 여러 여행사나 인터넷 사이트에서 비교 후 구입하는 것이 좋다.

E-TICKET(전자 티켓)

항공권을 구입하면 예약 확인 메일을 받게 되는데, 예약 확인서를 출력해 실물 종이를 소지해도 되고, 스마트 기기에 저장하거나 캡처해도 된다. 또는 모바일로 항공사 애플리케이션을 깔면 편리하게 예약을 확인할 수 있다. 요즘은 공항에 항공사마다 셀프 체크인 기기가 마련되어 있기 때문에 예약 번호와 여권만 있으면 혼자서 항공권을 발급받을 수 있다.

국제 운전 면허증

자동차나 오토바이를 렌트할 계획이라면 국제 운전 면허증도 준비한다. 신청할 때는 운전면허증과 사진 1장, 여권, 수수료를 지참하고 운전면허 시험장으로 가면 30분 이내로 발급이 가능하다. 유효 기간은 발행일로부터 1년이다. 현지에서 운전할 때도 한국의 면허증이 필요하니, 한국 면허증도 함께 챙겨 간다.

여행자 보험

여행 중 일어날 수 있는 만약의 사고에 대비하여 여행자 보험에 가입하는 것이 좋다. 그리고 이제는 유럽 여행 시 여행자 보험은 필수로 가입해야 하는 국가가 많아져 여행자 보험은 의무로 가입해야 하는 경우가 많다. 영문으로 된 보험 확인증이나 증서는 여행 중에도 항상 몸에 지니고 다녀야 한다. 보험의 종류에 따라서 사고 시 보장 정도가 다르기 때문에 보험을 가입할 때 여행 기간이나 보장 조건 등을 고려해서 가입한다. 만일 현지에서 사고가 생겨 보험금을 청구해야 한다면 필요한 서류는 꼭 원본으로 잘 챙겨 와야 한다. 도난 사고일 경우에는 현지 경찰서에서 Police Report를 발급받아야 하고, 병원에 갔을 경우에는 진단서 원본과 치료비 영수증 등을 반드시 잘 챙겨야 한다. 여행자 보험은 각종 보험사와 보험사 홈페이지, 여행사, 공항 등에서 가입할 수 있다.

국제 학생증

유럽 여행 시 챙겨 가면 좋은 국제 학생증

우리나라에서 발급받을 수 있는 국제 학생증에는 ISEC(International Student & Youth Exchange Card)와 ISIC(International Student Identity Card) 두 가지가 있다. 두 가지의 혜택과 발급 기준은 약간씩 차이가 있다. 유럽에서는 ISIC만 인정해 주는 경우가 많기 때문에 ISIC를 발급받는 것이 좋다. 발급 방법은 온라인 ISIC 홈페이지에서 바로 발급받을 수 있으며, 비금융 일반 카드와 금융권 체크 카드 중에서 선택할 수 있다. 홈페이지에서 신청하고 한 달 내에 발급받은 재학 증명서(스캔본) 또는 학생 비자, 해외 학교 입학 허가서와 여권 사진(파일), 발급비와 배송비가 필요하다. 신청 후 학적이 확인되면 문자가 오고, 문자를 받은 후 결제하면 학생증 발급이 신청된다. 발급은 우편으로 받을 수 있고, 기간 내에서 직접 찾을 수도 있다.

ISIC www.isic.co.kr
ISEC www.isecard.co.kr

유럽 여행 시 준비해야 할 체크 리스트

분류	물품	준비물	체크
필수	여권 / 여권 사본 / 여권 사진	여권의 유효 기간이 6개월 이상 남았는지 확인하자.	★★★
	항공권	출국, 귀국, 여정 등을 확실하게 확인한다.	★★★
	현금	환전 후 돈은 분산해서 넣는 것이 좋다. (런던은 파운드를 사용)	★★★
	유레일 패스	런던만을 위해서는 필요 없지만 재발급이 되지 않으므로 가장 먼저 챙기고 가장 마지막에도 다시 확인하자.	★★☆
	국제 학생증	국제 학생증은 잘 챙겼나 다시 한 번 확인하자.	★★☆
	신용 카드	만약을 대비해 신용 카드나 체크 카드를 준비하고 잘 챙겼는지 확인하자.	★★★
	국제 전화 카드	해외에서 한국으로 급할 때 전화할 수 있는 전화 카드 하나쯤 준비.	★☆☆
	가이드북	〈인조이 런던〉 가이드북은 필수!	★★★
	여행자 보험	여행자 보험은 필수! 영문으로 된 보험 증서도 잘 챙기자. (앱 또는 스마트폰 다운도 가능)	★★★
의류	외투	계절에 따라 조금씩 차이가 있다. 일기 예보를 보고 날씨에 맞춰서 되도록 방수가 되는 걸로 한두 벌 준비하자.	★★★
	상의	시기에 맞게 긴팔, 반팔 3~4벌을 준비한다.	★★★
	하의	시기에 맞게 준비하자. 청바지, 면바지, 반바지 등	★★★
	속옷	바로 세탁해서 입을 수 있도록 2~3장 정도 준비하자.	★★★
	잠옷	얇고 편한 것으로 한 벌만 준비한다.	★★★
	양말	3~4켤레 정도 준비한다.	★★☆
	모자	여름이라면 필수! 감지 않은 머리를 감추는 데도 필수! 비 오는 날도 좋다!	★★☆
	선글라스	선글라스도 필수다! 챙겼는지 확인하자.	★★★
	머리 끈	머리 끈도 여러 개 챙기자.(머리가 긴 여자분들은 필수!)	★★☆
	신발	운동화 1켤레, 슬리퍼 1켤레면 충분하다. 공연 관람 계획이 있다면 구두도 챙기자.	★★★
위생	세면용품	칫솔, 치약, 비누, 샤워용품, 샴푸, 면봉, 귀이개	★★★
	화장품	아주 간단한 화장품만 챙기자.	★★☆
	선크림	자외선 차단 지수가 30 이상인 걸로 준비하자.	★★★
	약	두통약, 설사약, 소화제, 밴드, 소독약, 모기 물릴 때 바르는 약 등	★★★
	여성용품	여성이라면 필수!	★★☆

분류	물품	준비물	체크
위생	휴지 / 물티슈	휴대용 휴지와 물티슈. 야외 활동이 많은 여행에서는 물티슈가 자주 필요하다.	★★☆
	손수건 / 수건	가지고 다닐 수 있는 손수건과 세안할 때 쓸 수건도 준비.	★★★
전자용품	카메라 / 삼각대 / 셀카봉	취향에 맞는 카메라(디카, 필카, 로모, 폴라로이드 등) 준비.	★★★
	카메라용품	배터리나 메모리, 필름은 넉넉한지 확인하자.	★★★
	외장 하드	백업용품은 필수! 꼭 챙기자!	★★★
	멀티 플러그	런던은 한국과 전압이 다르므로 멀티 플러그를 꼭 준비하자.	★★★
	휴대 전화 / 충전기	로밍을 하지 않더라도 지도, 알람시계, 사진기, 계산기 등 다양한 용도로 사용 가능하다.	★★★
보안	보안용품	자물쇠나 체인 등 숙소나 기차에서 보안을 위한 제품도 챙기자.	★★★
	복대	목에 거는 형태와 허리에 메는 형태의 복대가 있다.	★★☆
	소형 전등	소형 전등은 겨울에 여행한다면 가져가는 것이 좋다.	★☆☆
	맥가이버 칼	의외로 유용하게 쓸 일이 많다.	★☆☆
	주머니	간단하게 가방에서 짐들을 분리해 담을 주머니도 챙기자.	★★☆
	비닐봉지	빨래나 속옷 등을 담을 비닐봉지도 챙기자.	★★★
음식	차	의외로 녹차나 보리차 같은 티백이 필요한 때가 있으니 몇 개 챙기자.	★★☆
	음식	오랜 여행이라면 고추장은 챙기는 것이 좋다. 라면, 김, 햇반 등도 준비.	★★☆
소품	우산 / 우비	계절상 비가 많이 오는 계절이라면, 우산이나 우비는 늘 챙기자.	★★☆
	가방	캐리어나 배낭, 보조 가방을 준비한다.	★★★
	기념품	외국인 친구들에게 줄 간단한 기념품도 있으면 좋다.	★☆☆

현지에서 구입하기 어려운 물건

건전지, 필름, 메모리카드 등은 현지에서 구입할 수는 있지만 가격이 비싸기 때문에 미리 준비해 가는 것이 좋다. 또한 여행 중 혹시 모를 상황에 대비하여 자신에게 맞는 약이 있다면 챙겨 가는 것이 좋다.

사전에 미리 챙기면 유용한 물건

헤어드라이어는 호텔을 이용하는 경우 대여가 가능하거나 객실에 비치되어 있지만, 호스텔이나 민박을 이용하는 여행자들에게는 꼭 필요한 물품이다. 부피가 작은 미니 헤어드라이어와 고데기를 준비하자.

여행지에서 엽서 쓰기

엽서를 쓰기 위해서 엽서를 보내줄 지인들의 주소를 챙겨 가는 것도 잊지 말자.

LONDON

출국하기

서울에서 런던까지는 약 12시간 정도 비행기를 타고 가야 도착할 수 있다. 공항에서의 출국 수속은 상황에 따라 상당히 오래 걸릴 수 있으므로 최소한 2~3시간 전에는 공항에 도착해야 한다.

인천 국제공항으로 가는 방법

인천 국제공항으로 가기 위해서는 버스, 공항 철도(AREX) 등을 이용해야 한다. 서울, 경기 지역뿐만 아니라 지방에서도 인천 국제공항까지 가장 편리하게 이동할 수 있는 교통수단은 공항버스이다. 버스는 운영 주체에 따라서 노선이 다를 수 있으므로 주변에서 이용 가능한 공항버스 번호와 노선을 잘 확인하는 것이 좋다. 공항 철도(AREX)는 서울역에서 출발해 인천 국제공항 터미널까지 운행되는 열차로, 직통 및 일반 열차로 나뉘어 있다. 직통은 서울역에서 인천 국제공항까지 무정차로 운영되며, 소요 시간은 1터미널까지 43분, 2터미널까지 51분이고 요금은 성인 9,000원, 어린이 7,000원이다. 일반 열차는 공항철도 14개의 역에 모두 정차하며, 서울역 출발 기준으로 인천 국제공항 제1터미널 역까지는 58분, 제2터미널 역까지는 66분이 소요된다. 요금은 탑승역에 따라서 달라지므로 공항 철도 웹사이트(www.arex.or.kr)를 참조하도록 하자. 직통 열차의 경우 탑승한 열차가 바로 공항에 도착하므로 지방에서 이용할 경우 굉장히 편리하지만 운행하는 횟수가 적기 때문에 반드시 출발 및 도착 시간을 확인한 후 열차를 이용해야 한다. 일반 열차는 출발역에 따라 환승의 번거로움이 있을 수 있지만 교통 체증이 없어 이동 시간을 비교적 정확히 알 수 있다.

도심 공항 터미널

출국을 위한 수속을 꼭 공항에서만 해야 하는 것은 아니다. 편리하게 탑승 수속 및 출국 심사를 받을 수 있는 도심 공항 터미널은 1985년 서울 삼성동에 처음 개설되었으며, 서울역과 KTX 광명역에도 공항 터미널이 개설되어 보다 편리하게 출국 수속을 할 수 있다. 다만, 항공사나 노선에 따라 터미널에서 출국 수속이 불가능한 경우도 있으므로 사전에 확인 후 이용하는 것이 좋다.

출국 수속

인천 국제공항에 도착하면 바로 출국 수속을 밟아야 한다. 항공사 카운터를 통해 탑승권을 발권하고, 부쳐야 할 짐을 맡긴 후 출국 게이트에서 출국 절차를 마쳐야 여행을 할 수 있다.

탑승 수속(Check - In)

인천 국제공항에 도착하면 바로 항공사 카운터를 찾아 체크인해야 한다. 카운터는 보통 E-티켓이나 인천 국제공항 홈페이지에서 항공편을 검색해 알아볼 수 있는데, 공항에 도착하면 보이는 대형 전광판을 통해서도 빠르게 확인할 수 있다. 체크인을 할 때는 항공사 직원에게 여권만 제출하면 된다. 그리고 기내에 반입이 불가능한 수하물이 있는 경우 체크인하면서 별도로 부쳐야 한다.

수하물

대한항공의 경우 이코노미 클래스는 최대 23kg의 짐 1개를 수하물로 부칠 수 있고, 비즈니스 클래스는 32kg 수하물 2개, 퍼스트 클래스는 32kg 수하물 3개까지 무료로 부칠 수 있다. 무게나 양을 초과하는 경우 별도의 요금을 지불하고, 항공사마다 규정이 있으니 살펴보자. 기내로 반입 가능한 휴대 수하물은 무게가 12kg을 초과해서는 안 된다. 기내에 반입 가능한 규격의 캐리어나 가방이 별도로 판매되고 있다. 기내에 반입해야 하는 짐은 백팩이나 캐리어 등에 담아 휴대하고 타도록 하자. 휴대폰 배터리, 보조배터리 등은 위탁 수하물 금지 물품이니, 휴대하고 타야 한다.

기내 반입 금지 품목

▶ 페인트, 라이터용 연료와 같은 발화성 / 인화성 물질
▶ 산소캔, 부탄가스캔 등 고압가스 용기
▶ 총기, 폭죽 등 무기 및 폭발물류
▶ 리튬 배터리 장착 전동 휠(외발 전동 휠, 두발 전동 휠, 전동 보드, 전동 킥보드 등과 같은 전동 휠은 장착된 리튬 배터리의 화재 위험성으로 위탁 또는 휴대 수하물로의 운송이 허용되지 않음)
▶ 기타 탑승객 및 항공기에 위험을 줄 가능성이 있는 품목

TIP. 인천 국제공항 여객 터미널이 두 곳!

2018년 1월 18일 인천 국제공항 제2여객터미널이 개장하면서 공항에서 출국 절차를 밟는 여행객들이 혼란을 겪는 경우가 종종 발생하고 있다. 기존의 제1여객터미널에서 이용할 수 있던 항공사들이 제2여객터미널로 이전하면서 발생하게 된 문제인데, 현재 인천 국제공항 제2여객터미널은 대한항공, 델타항공, 에어프랑스, KLM 등 총 4개의 항공사가 사용하고 있다. 더불어 아에로멕시코, 알리딸리아, 중화항공, 가루다항공, 샤먼항공, 페코항공, 아에로플로트 등 총 7개의 항공사가 2018년 10월 제2여객터미널로 추가 이전하였으니 이용에 착오가 없도록 잘 확인하자. 대한항공을 이용해 런던에 가고자 하는 여행객은 제2여객터미널을 이용해야 한다. 공항버스나 철도 등 교통수단에 따라 정차하는 장소가 다르므로 반드시 확인하고 하차해야 한다. 아시아나와 영국항공을 이용해 런던으로 가는 여행객은 인천 국제공항 제1여객터미널을 이용하게 된다.

수하물 탁송 제한 품목

탁송이 불가한 품목은 직접 휴대해야 하는데, 충전용 리튬 배터리를 탑재한 전자기기의 경우 폭발 및 화재의 위험성으로 인해 배터리의 용량이 최대 160Wh로 제한된다는 점을 명심해야 한다. 휴대전화 보조 배터리, 디지털 카메라 및 노트북에 장착되는 배터리 등도 모두 탁송이 불가능하므로 기내에 휴대하고 탑승해야 하는데, 특히 드론 등에 사용되는 배터리는 고용량으로 최대 2개만 휴대가 가능하다는 점을 알아 두자.

이외에 탁송이 제한되는 물품

▶ 파손 또는 손상되기 쉬운 물품
▶ 전자제품(노트북, 카메라, 핸드폰 등) 및 서류, 의약품
▶ 화폐, 보석, 주요한 견본 등 귀중품
▶ 고가품(1인당 USD2,500을 초과하는 물품)

출국장

항공사 카운터에서 체크인을 마치고 수하물 탁송까지 완료했다면 항공사 직원이 챙겨 주는 여권과 탑승권을 잘 챙긴 뒤 출국장으로 향한다. 최근 해외 여행객들이 대폭 늘었고, 특히 명절 및 휴가 시즌에는 많은 여행객들이 공항으로 몰려 출국 수속에 매우 긴 시간이 걸리므로 충분한 시간을 가지고 출국장에서 수속을 마치는 것이 좋다. 출국 수속은 X레이를 이용한 휴대품 검사, 그리고 출국 심사대에서 여권과 탑승권을 확인하는 순서로 이뤄진다. 휴대품에 기내 반입 금지 품목이 있는 경우 그 자리에서 버려야 할 수 있으므로 체크인을 할 때 미리 확인을 하는 것이 좋다.

세관 신고

출국할 때 가지고 나가는 물품 중 고가의 귀중품은 입국할 때 세관에서 별도의 확인 절차를 거치는 불편함을 겪을 수 있으므로 미리 세관에 신고를 하는 것이 좋다. 또한 1만 달러 이상의 외화를 반출하는 경우에도 세관에 신고가 필요하다. 출국심사를 받기 위해 출국장으로 들어설 때 한쪽에 세관 신고대가 따로 있으므로 휴대품 검사를 하기 전 세관 신고를 마쳐야 한다. 신고를 마치면 휴대물품 신고 확인서를 받게 되는데, 가지고 있다가 입국할 때 세관에서 확인을 요하는 경우 제출하면 된다. 휴대품 X레이 검사를 마치면 출국 심사대에서 법무부 직원에게 출국 심사를 받게 된다.

TIP. 자동 출입국 심사

최근에는 출국 심사에 걸리는 시간을 줄이기 위해 자동 출입국 심사 서비스를 제공하고 있다. 기존에는 자동 출입국 심사 이용을 위해서 별도의 등록 과정이 필요했지만, 2017년 1월 1일부터는 만 19세 이상의 대한민국 국민의 경우 사전 등록 절차 없이 바로 자동 출입국 심사대를 이용할 수 있다. 단, 만 7~18세 이하, 개명이나 생년월일 변경 등으로 인적 정보가 변경된 사람, 주민등록증 발급이 30년 이상 경과된 사람은 인천 국제공항에 있는 자동 출입국 심사 등록 센터를 통해 사전 등록을 해야 한다. 등록은 여권 및 지문 등록, 사진 촬영의 과정으로 이루어지며, 5분 내외의 짧은 시간이 소요된다.

면세 구역 이용

출국 수속을 마치고 출국 심사대를 통과하면 인천 국제공항의 면세 구역에 도착하게 된다. 만약 사전에 시내 혹은 인터넷 면세점 등을 통해 물품을 구입한 경우 면세품 인도장에 가서 구입한 물품을 받아야 한다. 최근에 급증한 중국 관광객 등의 영향으로 면세품 인도장이 매우 혼잡하고, 대기 시간이 굉장히 길다는 점을 감안해 미리 도착하는 것이 좋다.
인천 국제공항의 면세점은 세계적인 규모를 자랑한다. 제대로 돌아보려면 많은 시간이 걸리기 때문에 여유 시간을 넉넉히 두고 도착하도록 하자. 쇼핑도 중요하지만 가장 중요한 것은 비행기 출발 시각이므로 시간을 체크하면서 쇼핑을 즐겨야 한다.

1인당 면세 한도

▶ **출국 시 $3,000** : 해외로 가는 대한민국 국적의 여행객이 면세점에서 구입할 수 있는 한도액은 최대 $3,000로, 그 이상의 고가품은 아예 구입이 불가능하다. (외국인의 경우 한도 없음)
▶ **입국 시 $600** : 입국 시 휴대하고 있는 면세품의 금액이 $600을 넘는다면 세관에 자진 신고를 해야 한다. 입국 면세 한도와는 별도로 주류 1L 이하·$400 이하의 제품 1병, 담배 200개비(1보루), 향수 60ml 이하의 제품만 반입할 수 있다.

TIP. 세관 신고는 꼭!

입국 시 휴대 중인 면세품의 금액이 600달러를 넘는다면 세관에 자진 신고를 해야 한다. 세관 신고서는 입국하는 비행기 안에서 작성 가능하며 도착해서 입국 심사를 마치고 세관 신고대를 통과하기 전에도 작성할 수 있다. 자진 신고를 하게 되면 한도액인 600달러를 넘는 금액에 대한 세금이 부과되는데, 자진 신고를 하지 않고 적발됐을 시 기본적으로 부과되는 세금 이외에 별도로 40%, 반복해서 적발될 경우 60%의 가산세가 부과된다.

LONDON
영국 입국하기

입국 카드

비행기가 최종 목적지인 런던에 도착하기 전에 미리 영국 입국 카드(Landing Card)를 작성해 둔다. 영국 입국 카드는 비행기 안에서 스튜어디스가 나눠 주는데, 입국 심사장에도 비치되어 있으니 잃어버렸을 경우 그곳에서 기입하자.

입국 카드 기입 요령

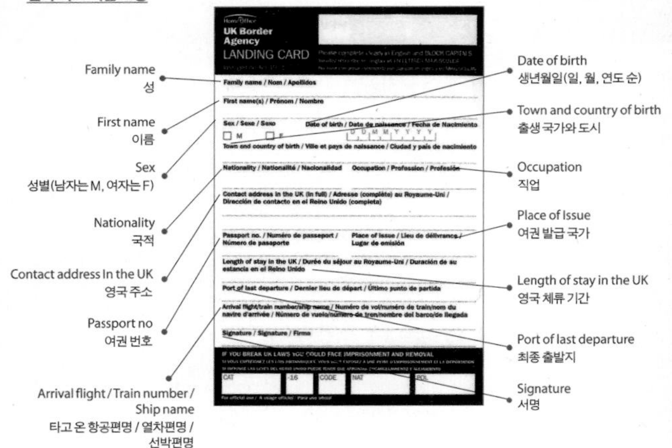

입국 심사

비행기에서 내려 Arrival(도착) 표지판을 따라 걸어가면 입국 심사대가 나온다. 영국은 다른 유럽에 비해 입국 심사가 까다로운 편이다. 하지만 단기 여행이라면 문제될 것이 없으므로 걱정하지 않아도 된다. 입국 심사 시 '여행 목적', '체류 기간', '장기 체류 가능성 여부', '숙박할 장소', '경제력' 등의 질문을 받을 수 있으니 미리 준비하는 것이 좋다.

여행 목적 'Travel'이라는 단어를 사용해서 관광 목적으로 입국하는 것을 알려 줘야 한다. 친구를 만나거나 비즈니스적인 일이 있다 해도 그러한 이야기를 할 필요는 없다.

장기 체류 가능성 여부 돌아가는 항공편이나 영국을 빠져나가는 기타 교통편을 증명할 서류를 보여 주면서 며칠 동안 영국에 체류하는지를 정확하게 알리는 것이 좋다. 오픈 티켓인 경우 불법 체류를 의심받을 수 있다.
숙박지 일반 주택 주소보다 호텔이나 유스 호스텔의 이름이나 주소를 알려 주면 된다.
경제 능력 가지고 있는 현금이나 신용 카드의 여부를 알려 주면 된다. 입국 심사를 무사히 마치면, 여권에 6개월 무비자 도장을 받을 수 있다.

입국 심사 후에는 'Luggage', 'Baggage(수화물)' 표지판을 따라 나가서 짐을 찾고, 'Exit(출구)'를 따라 나가면 된다. 나가기 전에는 세관 통과를 하게 되는데, 세관에 신고할 물품이 있다면 붉은색 표지판 쪽으로 가면 되고, 세관에 신고할 물품이 없다면 녹색 표지판 쪽으로 가면 된다.

입국 시 면세 범위
담배류(만17세 이상만)
궐련 200개비, 엽궐련 100개비, 여송연은 50개비, 담배는 250g
주류(만 17세 이상만)
22도 이상의 주류 1L, 22도 이하의 알코올음료 2L(맥주 16L, 와인 4L)
★ 향수, 전자 제품을 포함한 여타 상품의 경우 £390까지 반입을 허용하며, EU 국가 이외의 국가에서 입국하는 경우 €10,000 이상의 현금 반입 시 외국환 신고가 필요하다.

찾아보기 INDEX

L O N D O N

런던

Sightseeing

Eating

Sleeping

런던 근교

Sightseeing

Eating

Cafe Italia
Cafe Italia

The Prince of India

ENJOYMAP

인조이맵 지도 서비스

enjoy.nexusbook.com

'ENJOY MAP'은 인조이 가이드 도서의 부가 서비스로,
스마트폰이나 PC에서 **맵코드만 입력**하면
간편하게 **길 찾기**가 가능한 무료 지도 서비스입니다.

인조이맵 이용 방법

1 QR 코드를 찍거나 주소창에 enjoy.nexusbook.com을 입력하여 접속한다.

2 간단한 회원 가입 후 인조이맵을 실행한다.

3 도서 내에 표기된 맵코드를 검색창에 입력하여 길 찾기 서비스를 이용한다.

4 인조이맵만의 다양한 기능(내 장소 등록, 스폿 검색, 게시판 등)을 활용해 보자.